地震储层学概论

卫平生　潘建国　曲永强　张虎权　胡自多
王宏斌　孙　东　黄林军　许多年　高建虎　编著

石油工业出版社

内 容 提 要

本书系统介绍了地震储层学的形成背景、内涵与学科体系、理论技术方法及发展方向，详细展示了碎屑岩、碳酸盐岩和火成岩储层地震储层学研究的典型实例。

本书适合从事石油勘探、开发工作的科研及管理人员、高等院校相关专业的师生阅读、参考使用。

图书在版编目（CIP）数据

地震储层学概论 / 卫平生等编著 .—北京：石油工业出版社，2023.3
ISBN 978–7–5183–5912–7

Ⅰ . ① 地… Ⅱ . ① 卫… Ⅲ . ① 储集层 – 地震勘探

Ⅳ . ① P618.130.8

中国国家版本馆 CIP 数据核字（2023）第 033344 号

出版发行：石油工业出版社
　　　　　（北京安定门外安华里 2 区 1 号楼　　100011）
　　　　　网　　址：www.petropub.com
　　　　　编辑部：（010）64523544　　图书营销中心：（010）64523633
经　　销：全国新华书店
印　　刷：北京中石油彩色印刷有限责任公司

2023 年 3 月第 1 版　　2023 年 3 月第 1 次印刷
787×1092 毫米　开本：1/16　印张：16.75
字数：430 千字

定价：140.00 元
（如出现印装质量问题，我社图书营销中心负责调换）

随着中国油气资源劣质化趋势的发展，深层—超深层、复杂及非常规等油气藏占比越来越高，使得对油气赋存的储层及其所含流体进行精细化的定量描述显得尤为重要。而高精度三维地震的广泛应用和地震储层技术的不断进步，使地震地质有机结合在三维空间定量描述储层及其所含流体得以实现。长期以来，地震地质有机结合解决储层及其所含流体在三维空间定量描述的大量实践促成了"地震储层学"（Seismic Reservoirology）的诞生！

地震储层学是在储层地质和地球物理理论的指导下，以储层地震实验为基础，地震地质有机结合（Seism-Geology Combination），研究储层的外部形态、内部结构和所含流体在三维空间的特征和演化规律，实现储层表征与建模的一门学科。该学科包括利用地震资料开展储层解释与评价的系统理论方法和关键技术，可满足油气勘探开发全过程的需求。

地震储层学是由地震学和储层地质学交叉形成的一门边缘学科，基本研究思路是储层地质与地震一体化、规范化研究，表现方式为"点—线—面—体"，是一个完整的从地质出发通过地震与地质相结合再回归地质的全过程，充分体现了地震与地质的有机结合。

本书较为全面地概括了地震储层学的形成背景、内涵及学科体系、理论技术方法及发展方向，详细展示了碎屑岩、碳酸盐岩和火成岩储层地震储层学研究的典型实例，是地震储层学系列丛书之一。全书共分为五章，第一章介绍了地震储层学的形成和发展历程，明确了地震储层学具备一门独立学科的基本组成要素，由卫平生、曲永强编写。第二章阐述了地震储层学基本内涵和学科体系，总结了地震储层学的研究思路和发展方向，由卫平生、潘建国、曲永强编写。第三章概括介绍了地震储层学理论，包括地震岩石物理实验方法、地震波场物理及数值模拟方法等，由潘建国、胡自多、孙东、李闯、许多年、丰超编写。第四章主要讲述地震储层学评价方法和技术，包括信息提取技术、信息解译技术、储层建模方法等，由张虎权、王宏斌、黄林军、许多年、滕团余、丰超、孙东、李闯、高建虎、曲永强、周俊峰、王振卿、姚清洲、马德龙编写。第五章列举了准噶尔盆地玛湖凹陷三叠系百口泉组砾岩、准东北三台—沙南地区二叠系梧桐沟组砂岩等地震储层学研究实例，由潘建国、曲永强、王宏斌、黄林军、许多年编写。前期参加研究工作的还有雍学善、谭开俊、潘树新、郑红军、桂金咏、李胜军、尹路、王斌、郭璇、陈永波、王国栋、黄玉、张寒、李慧珍、陈雪珍等，全书由卫平生、潘建国、曲永强、张虎权、胡自多、王宏斌、孙东、高建虎统稿，卫平生、潘建国和曲永强定稿。

在本书的编写过程中，得到了中国石油勘探开发研究院西北分院院长杨杰教授及广大科研工作者、中国石油勘探开发研究院张研教授及广大科研工作者、中国地质大学（武汉）蔡忠贤教授及其团队、中国石油大学（华东）王伟锋教授及其团队、中国石油大学（北京）赵建国教授及其团队、成都理工大学邓继新教授及其团队、清华大学杨顶辉教授及其团队、同济大学赵峦啸教授及其团队、英国阿伯丁大学 Yingfang Zhou 教授及其团队、美国密歇根理工大学 Wayne D. Pennington 教授及其团队、美国休斯敦大学 Dehua Han 教授及其团队，以及新疆油田、塔里木油田等单位的大力支持和帮助，在此对他们表示衷心感谢！

地震储层学是一门新兴学科，其学科体系边界尚在动态变化中，理论和技术需要不断的突破，应用上需取得更好的效果。特别希望能引起国内外有关学者和专家对地震储层学的关注，共同推动地震储层学的发展，以适应新时代油气勘探开发对储层研究提出的新需求。

由于笔者研究水平所限，书中难免不足甚至错误，热忱欢迎读者批评指正。

CONTENTS

目　录

第一章　绪　　论

　　油气勘探开发中，储层及其所含流体研究是一个永恒的课题，勘探的发现、储量的大小、产量的高低都直接与储层的质量息息相关。因此，石油学家从不同学科、不同角度和方向尽可能地解决这一问题。目前，储层研究的发展趋势是从宏观向微观、从定性到定量、从理论沉积学向应用沉积学（并形成储层表征技术）、从单学科向多学科协同研究及智能化方向发展。随着地震技术的快速发展，地震资料越来越深入地融入储层研究中，特别在储层表征中的作用和地位日益突出。储层研究已经步入了地震与地质有机结合的阶段，该阶段对储层及其所含流体定量化研究有别于以往其他学科的理论基础、研究思路、研究方法、技术手段和科学实验，是在长期油气勘探开发研究实践中催生的一门新兴的交叉学科，对此称之为"地震储层学"。

第一节　地震储层学形成背景

　　众所周知，储层是油气藏形成的十分重要的条件之一。19世纪人们就已经开始了对储层的研究，到20世纪六七十年代，储层地质学提出，开始了专门针对储层的研究，其强调地质手段，并且地球化学在其中占据重要地位。20世纪80年代中后期，储层表征的提出对储层研究提出了更高的要求，此时，多种研究手段介入，其中，地震就是一种辅助手段。21世纪开始，地震与储层的关系已经密不可分，建立它们的定量关系是目前业内所努力的方向。储层研究经历了漫长的历史，根据不同时期储层研究依靠的手段，可将其划分为3个阶段。

一、传统储层地质学的形成与发展（19世纪50年代—20世纪80年代）

（一）传统储层地质学阶段的划分

　　从19世纪中期"储层"概念初步形成，到20世纪80年代"储层地质学"提出的百余年间，储层研究大多从地质角度讨论储层特征，且偏重于服务油田开发，这个时期可以称为传统储层地质学阶段。

1. 传统储层地质学萌芽阶段

　　储层地质学的萌芽时期可能要追溯到19世纪中叶。1859年Edwin Drake在美国宾夕法尼亚钻了第一口工业油井，形成了"储层"的初步概念（陈荣书，1994）。1921年第一本《石油地质学》问世，对储层有了一个较为初步的认识（陈荣书，1994）。20世纪50年代末至60年代初，储层沉积研究风起云涌，砂岩的"成分—成因"分类（Pettijohn，

1975），碳酸盐岩"结构—成因"分类（Fork，1959、1965；Dunham，1962），以及这些分类的成因解释，将砂岩和碳酸盐岩储层沉积学方面的认识进一步加深。1964 年，裘怿楠明确提出"油砂体"的概念（裘怿楠，1997），他是我国最早提及"开发地质"概念的学者，油砂体的描述方法实际上就是后期油藏描述的初级阶段。

2. 传统储层地质学形成与发展阶段

1971 年，Garrels 首次提出"储层地质学"的概念。自此，储层地质学正式登上历史的舞台。20 世纪 70 年代初期，"储层地质学"大量出现，很多学者把它作为开发地质学的一部分。80 年代初期，在美国和加拿大石油地质学家年会上进行学术交流时，专门设有"储层地质学"分会，主题多半是从地质学上讨论储层的特征。

（二）传统储层地质学阶段的特点

传统储层地质学偏重于地质研究，即狭义储层地质学，以储层岩性、物性、孔隙类型与结构、渗流等基本特征及储层分布、成因、成岩作用等研究为主要任务，以各种地质实验分析技术重建储层古环境、沉积成岩史、孔隙演化史等，其强调地质手段，并且地球化学在其中占据重要地位，因此地质实验是传统储层地质学的支柱。这种主要以地质方法和实验技术开展的储层外部形态和内部非均质性的研究，偏重于服务油田开发。

二、多学科交叉、多技术协同与储层表征的出现（20 世纪 80 年代—21 世纪头 10 年）

（一）阶段的重要标志

油藏描述的提出代表了以测井为主体的多技术、多学科的协同研究。为了达到更加精细的描述，储层表征随之提出，技术扩展到地震、测井、地质等多学科综合研究储层。

1. "油藏描述"的提出与发展

1966 年，Jahns 等在 SPE 上发表了《应用井底压力响应资料快速获取二维油藏描述的方法》，可以说是最早用到"油藏描述"一词的文章。随后，Coats 于 1970 年又在 SPE 上发表了《用油田生产动态资料来确定油藏描述的新技术》。油藏描述最初形成时的代表技术应是由斯伦贝谢公司在 20 世纪 70 年代提出的以测井为主体的油藏描述技术。20 世纪 70 年代末至 80 年代初，斯伦贝谢公司首先研制了油藏描述服务系统（RDS），并在阿尔及利亚等地区进行了应用，取得了明显的效果。应当说这个时期是油藏描述的图件表达阶段，并没有将建立地质模型作为核心内容，其基本方法是以测井为主体的模式化技术、多学科的协同研究。随后的 10 年间，各石油公司纷纷引用并迅速发展了这一技术，将其扩展为用地震、测井、地质等多学科综合研究油气藏特征，目前已形成一套综合（集成）的油气藏研究方法和技术。

2. 储层表征的提出

"储层表征"的概念最早由俄克拉何马州巴特列斯维尔国家和能源部研究所于 1985

年 4 月 29 日至 5 月 1 日在美国得克萨斯州召开的第一届国际储层表征会议上，经大会组织委员会第一次会议讨论，由大会主席 Larry 陈述为：定量地确定储层的性质、识别地质信息及空间变化的不确定性过程。其地质信息应包含两个要素：储层的物理特性，主要是指某一储集体内部物理特征的不均一性；储层的空间特性，即储层在空间上的外观形体特征，即三维空间上岩性的变化或延伸范围（Larry，2012）。1990 年 12 月 SPE 载文又对储层表征进行了较为详细的解释：储层表征是一个油藏（储层）地质学与数学相结合的科学，它寻求定量地确定油藏渗透介质中预测流体流动所需的各种参数。

因此，储层表征的提出更多表明当时人们对储层研究精细化及定量化的一种需求。同时期国内也涌现了大量储层地质学专著（吴元燕，1996；戴启德等，1996；吴胜和等，1998；方少仙等，1998；姚光庆等，2005；王允成，2008；于兴河，2009；纪友亮，2009），地震手段已经成为储层表征的重要部分。储层研究步入表征与多技术应用阶段。

（二）阶段的主要特点

以地质资料和手段为主，辅以地震、测井等资料和技术，多资料、多方法、多技术协同使用，不仅极大丰富了储层描述的内容和手段，也为储层三维空间定量化描述提供了条件，进而促成了储层表征的出现，但由于其建立的储层参数与地震参数之间的关系多为间接的、定性或半定量的，使得储层表征的精度远远不够。该阶段储层地震预测的大量使用不仅使储层表征在开发领域广泛应用，也使其在勘探领域的作用日益显现。与此同时，大量与地震有关的交叉学科纷纷出现，如储层地球物理学（Sheriff，1992）、储层地震学（Gadallah 等，1994）、储层地震地层学（刘震，1997）、地震沉积学（Zeng 等，1998）等。

三、地震地质的有机结合与地震储层学的提出（2010 年以来）

为了精确表征储层，地震与地质的交叉渗透是现阶段人们所常用的手段。然而，要实现两者真正的结合，必须建立它们之间的定量关系，即地震地质的有机结合，才能达到储层的定量化精细表征。

（一）阶段的奠基与标志

1. 双相介质理论的发展

早在 1956 年，当双相介质理论提出时（Biot，1956a，1956b），储层研究就注定往定量化方向发展。Biot 建立的双相介质地震波方程，奠定了双相介质地震波传播的理论基础。双相介质是指由固体骨架和流体共同组成的介质。在双相介质中，由于流体的存在以及固体和流体的相互作用会弱化岩石的力学性质，弹性波在双相介质中的传播比在单相介质中的传播更具复杂性。双相介质理论充分考虑了岩石骨架结构和孔隙流体性质以及局部特性与整体效应的关系，将地质体表述为固体相和流体相的复合体，且分别考虑了固体和流体及二者相互耦合对地震波传播的影响，可以直接用地震参数表示储层物性（孔隙度、渗透率等）及其所含流体（饱和度等）等特征，更加符合储层的实际情况。

经过半个多世纪的发展，双相介质理论研究取得了较大的进展，主要体现在双相介质地震波场正演模拟、双相介质孔隙流体流动机制、双相介质地震波传播特征影响因素分析、双相介质参数与储层参数间的关系等。因此，双相介质理论为实现地震地质的有机结合奠定了理论基础。

2.地震勘探技术与计算机的发展

地震勘探技术自诞生以来，从折射波法到反射波法、从单次剖面到多次覆盖、从模拟磁带到数字磁带、从普通叠加到偏移归位、从二维勘探到三维勘探，甚至到现在的四维勘探，在油气勘探应用中飞速发展（图1-1）。近年来，地震勘探技术在采集、处理、解释等方面都有了很大的进步。随着地质需求的不断深入，地震勘探技术已经发展成一个复杂、庞大而完整的科技体系。计算机、物理、数学及地质学的各个分支都逐渐渗透到这个领域中来，地震勘探技术的更新在硬件方面几乎是10年一次换代，在软件方面更是三五年就有很大的改进与变化。

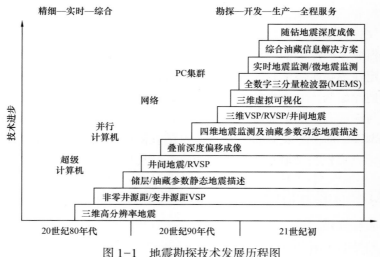

图1-1 地震勘探技术发展历程图

地震勘探是高性能计算机的应用领域之一，同时高性能计算机也是推动勘探技术进步的主要动力之一。随着勘探对象的复杂化和勘探要求的日益精细化，以及地震资料的采集、处理、解释技术的发展，尤其是高密度、超万道地震采集技术的应用，地震勘探的数据量和地震数据的计算量不断增加，就使得人们对高性能计算提出了更高的要求（图1-2）。

20世纪90年代以来，三维地震技术迅猛发展，使其在储层表征中的作用和地位日益突出。近年来，PC-cluster、GPU的普遍使用为充分利用地震信息提供了运算保证，各种储层建模方法和软件不断涌现，为储层建模提供了手段。

3.地震岩石物理学提出的现实意义

20世纪90年代之后，为了满足储层精细研究的需要，国内外研究人员致力于在地震与储层之间建立定量关系，促使了岩石物理研究的快速发展，从而诞生了"地震岩石物

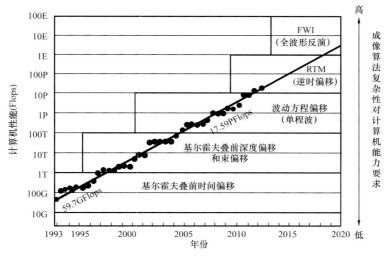

图 1-2　高性能计算机发展与地震成像算法应用示意图
$1G=10^9$；$1T=10^{12}$；$1P=10^{15}$；$1E=10^{18}$

理学"（Pennington，1997；Mavko 等，1998）。地震岩石物理学除研究岩石的基本特性之外，还研究不同温度压力条件下岩性、孔隙度、流体等对岩石性质的影响，分析地震波传播规律，建立储层参数与弹性参数间的关系，是搭建地质体物理性质与地震波内在联系的重要桥梁。

地震岩石物理学将岩石物理研究从实验室的孔隙尺度延伸到油田尺度，同时将岩石的物理特征与地震弹性特征联系起来，便于进行储层的定量化研究。岩石物理技术已经成为当今储层预测领域最具亮点的技术之一，为地震定量解释打开了一扇大门，也为地震地质的有机结合提供了依据与保障。

4.地震储层学的提出

地震的地位要发生根本性改变，仅仅作为辅助手段是行不通的，地震与地质的有机结合仿佛在所难免。地震与地质的交叉渗透，实现真正的结合，意味着一门新学科的诞生。2010 年，地震储层学（Seismic Reservoirology）正式提出（卫平生等，2010；潘建国等，2010；张虎权，2010，王建功，2010；谭开俊等，2010）。从此，储层研究进入了地震地质有机结合（Seim-geology Combination）的阶段，即直接表征（Direct Characterization）储层的阶段。

（二）阶段的主要特点

该阶段，以储层地震波场响应理论为基本理论，以岩石物理实验和地震物理模拟等实验为依托，以建立储层参数与地震参数之间较为精确的定量关系为核心，以储层建模与表征为目的，并且建立了"四步法"（Four Steps）基本研究思路与方法（详见第二章第三节）。地震不是辅助手段，而是储层研究不可或缺的组成部分。除了研究储层的外部形态以外，还通过研究不同温度压力条件下岩性、孔隙度、孔隙流体等对岩石性质的影响，分析地震波传播规律，建立岩性参数、物性参数与地震速度、密度等弹性参数之间的定量关系。因此，自地震储层学提出之后，储层研究迎来了一个地震与地质有机结合（Seim-geology Combination）的全新时代。

第二节　地震储层学的学科属性

一、学科要素

一门学科的提出是有条件的，受科学发展内在规律与要素的制约。早在 1993 年，中国国家标准已经明确"学科是相对独立的知识体系"（GB/T 13745-92）。2005 年，刘洪星指出"学科是一系列知识组成的有机整体"（刘洪星等，2005）。2006 年，宣勇总结出"学科是一种科学活动，是一种关于知识的创造性社会活动"（宣勇等，2006）。并且，很多学者提出"一门独立的学科具备三个组成要素：一是独立的研究内容，二是规范的理论体系，三是成熟的研究方法"（吴永和，2005；洪世梅等，2006）。不仅如此，学科还应该具有 3 种形态：知识形态、活动形态与组织形态（孙绵涛，2004，2007）。知识形态是学科的核心，即整合与加工；活动形态是学科的基础，指的是研究与创新；组织形态是学科的表现形式，也就是编撰与传授（刘仲林，2006）。

毫无疑问，地震储层学是储层研究领域知识成果的总结，具备了学科的知识组成，它具有独立的研究内容——储层及其所含流体，引入规范的理论体系——双相介质理论（详见第二章第二节），并且形成了成熟的方法研究体系——四步法流程（详见第二章第三节）。将地震与地质整合，找出它们的定量关系，是学科知识形态的体现。随着储层研究的深入，新技术、新方法层出不穷，学科的活动形态完全展现出来。近年来，有关地震储层学的文章不在少数，并且有逐年上升的趋势，国内外针对该学科的研讨与交流也日趋热烈，这些都不失学科组织形态之所在。因此，经过长期的积累与沉淀，地震储层学已经具备一门独立学科的基本组成要素。

二、学科归属

地震储层学是由地震学和储层地质学交叉而形成的一门边缘交叉学科，其中，地震学是理学，储层地质学也是理学，那么地震储层学也应当是理学学科。

然而，学科交叉势必促进综合应用，体现一种工学的属性。交叉学科的形成和发展，是科学知识体系整体化的最重要表征，科学向生产力的转化，加强了科学知识与社会实践的联系，推动了科学—技术—生产的一体化（王续琨，2000）。这里强调了学科交叉所带来的应用性，交叉学科的实践性非常强，它直接产生于社会提出的实际问题，并且以实际问题为中心，紧扣实际需要。其研究对象往往是很多方面都亟须解决的、具有普遍意义的问题。一旦有所突破，就会在很大范围内发挥带动作用，产生重大的社会效益（杨永福等，1997）。为了解决储层研究所提出的精细表征问题，地震与储层有机结合而产生了地震储层学。对于现阶段而言，更多是一种规范，研究方法的体系总结，具有很强的实践性。而且，地震储层学在指导现阶段的油气勘探中的确发挥了重要的作用，这是交叉学科诞生的体现，即紧扣实际需要。

因此，在实际的学科发展与研究过程中，地震储层学的定位应当是"理学入手，工学应用"，即在实际油气勘探生产实践中，不断加强理论研究，寻找突破点，逐渐丰富和完善地震储层学独有的理论知识体系。

第三节　地震储层学发展的意义

新一轮油气资源评价显示，我国剩余油气资源埋深较大，油气勘探已经向深层—超深层及非常规油气资源进军，勘探难度逐年增大。虽然近年来油气勘探屡有重大发现，但也面临着新增储量品质下降的趋势。深层—超深层及非常规油气资源除了深度增加外，更重要的是地质复杂程度成倍增加，要厘清油气成藏条件和控制要素的演变，就对勘探技术提出了更高的要求。近年来，对油气勘探成果的评价和考核从发现探明地质储量转向了发现经济可采储量，并将其作为研判勘探开发和生产经营能力的重要指标。如何发现经济可采储量，实现对油气藏的精细描述是油气田企业油气地质研究的核心。目前国内油藏描述面临微构造（特别是低级序断层）解释无法满足油田开发需求、单砂体边界刻画和井间预测难度很大、裂缝表征与地质建模问题、碳酸盐岩缝洞型储层定量预测十分困难、复杂储层测井解释仍需持续攻关、水流优势通道识别预测问题、剩余油表征方法单一难以满足生产需要、精细油藏描述成果管理现状无法满足工作需求等 8 个方面的问题（陈欢庆，2020），核心是如何依据地震、钻井数据（钻井、录井、测井等）、试油试采、实验分析等资料的分析，有效提高地下油气藏静态和动态描述的精度。

地震储层学为上述问题的解决提供了可行的思路和技术方案，是实现储层精细化表征的必由之路，其最大优势在于把由井点建立的各种油藏特征参数，在地震分辨率所能及的范围内扩展到三维空间，进而实现油藏建模和三维可视化，有效提高油藏描述的精度，进而为油气储量发现和开发提供理论支撑和有效技术手段。

参 考 文 献

Biot M A，1956. Theory of propagation of elastic waves in a fluid-saturated porous solid. II. Higher frequency range［J］. The Journal of the Acoustical Society of America，28（2）：179-191.

Biot M A，1956a. Theory of propagation of elastic waves in a fluid-saturated porous solid. Ⅰ. low-frequency range［J］. The Journal of the Acoustical Society of America，28（2）：168-178.

Biot M A，1956b. Theory of propagation of elastic waves in a fluid-saturated porous solid. II. Higher frequency range［J］. The Journal of the Acoustical Society of America，28（2）：179-191.

Biot M A，1962. Mechanics of deformation and acoustic propagation in porous media［J］. Journal of applied physics，33（4）：1482-1498.

Coats K H，Henderson J H，Modine A D，1970. Numerical Coning Applications［C］//Gas Industry Symposium. OnePetro.

Dai W，Fowler P，Schuster G T，2012. Multi-source least-squares reverse time migration［J］. Geophysical Prospecting，60（4）：681-695.

Dunhum R J，1962. Classification of carbonate rocks according to depositional texture［J］. Classification of carbonate rocks，108-121.

Folk R L，1959. Practical petrographic classification of limestones［J］. AAPG Bulletin，43（1）：1-38.

Fork R L，1965. Spectral subdivision of limestone types. In：Ham w E（Ed.），Classification of Carbonate rocks［C］. AAPG Mem. 1：62-84.

Garrels R M，Mackenzie F T，1971. Evolution of sedimentary rocks［M］. New York：Norton.

Gary Mavko，Tapan M，Jack D，1998. The rock physics handbook-Tools for seismic analysis in porous media［M］. Cambridge：Cambridge University Press.

Jahns H O，1966. A rapid method for obtaining a two-dimensional reservoir description from well pressure response data［J］. Society of Petroleum Engineers Journal，6（4）：315-327.

Larry Lake，2012. Reservoir characterization［M］. London：Elsevier.

Mukerji T，Dvorkin J，1998. The rock physics handbook：Tools for seismic analysis in porous media［M］. Cambridge：Cambridge University Press.

Pennington W D，1997. Seismic petrophysics：An applied science for reservoir geophysics［J］. The Leading Edge，16（3）：241-246.

Pettijohn F J，1975. Sedimentary rocks［M］. New York：Harper & Row.

Plona T J，1980. Observation of a second bulk compressional wave in a porous medium at ultrasonic frequencies ［J］. Applied physics letters，36（4）：259-261.

Sheriff R E，1992. Reservoir geophysics［M］. USA：Society of Exploration Geophysics.

Zeng H，Henry S C，Riola J P，1998. Stratal slicing，Part II：Real 3-D seismic data［J］. Geophysics，63（2）：514-522.

陈欢庆，2021. 中国石油精细油藏描述进展与展望［J］. 中国地质，48（2）：424-446.

陈荣书，1994. 石油天然气地质学［M］. 武汉：中国地质大学出版社.

戴启德，纪友亮，1996. 油气储层地质学［M］. 东营：石油大学出版社.

方少仙，侯方浩，1998. 石油天然气储层地质学［M］. 东营：石油大学出版社.

洪世梅，方星，2006. 关于学科专业建设中几个相关概念的理论澄清［J］. 高教发展与评估，22（2）：55-57.

纪友亮，2009. 油气储层地质学［M］. 青岛：中国石油大学出版社.

刘洪星，徐东平，2005. 学科体系结构及其概念建模［J］. 高教发展与评估，21（5）：58-60.

刘震，1997. 储层地震地层学［M］. 北京：地质出版社.

刘仲林，2006. 中国交叉科学（第一卷）［M］. 北京：科学出版社，122.

潘建国，卫平生，张虎权，等，2010. 地震储层学与相关学科的比较［J］. 岩性油气藏，22（3）：1-4.

裘怿楠，1997. 油田地质研究的几个基本问题［M］. 北京：石油工业出版社.

孙绵涛，2004. 学科论［J］. 教育研究，25（6）：49-55.

孙绵涛，2007. 教育管理学［M］. 北京：人民教育出版社.

谭开俊，卫平生，潘建国，等，2010. 火山岩地震储层学［J］. 岩性油气藏，22（4）：8-13.

王建功，2010. 碎屑岩地震储层学的内涵及关键技术［J］. 岩性油气藏，22（4）：1-7.

王续琨，2000. 交叉学科、交叉科学及其在科学体系中的地位［J］. 自然辩证法研究，16（1）：43-47.

王允成，2008. 油气储层地质学［M］. 北京：地质出版社.

卫平生，潘建国，张虎权，等，2010. 地震储层学的概念，研究方法和关键技术［J］. 岩性油气藏，22（2）：1-6.

吴胜和，熊琦华，1998.油气储层地质学［M］.北京：石油工业出版社.

吴永和，2005.新学科产生的条件与会计实验的本质［J］.会计之友，（11-B）：12-13.

吴元燕，1996.油气储层地质［M］.北京：石油工业出版社.

宣勇，凌健，2006."学科"考辨［J］.高等教育研究，27（4）：18-23.

杨永福，朱桂龙，海峰，1997."交叉科学"与"科学交叉"特征探析［J］.科学学研究，15（4）：5-10.

姚光庆，蔡忠贤，2005.油气储层地质学原理与方法［M］.武汉：中国地质大学出版社.

于兴河，2009.油气储层地质学基础［M］.北京：石油工业出版社.

张虎权，2010.碳酸盐岩地震储层学［J］.岩性油气藏，22（2）：14-17.

第二章　地震储层学基本内涵及学科体系

近年来地震储层学在学科体系建设和实际应用领域发展较快，得到了国内外有关学者的关注，但也有学者对地震储层学的学科体系提出了质疑。因此本章对地震储层学的基本内涵及学科体系进行深入讨论，包括学科的目标、理论、基础、实验、技术及方法共 6 个方面，并在此基础上明确地震储层学研究思路、特性、学科关系等。以便读者能更深刻地理解学科的本质，探讨地震储层学发展方向，明确学科的下一步攻关方向。

第一节　地震储层学的学科框架

地震储层学指的是，在储层地质和地球物理理论的指导下，以储层地震实验为基础，地震地质有机结合（Seism-Geology Combination），研究储层的外部形态、内部结构和所含流体在三维空间的特征和演化规律，实现储层表征与建模的一门学科。

地震储层学框架可概括为"513"（图 2-1），即：1 个目标（储层建模与表征）、1 个理论（双相介质地震波传播理论）、1 个基础（储层地质研究）、1 个实验（储层地震实验）、1 个方法（四步法）（Four Steps）、3 类技术（信息提取、信息解译与建模）（Information extraction, Information interpretation and Reservoir modeling）。地震与地质是两条主线，储层地震实验是它们的结合点，利用 3 类技术，最终实现储层建模与表征（卫平生等，2014）。

一、地震储层学理论基础

地震储层学是在储层地质学、地球物理学交叉的基础上发展起来的，其理论基础也源于这些学科的有关知识。目前研究和大量勘探实践可以证实地震参数与储层参数之间存在内在联系，如碳酸盐岩缝洞储集体、火山岩储集体、孤立的碎屑岩储集体等均在地震波场中有相应的响应特征，因此全波场不同尺度储集体的地震临界响应理论机制和典型储层地震岩石物理一体化理论基础，可以为地震储层定量化表征和学科理论奠定坚实基础。储层是由岩石骨架、孔隙及其所含流体组成，是复杂的多相介质；因此，双相介质地震波传播理论能更好地反映储层岩石的结构和性质，更符合地震波在孔隙岩石中的传播实际，能够更好地构建地震与储层之间的内在联系。地震储层学要直接建立起储层参数与地震参数之间的定量关系，就必须基于双相介质深入研究储层地震波场响应机制，不断发展双相介质理论，且要基于此直接针对储层从不同地震波的发射和接收两个环节出发，依据地震波传播的波动和射线两条主线，正反演结合才能实现该目标。

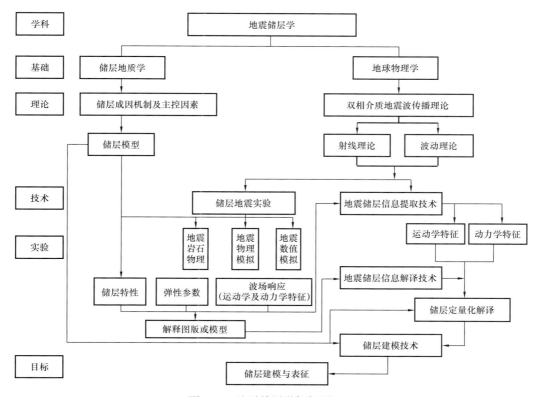

图 2-1　地震储层学框架图

地震波传播的规律和特点与介质类型和参数关系密切，介质总体可以分为单相介质和非单相介质两种。单相介质理论将地下固体岩石和所含流体作为一个整体来对待，将其概括简化成单相复合弹性介质，将固体岩石和所含流体及它们之间相互耦合对地震波的影响用一些复合介质参数来描述，而不是分别加以考虑。单相介质理论的概括简化在岩石孔隙度很小或孔隙中流体体积压缩模量和密度很小时是成立的，而当岩石孔隙度较大或孔隙中流体的弹性模量及密度较大时就会出现大的偏差。因此单相介质模型没有很好地反映储层岩石的结构和性质，基于单相介质模型的单相介质理论自然不能很好地描述地震波在储层岩石中的传播过程，难以揭示地震波在储层岩石中的传播规律。双相介质模型不仅包含了固体相的岩石骨架，也包含了流体相的孔隙流体。双相介质理论不但充分考虑了固体岩石结构和性质对地震波传播的影响，而且考虑了岩石孔隙中不同性质流体以及固体岩石骨架与流体之间相互作用对地震波传播的影响，更好地反映了储层岩石的结构和性质，更符合地震波在孔隙岩石中的传播实际，更好地揭示了地震波在充填了流体的储层岩石中的传播规律。双相介质理论将固体岩石的结构和所含流体的性质及它们之间的相互作用对地震波的影响分别加以考虑，在反射系数和透射系数方程组中就增加了与孔隙度和流体性质有关的参数。因此，基于双相介质理论的地震波传播理论不仅能更准确地反映纵波速度、横波速度和密度等参数，而且能够反演孔隙度和流体性质参数，从而能够更直接、准确地预测孔、渗、饱等储层参数。

二、地震储层学储层地质研究

储层地质研究是地震储层学研究的基础，在地震储层学研究的每个环节中都发挥着十分重要的作用。储层地质研究目的是获得研究区井"点"上储层基本特征模型，或以井点为基础的"线""面""体"的储层基本特征模型。储层地质研究不仅要建立研究区储层的基本特征模型，而且要为地震实验提供储层地质模型和参数，还为储层地震地质解译提供标定模型和参数。储层地质研究包括四部分内容：储层形成地质背景分析、储层基本特征研究、储层成因及分布规律分析，以及储层地质模型建立，落脚点是储层的岩性、几何形态、物性、流体等特征，关键点是储层和成藏主控因素分析。储层地质研究以现代沉积和地表露头解剖为指导，以钻井、测井、地震资料为基础开展工作。储层的形成、分布及演化受沉积盆地演化过程控制，研究储层形成的地质背景，从成因角度上认识储层的形成与分布是储层地质研究的基础内容，把握储层的宏观特征对储层表征具有指导意义。

三、地震储层学地震实验

地震储层学的核心是基于储层参数与地震参数之间定量关系的储层精细表征，而储层地震实验则是搭建地震与储层之间桥梁的关键手段，其可以从不同角度建立起地震与储层信息间的定量关系。储层地震实验主要包括地震岩石物理、地震物理模拟、地震数值模拟等 3 种实验手段，贯穿地震数据采集、处理和解释全过程，可以为新技术、新方法提供实验数据，可用于野外地震观测系统的设计和评估，可检验处理方法和解释结果的正确性。所以，储层地震实验是地震储层学理论和技术创新的源泉。

四、地震储层学研究方法

地震储层学基本研究方法可概况为"四步法"，主要包括储层地质研究、储层地震实验及技术方法研究、储层地震地质解译及表征和储层综合评价及建模等 4 个基本研究步骤，其研究内容与成果标志详见本章下一节。"四步法"方法研究体系反映了地震储层学的基本内涵，第一步是学科的基础，第二步是学科建立储层参数与地震参数之间定量关系的关键，第三步是学科的手段，第四步是学科的最终目标。4 个步骤相辅相成构成了地震储层学的基本方法体系。作为一门学科的方法体系，下文所介绍的 3 类关键技术也由此提出，地震储层信息提取技术对应于"四步法"的第二步，地震储层信息解译技术即"四步法"第三步，而储层建模技术为第四步。

五、地震储层学关键技术

地震储层信息提取技术、地震储层信息解译技术及储层建模技术是地震储层学的 3 类关键技术。其中，地震储层信息提取技术是基础，完成波场特征向地震弹性参数的传递；地震储层信息解译技术是关键，完成地震弹性参数与储层参数之间的转换；而储层建模技术是最终体现，完成储层在三维空间上的精细表征。

六、地震储层学研究目标

地震储层学的研究目标是精细的储层表征，"储层表征"即储层的定量化描述，其概念的提出及含义在第一章第一节中已经介绍。它包含三部分的内容：储层的外部形态、内部结构及所含流体（图 2-2）。储层的外部形态即储层的几何形态，指的是储层在空间分布上的外观形体特征，三维空间上岩性和厚度的变化或延伸范围。内部结构就是储层的非均质性，包括岩石学特征、孔隙度、渗透率等表征储层的参数。而所含流体指储层内的油气水，包括流体类型、流体饱和度、流体分布等与流体有关的信息。

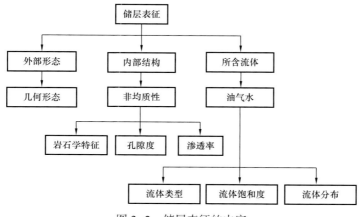

图 2-2　储层表征的内容

第二节　地震储层学研究思路及方法体系

一、基本研究思路

正确的研究思路与方法能保证人们的实践活动始终在正确的理论指导下进行。地震储层学的基本研究思路是"地质—地震—地质"，表现方式为"点—线—面—体"（图 2-3）。

从图 2-3 中可以看出，首先要充分利用现有的地质资料，包括地面露头、钻井、测井、分析化验、测试、采油等，建立点上的储层地质模型。以储层地质模型为初始，利用储层地震实验，建立储层参数与地震参数之间的定量关系，将含有地质信息的地震信息转换到线上或面上，如波阻抗、自然电位、自然伽马、电阻率、各类属性或剖面等。然后在地质理论模式及初始储层地质模型的指导下，对这些地震信息进行解译，重新赋予其地质含义。最后建立全面精细的储层三维空间地质模型。因此，地震储层学的基本研究思路是一个完整的从地质出发通过地震与地质相结合再回归地质的全过程，充分体现了地震与地质的有机结合。

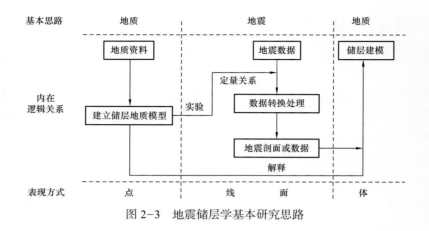

图 2-3　地震储层学基本研究思路

二、"四步法"流程

储层地质研究、储层地震实验及技术方法研究、储层地震地质解译及表征和储层综合评价及建模是地震储层学的 4 个基本研究步骤，简称为"四步法"（卫平生等，2012），其研究思路与内容如图 2-4 所示。

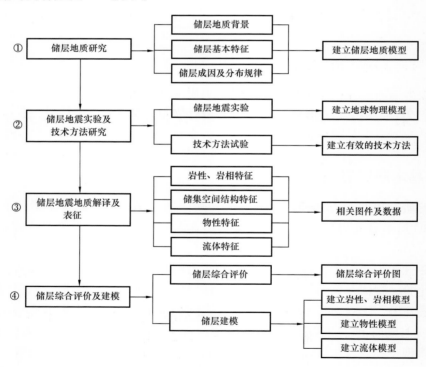

图 2-4　地震储层学"四步法"研究流程

（一）储层地质研究

通过传统的、与地震尺度相匹配的储层地质研究，即以现代沉积储层实例解剖为指导，以相关野外露头的储层研究为参考，利用研究区钻井、分析化验、地球物理（测井和地震等）及开发动态等资料，开展储层发育的地质背景、基本特征、成因机理等研究，确定影响储层特征、成藏和流体变化等主控因素，建立初始储层地质模型（或称为概念模型），包括岩性、岩相、储集空间类型、物性及流体等模型，目的是搞清楚"点"上储层和流体的特征，为储层的地震物理模拟等实验输入正确的地质模型，也为储集体的地震地质综合解译提供样本和验证模型。

（二）储层地震实验及技术方法研究

将储层"点"上的特征扩展到"面"及"体"上，必须充分结合高精度的三维地震资料。首先，在地震资料上识别储集体，需要建立储层与地震的对应关系，即建立储层地质模型与地震模型（岩石弹性参数及地震反射形态、结构、振幅、频率和速度等模型）的对应关系，亦即建立地质与地震之间的"桥梁"。通常有 3 种方法可实现：（1）用岩石物理测试和地震物理模拟实验直接且较为准确地建立它们之间定性或定量的对应关系，或用地震正演模拟近似建立它们之间定性或定量的对应关系；（2）用地震反演近似地建立它们之间定性或定量的对应关系；（3）用测井地震标定建立它们之间的对应关系。其次，可在三维地震数据体上进行储集体的识别与解译，并选择适用的地震解释技术（如地震属性提取和相干分析等）对在三维地震数据体上识别出的储集体进行准确描述与表征。

（三）储层地震地质解译及表征

储层地震地质解译就是将地震信息赋予地质含义；储层表征就是将所解译的储集体进行定量化描述，其结果用地质成果数据和图件表示。具体做法是：利用优选出的有效地震解释技术对三维地震数据进行相关处理，得到相应的成果数据。在储层地质模型指导下，利用现有资料（尤其是钻井资料）进行标定，对识别出的储集体进行地震地质解译，并用地质成果图件和数据来表征储集体。

（四）储层综合评价及建模

基于上述成果可开展储集体综合评价，确定有利储层的空间分布。利用储集体最终解译结果（岩性、岩相、储层空间类型、物性及所含流体等）开展储层建模。所建立的模型在勘探阶段可作为井位部署的重要依据，也可作为开发阶段油藏数值模拟的输入模型，为油藏开发方案编制及调整提供依据。

"四步法"研究流程是一个从地质出发，通过地震与地质的相互融合再回归地质的完整过程，充分体现了地震与地质的有机结合，实现了由"点"到"面"再到"体"的储层表征与建模。针对具体的研究区，随着勘探开发程度的不断深入，地震储层学研究成果也不断趋于地质实际，研究初期所建立的模型与现阶段需要建立的模型存在输入输出、互为验证的关系，直至建立与地下储层相吻合的模型。"四步法"适用于石油勘探开发研究的各个阶段。

第三节 地震储层学的特性及与相关学科的关系

储层研究智能化的发展趋势以及地震技术在储层表征中的作用和地位，使得地震储层学具有了自身的优势与特点。作为一门学科，既有系统性，又有实用性，然而更重要的是独立性。地震储层学的特性包括实验性、整体性和精细性。

一、地震储层学的特性

（一）实验性

储层地震实验是地震储层学研究的关键，是搭建地震与储层之间的桥梁，其以不同的测试方式，从不同的角度建立起地震与储层信息间的定量关系。没有相应的储层地震实验研究，就不能明晰各类岩石及储层所具有的地震波场特征，地质与地震就不能结合，地震储层学也就无从谈起，因此地震储层学具有十分显著的"实验"特性。

（二）整体性

地震储层学不仅对储层的外观形体特征进行研究，还包括储层的岩石学特征、孔隙度、渗透率、流体等参数的描述与表征，更强调对储层特性三维空间结构特征及其时空演变的整体描述，实现了从点、面扩展到三维空间，使研究目标的各种属性特征真正实现了"体"的描述和表征，最终建立储层三维空间模型。其"整体性"特征十分明显。

（三）精细性

将地震与地质有机结合，能够对储层特征进行更为精细的表征与建模，实现了从定性到定量的过程。将垂向上分辨率很高的测井技术与横向上覆盖面很大的地震技术结合起来，达到在三维空间定量描述储层的目的，追求目标体空间细节的精雕细刻，特别是实现井间更为精细的储层描述与建模，是实现地震储层精细表征的必由之路。

二、与相关学科的关系

很多学者认为，地震储层学是石油地震地质学的一个分支学科。石油地震地质学的概念最初由袁秉衡于20世纪80年代初期提出（袁秉衡，1982，1986），后来谭试典（2004）、杨杰（2010）、林承焰（2011）等对这一概念及研究内容进行了补充与完善。石油地震地质学的学科框架体系如图2-5所示。

此外，近年来还出现了几门研究储层且与地震有关的交叉学科。因此，有必要界定各分支学科之间的相对界限，使其研究各有侧重、特点突出。选择储层地球物理学（Sheriff，1992）、储层地震学（Gadallah，1994）、储层地震地层学（刘震，1997）、地震沉积学（Zeng 等，1998）这4门学科与地震储层学进行比较（图2-6）。

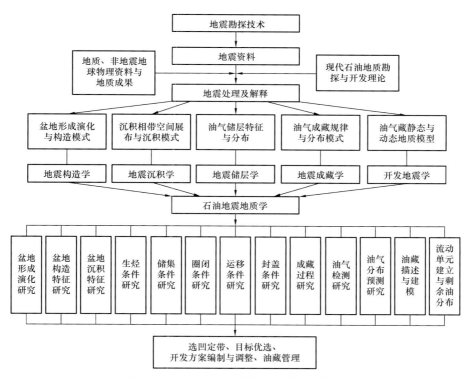

图 2-5　石油地震地质学的学科框架体系

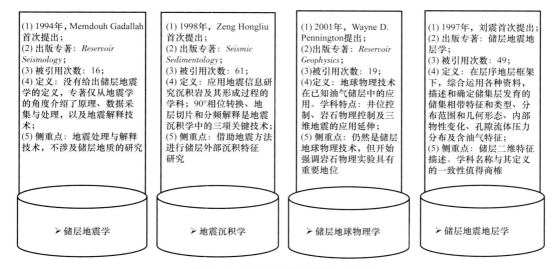

图 2-6　已产生的相关学科内容图

（一）与储层地震学的关系

1994 年，Gadallah 首次提出储层地震学的概念，并出版专著 *Reservoir Seismology*。专著从地震学的角度介绍了其原理、数据采集与处理，以及地震解释技术。虽然储层地震学更像是地震勘探原理的一个延伸，但是它得益于地震技术的进步，开始转变研究对象，走出了利用地震技术研究储层的第一步。储层地震学与地震储层学的最大区别在于，前者强调地震处理与解释技术，不涉及储层地质的研究。

（二）与地震沉积学的关系

1998 年，曾洪流等首次使用了"地震沉积学"一词（Zeng 等，1998），认为地震沉积学是利用地震资料来研究沉积岩及其形成过程的一门学科（Zeng 等，2001）。与地震储层学相比，两者的不同主要体现在研究内容及研究尺度上。地震沉积学主要是在地质规律（尤其是沉积环境及不同沉积环境下的沉积相模式）的指导下利用地震信息和现代地球物理技术进行地层岩石宏观研究及沉积史、沉积结构、沉积体系和沉积相平面展布等的研究。其研究尺度是 1/4 波长等时地层格架，较地震储层学的研究尺度更为宏观。

（三）与储层地球物理学的关系

1992 年，Sheriff 首次提出储层地球物理学（Sheriff，1992），系统介绍了新兴的地球物理技术在储层研究中的应用，包括十字井、正反向垂直地震剖面、单井成像、无源地震、重力、电磁等技术，其仍然从地球物理学的角度强调技术的发展。1996 年，牟永光在其专著中认为储层地球物理学是建立在双相介质弹性波理论的基础之上（牟永光，1996），这与地震储层学的基本观点一致。2001 年，地球物理学家 Pennington 进一步发展了储层地球物理学，除了介绍地球物理技术，还指出了岩石物理在储层地球物理学中的核心地位。储层地球物理学发展至此，在基本理论及实验基础方面与地震储层学有很大的相似之处。但是，它们之间最大的区别在于储层地质研究。地震储层学将储层地质研究作为学科的基础，并将其作为一切研究的初始模型，而储层地球物理学则较少提及储层地质研究。

（四）与储层地震地层学的关系

1997 年，刘震提出"储层地震地层学"，系统阐述了储层地震地层学关于储层地质基础、储集相带判别、储层解释中的地震处理方法、薄层岩性—物性—含烃性定量分析、预探井钻前储层预测等 5 个方面的基本原理和应用方法，为储层地震地层学在油气勘探开发中的应用提供了有效的理论基础。储层地震地层学与地震储层学的共同之处是将储层地质研究作为学科的基础，但前者是"地层学"的延伸，强调"在层序地层框架下，综合运用各种资料"。地震是众多技术手段的一种，仅作为一种辅助手段。而在地震储层学中，地震与地质具有同等重要的地位，其核心是建立地震与地质之间的定量关系。此外，相比于储层地震地层学对储层二维特征的描述，地震储层学更强调储层的三维空间表征。

第四节　地震储层学发展方向

地震与地质交叉渗透、多方法与多技术协同攻关是现阶段储层研究的特点。地震储层学采众家之长，虽具建立储层与地震参数之间的定量关系的核心任务、"四步法"的研究方法和实现储层建模与表征的根本目标区别于其他学科，但目前由于受双相介质理论的局限性、储层地震实验的实效性、储层建模方法的准确性等条件的制约，仍然停留在地震地质结合、充分挖潜地震信息的应用上。因此，地震储层学今后的发展应遵循"理学入手，工学应用"原则，一方面需要在实践中实现理论上的不断创新，逐渐丰富和完善地震储层学独有的理论知识体系；另一方面需要在应用上取得良好效果，指导油气勘探开发。具体讲，地震储层学今后的发展不仅要完善和创新双相介质理论，而且要基于此直接针对储层从不同地震波的发射和接收两个环节出发，依据地震波传播的波动和射线两条主线，正反演结合，建立储层参数与地震参数之间的定量关系，以储层地质研究为基础，利用关键技术实现储层表征这一最终目标。

一、学科基础理论发展方向

地震储层学要建立地震参数与储层参数之间的定量关系，目前其理论基础面临两个重大挑战，一是多尺度储层岩石物理关系复杂，储层岩性物性空间变化快、非均质强、多尺度储层岩石物理关系模糊；二是缺乏对多尺度储层地质—地球物理响应复杂性问题的深入探讨与科学问题攻关。因此，"全波场不同尺度储集体的地震临界响应理论机制和典型储层地震岩石物理一体化基础联合研究"是其理论发展的重要方向，可以为目前地震储层定量化表征和学科理论奠定坚实基础。

储层是由岩石骨架、孔隙及其所含流体组成，是复杂的多相介质，因此，双相介质地震波传播理论更好地反映了储层岩石的结构和性质，更符合地震波在孔隙岩石中的传播实际，能够更好地构建地震与储层之间的内在联系。总体上，地震储层学理论的发展基于双相介质深入研究储层地震波场响应机制是根本方向。双相介质理论始于20世纪50年代后期，经过半个多世纪的发展，理论日趋成熟。随着人们对地震波传播机理认识的不断深入，以及油气勘探开发对象的日趋复杂，要求储层研究必须由定性转向定量，必须直接预测储层物性参数，双相介质理论工业化应用将成为必然，其发展也面临诸多的挑战。因此，双相介质理论发展不仅要在理论上不断创新，而且要在工业实用化上取得突破。理论创新与工业实用化相结合，是双相介质理论发展的必由之路。

在理论创新方面：（1）针对复杂的储层，建立与其相适应的双相介质模型，发展各向异性双相介质地震波传播理论是一种大趋势；（2）深入研究双相介质储层参数对地震波传播影响的机理，为利用地震数据进行储层表征奠定理论基础；（3）发展基于双相介质理论的高精度成像、保幅及高分辨处理理论，尤其是双相介质多波资料处理理论；（4）开展双相介质反射和透射研究，探索多波多分量资料双相介质 AVO 反演新理论，利用多波资料信息丰富的优点，更加可靠地直接反演储层孔隙度和饱和度等重要参数。

在实用化方面：（1）针对不同储层类型，尤其是致密砂岩、碳酸盐岩、页岩等非常规储层，开展双相介质理论适用性研究，优选相应的双相介质理论；（2）运用储层地震实验构建适合于实际地质情况的地震物理、数值模型，为双相介质正反演研究提供支撑；（3）结合双相介质理论最新研究成果、储层地震实验成果，着重发展实用性双相介质储层参数反演技术；（4）形成整套的、成熟的双相介质理论应用技术链，取得实际应用效果。

双相介质地震波传播理论的发展依赖于地震学理论在油气勘探、开发和储层地震实验中的实践，只有在实践中不断发现问题，才能不断完善和发展理论本身，再更好地应用于实践。

二、储层地震实验发展方向

储层地震实验是联系储层信息与地震波弹性信息的纽带，储层地震实验的任何突破都会促进地震储层学学科的实质性进展。

（一）地震岩石物理实验

随着可控温压系统、多频段测量系统的研发，地震岩石物理实验更加接近储层实际环境，将会在以下方面大有作为：（1）致密砂岩、碳酸盐岩、页岩等非常规储层理论及模型的适用性问题将会得到进一步解决；（2）多频段和多尺度的岩石物理实验将会工业化应用，其岩石物理相关理论将会进一步得到发展；（3）双相介质参数将会直接测定，研究孔隙结构、孔隙流体组分、含油气饱和度、渗透率等储层参数的改变对双相介质参数的影响及它们之间的定量关系将会更加深入；（4）依据双相介质理论，发展更加符合储层实际条件的岩石物理量板制作技术。

（二）地震物理模拟实验

随着模型制作工艺、实验设备的不断改进，更为复杂的地震物理模拟实验将会得以实施，主要包括：（1）开展致密砂岩、碳酸盐岩、页岩等非常规复杂储层地震物理模拟实验，制作相应的多层双相介质模型，多层激发，全方位接收；（2）对双相介质地震观测系统激发、接收方式进行深入研究，激发方式以纵波为主，逐步探索横波，接收方式以纵波、转换横波并重，探索慢纵波、慢横波的接收方式；（3）开展大尺度双相介质地震物理模拟实验，包括高温、高压下大尺度的非均质储层模型、流体充注模型。

（三）地震数值模拟

随着高性能计算设备大规模应用，地震数值模拟方法研究将会以波动方程理论为主，射线为辅。主要发展：（1）稳定、高效的双相介质地震数值模拟算法研究。分析孔隙度、渗透率、黏滞性对速度、幅度及衰减的影响；（2）双相介质地震物理模拟实验的先导性试验研究。进行模型设计、观测系统设计，成为论证地震物理模拟实验可靠性的重要手段。

三、学科关键技术发展方向

地震储层学关键技术的发展依赖于地质需求的不断变化和地震技术的不断发展进步。

（一）地震储层信息提取技术

地震储层信息提取技术今后主要发展：（1）多波地震处理、解释技术。随着多分量地震激发、采集技术的进步，多波地震资料将会越来越常见，保护和充分利用多波地震资料丰富的储层信息需要有效的多波地震处理解释技术作保证。（2）双相介质偶极子波反演技术。将偶极子波同基于射线理论的双相介质 AVO 反演技术相结合，充分利用偶极子波的高分辨能力开展双相介质偶极子波反演技术。（3）双相介质波动方程反演技术。

（二）地震储层信息解译技术

地震储层信息解译技术今后主要发展：（1）全三维地震资料解译技术，包括逐级控制的井震标定技术及多种参数体联合解释技术；（2）基于地震沉积学的相识别技术，主要是结合偶极子波理论，发展偶极子波多重积分技术、偶极子波厚度谱技术及等时地层切片技术；（3）储层物性解译技术，主要是开展多源双相介质储层敏感参数优选、双相介质岩石物理量板的制作技术研究；（4）地震储层解译链技术，将单个解译技术有机整合到一起，降低多解性，形成科学、规范的储层解译链技术。

（三）储层建模技术

发展随机建模技术：（1）基于训练图像的多点统计随机建模技术，包括基于地震属性挖掘宏观参数训练图像构建方法、储层宏观参数训练图像多点统计建模技术、基于薄片图像二值化的储层微观参数训练图像构造方法及储层微观参数训练图像多点统计随机建模技术；（2）宏观、微观结合的储层训练图像多点统计随机建模技术，即建立宏观、微观结合的多尺度训练图像及基于多尺度训练图像的多点统计建模技术。

四、学科成果体系发展方向

近年来，中国石油勘探开发研究院西北分院研究团队开发了以"授权受理 3 项国际发明专利、授权 5 项国内发明专利"为标志的关键储层评价新技术，不断丰富了地震储层学的核心技术体系；并通过开展强非均质碳酸盐岩储层数字岩心及岩石物理研究，在国内外首次建立了裂缝、裂缝—孔洞及孔洞三种类型碳酸盐岩储层岩石物理解释图版，为探索强非均质碳酸盐岩储层预测新技术开发奠定了坚实基础（潘建国等，2020；赵建国等，2021a，2021b）；创新成岩圈闭成因模式及储层临界物性图版为标志的储层地质理论认识（Pan 等，2021）。先后出版了《世界典型火山岩油气藏储层》（卫平生等，2015）、《世界典型碳酸盐岩油气田储层》（卫平生等，2018）及《砾岩成岩圈闭油气藏》（潘建国等，2019）三本地震储层学系列丛书，极大丰富了地震储层学储层模型知识库，扎实推动地震储层学应用研究，有效提高了准噶尔盆地玛湖凹陷斜坡区砾岩和哈拉哈塘碳酸盐岩油气藏重大勘探及评价项目研究成果水平，在中国石油形成了两个有重大影响力的成果。

整体上，地震储层学要以地震勘探技术发展脉搏为基础，遵循"从理学的角度研究，从工学的角度实践"的建设思路，大力实施"两步走"战略，努力构建国内外有影响力的、能够有效指导地震储层研究的交叉学科，大力推动地球物理勘探技术创新和储层地质理论成果水平的提升。从理学的角度研究，就是要从学科内涵、发展规律与特点出发，在完备学科框架体系基础上，突出理论基础和核心技术创新等研究；从工学的角度实践，就是要以地震勘探技术发展脉搏为基础，大力实施"两步走"战略，分阶段构建有影响力的学科，打造较好的应用成果。

在重大勘探成果方面，大力推行一体化项目组织，充分发挥各方面的积极性，有效组织重大领域精细勘探评价研究，努力形成有影响力的科技创新成果和油气勘探重大实效。由于深层—超深层、复杂油气藏等油气勘探的难度和技术挑战性十分艰巨，地球物理资料品质、整体地质认识、核心评价技术方法、圈闭目标识别等方方面面均制约了重大领域勘探评价的精细程度和可靠性，其研究具有基础性、技术性、海量数据及综合性强等特点。下一步应当发挥地震地质一体化的时代优势，发挥好地震储层学科技引领和示范作用，选择油气勘探重大接替领域（例如成岩圈闭油气藏重大前沿领域），调动各方面的积极性，不断深化一体化组织模式和激励政策，生产与学术研究紧密结合，创新驱动、有效组织重大领域精细勘探评价研究，努力造就知名勘探评价研究团队，形成有影响力的科技创新成果和重大勘探实效。

参 考 文 献

Gadallah M R, 1994. Reservoir seismology : Geophysics in nontechnical language［M］. PennWell Books.

Pan J G, Wang G D, Qu Y Q, et al, 2021. Origin and charging histories of diagenetic traps in the Junggar Basin［J］. AAPG Bulletin, 105（2）: 275-307.

Pennington W D, 2001. Reservoir geophysics［J］. Geophysics, 66（1）: 25-30.

Sheriff R E, 1992. Reservoir geophysics［C］. USA : Society of Exploration Geophysics.

Zeng H, Ambrose W A, Villalta E, 2001. Seismic sedimentology and regional depositional systems in Mioceno Norte, Lake MaracaiboVenezuela［J］. The Leading Edge, 20（11）: 1260-1269.

Zeng H, Henry S C, Riola J P, 1998. Stratal slicingPart II : Real 3-D seismic data［J］. Geophysics, 63（2）: 514-522.

林承焰, 张宪国, 2011. 石油地震地质学探讨及展望［J］. 岩性油气藏, 23（1）: 17-22.

刘震, 1997. 储层地震地层学［M］. 北京: 地质出版社.

牟永光, 1996. 储层地球物理学［M］. 北京: 石油工业出版社.

潘建国, 李劲松, 王宏斌, 等, 2020. 深层—超深层碳酸盐岩储层地震预测技术研究进展与趋势［J］. 中国石油勘探, 25（3）: 156-166.

潘建国, 支东明, 尹路, 等, 2019. 砾岩成岩圈闭油气藏［M］. 北京: 石油工业出版社.

谭试典, 2004. 略论石油地震地质学［J］. 新疆石油地质, 25（5）: 557-559.

卫平生, 潘建国, 谭开俊, 等, 2015. 世界典型火山岩油气藏储层［M］. 北京: 石油工业出版社.

卫平生, 蔡忠贤, 潘建国, 等, 2018. 世界典型碳酸盐岩油气田储层［M］. 北京: 石油工业出版社.

卫平生, 潘建国, 谭开俊, 等, 2012. 地震储层学研究的"四步法"及其应用: 以准噶尔盆地裂隙式喷发火成岩地震储层学研究为例［J］. 岩性油气藏, 24（6）: 10-16.

卫平生, 雍学善, 潘建国, 等, 2014. 地震储层学的基本内涵及发展方向［J］. 岩性油气藏, 26（1）: 10-17.

杨杰, 卫平生, 李相博, 2010. 石油地震地质学的基本概念、内容和研究方法［J］. 岩性油气藏, 22（1）: 1-6.

袁秉衡，安延恺，1982.地震地质的内涵与外延［J］.石油学报，3（增刊）：34-41.

袁秉衡，孙廷举，1986.论石油地震地质学［J］.石油与天然气地质，7（4）：379-385.

赵建国，潘建国，胡洋铭，等，2021a.基于数字岩心的碳酸盐岩孔隙结构对弹性性质的影响研究（上篇）：图像处理与弹性模拟［J］.地球物理学报，64（2）：656-669.

赵建国，潘建国，胡洋铭，等，2021b.基于数字岩心的碳酸盐岩孔隙结构对弹性性质的影响研究（下篇）：储层孔隙结构因子表征与反演［J］.地球物理学报，64（2）：670-683.

第三章　地震储层学理论基础研究新进展

地震储层学要建立地震参数与储层参数之间的定量关系，其理论基础面临两个重大挑战，一是多尺度储层岩石物理关系复杂，储层岩性物性空间变化快、非均质强、多尺度储层岩石物理关系模糊；二是缺乏对多尺度储层地质—地球物理响应复杂性问题的深入探讨与科学问题攻关。目前，"全波场不同尺度储集体的地震临界响应理论机制和典型储层地震岩石物理一体化基础联合研究"是地震储层学理论的重要发展方向。储层是由岩石骨架、孔隙及其所含流体组成，是复杂的多相介质；因此，双相介质地震波传播理论能更好地反映储层岩石的结构和性质，更符合地震波在孔隙岩石中的传播实际，更好地构建地震与储层之间的内在联系。总体上，地震储层学理论的发展基于双相介质深入研究储层地震波场响应机制是根本方向。本章重点围绕地震岩石物理、地震波场物理模拟、地震波场数值模拟和地震波场储层响应机制等地震储层学主要的基础理论，介绍了近几年为解决勘探开发实际问题开展的研究工作的最新进展，有助于深入了解地震储层学的理论基础及发展方向。

第一节　地震岩石物理实验方法研究新进展

一、岩石物理实验方法研究新进展

近年来，针对深部储层的油气勘探已成为研究热点，地震信号的低频成分对深部储层的成像起着至关重要的作用，从地震资料中提取与储层有关的低频信息是勘探界非常关注的工作和亟待解决的难题。因此，挖掘与含流体储层有关低频信息的属性对流体识别和深部油气勘探具有重要意义。岩石物理研究发现，地震波在穿过饱和流体储层时会发生速度频散和衰减，这种现象也会出现在地震频段（低频段），因此探索低频段的岩石物理性质对利用地震信号的低频信息进行油气勘探和储层识别具有重要意义，开展低频岩石物理测量对研究岩石性质至关重要（王海洋等，2012）。目前低频岩石物理测量主要针对砂岩、页岩等，对碳酸盐岩的低频岩石物理测量还非常欠缺，而碳酸盐岩通常具有低渗、低孔和低流度的特征，往往会在地震频段（低频段）表现出强的速度频散和衰减。因此，针对低频段的岩石物理测量亟须投入大量的实验研究（Ba等，2016，2017）。

实验室内获取岩心不同频段速度和衰减信息的实验装置，依据测试原理的不同，可以分为三大类：超声法（0.2～1MHz）、共振法（1～50kHz）和应力—应变法（10^{-4}～3000Hz）。实验室中，最早应用测量频率为兆赫兹（MHz）的超声法研究波速和衰减与储层岩石参数之间的关系。该方法利用岩石样品中声波脉冲的穿透时间测量波速，利用声波脉冲振幅的变化来估计衰减。虽然超声法实验目前应用最广泛，但测试频率过高，并不适用于地震频段的测量。针对低频段岩石物理测量主要还是依靠共振法和应力—应变法。

（一）共振法低频岩石物理测量技术

共振棒低频岩石物理测量技术是实验室条件下获得岩石低频声学属性最先采用的实验方法。共振棒技术引发测试样品在自身共振频率处共振，采集共振条件下样品的长度变形和扭转变形，进而得到相应的弹性模量。样品的共振频率由其长度和纵波速度决定。这项技术将实验测试频率拓展到了声波频率（kHz）范围。实验系统如图 3-1 所示，岩样被加工成细长棒形，用胶套包裹后置于铝架上，支撑点位于样品中点，设置于铝架两端的电磁铁可在岩样中激发拉伸波和剪切波，而设置于铝架一端的接收器可记录拉伸、剪切波信号。测量开始前，在共振频率下激发岩样的振动直至达到稳定的振动状态，然后记录岩样振动随时间的衰减，通过放大器、滤波器处理后显示于示波器上。共振棒技术的缺陷在于岩石样本的加工，岩样在不被破坏的前提下必须加工为足够细长的棒形（长方形或圆柱体），并且测试的频率越低，要求样本的尺寸越长。一种可行的方案是在岩样两端连接附加物，在降低测试频率的同时保持岩样的尺寸。

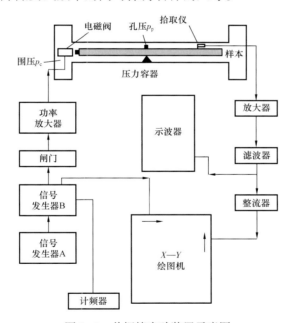

图 3-1 共振棒实验装置示意图

Born（1941）最先设计并应用共振棒技术测量了 Amherst 砂岩的衰减，并将此归因为样品的黏滞性损耗。Gardner 等（1964）在围压条件下测量了部分饱和 Berea 砂岩的杨氏模量、剪切模量和相应的衰减。Winkler 等（1979）证明含流体 Massilon 砂岩的剪切模量衰减 Q_G^{-1} 相比于干燥岩石要高，但完全饱和或部分饱和时的衰减值相近。而体积模量衰减 Q_K^{-1} 随着饱和度增加有较大变化。Murphy（1982）进一步分析了流体部分饱和对 Massilon 砂岩衰减的影响，发现 Q_K^{-1} 的最大值出现在孔隙中仅充填少量气的时候。Jones

等（1983），测量了两块水饱和 Berea 砂岩横波速度和相应衰减 Q_s^{-1} 在 22～120℃的变化。

Tittmann 等（1984）对流体饱和 Coconino 砂岩的杨氏模量和相应衰减 Q_s^{-1} 的测量结果表明，衰减由黏滞性孔隙流体的流动造成。并且指出，当时只有 O' Connell 和 Budiansky 提出的喷射流机制的预测结果与实验观测规律大体一致（O' Connell 等，1977）。

Vo-Thanh（1990、1991）将裂隙分布引入喷射流模型用以解释其对饱和不同流体的 Boise 砂岩和 Berea 砂岩的观测结果。他们在实验中观测到两个衰减峰值，认为这是由两种弛豫机制造成的：一种是不同排列方向的裂隙间的局部流体流动，另一种是单个裂隙中黏滞性流体的剪切弛豫效应。

Yin 等（1992）应用共振棒技术研究了千赫兹（kHz）频率范围内，渗吸和驱排两种饱和方式对 Berea 砂岩衰减的影响。同超声观测结果一致，在 kHz 频率范围内，衰减不仅取决于饱和度，还与饱和方式有关。McCann 等（2009）指出声波频段下干燥石灰岩的衰减很小，但是流体流动引起的黏滞性损失可能在地下原位条件下引起强的衰减。

Nakagawa 和 Kneafsey 等将 CT 成像技术与共振棒技术相结合，在超临界 CO_2 注入的盐水饱和样品过程中观测弹性参数的同时，获取了岩心的 CT 图像，进而获得了相应流体饱和度下的流体分布形态（Nakagawa 等，2013）。

除此之外，还有一类实验方法利用共振特性，称为差分共振声谱法（Differential Acoustic Resonance Spectroscopy 简称 DARS）。早期的差分共振声谱法用于共振腔内流体声速及衰减的测量。Harris 于 1998 年将该方法用于岩石声学参数的测量。Xu（2007）在博士论文中概述了差分共振声谱法的测量原理，给出了岩心样品在 kHz 频率范围的初步测量结果。Vogelaar 等（2015）指出中、高渗透率饱和砂岩的体积模量与 Gassmann 理论的预测结果一致；而低渗透率岩石在测量频率下压力仍旧不平衡，结果在 Gassmann 理论预测上、下限之间。

针对差分共振声谱法，徐德龙等（2005）通过数值模拟方法研究了含孔扰动体对圆柱谐振腔共振频率的影响。陈德华等（2007）初步构建了差分共振声谱系统，实验研究了共振腔体几何尺寸、环境温度、样品几何尺寸和声学参数对共振声谱的影响。王尚旭等完整地介绍了基于简化边界条件推导的 DARS 系统的理论架构，提出估计样品压缩系数的单点反演方法（Wang 等，2012）。赵建国等提出同时获取样品压缩系数和密度的多点反演方法（Zhao 等，2013）。该方法充分利用样品不同位置的共振频率信息，减少了测量中的随机误差，提高了中、低压缩系数样品的反演精度。赵建国等提出应用阻抗边界条件基于格林函数的修正 DARS 扰动公式及相应的反演方法（Zhao 等，2015）。殷晗钧等基于数值模拟优化了 DARS 系统的配置，重新构建了 DARS 系统，在提高了差分共振声谱法测量频带的同时，增强了系统的稳定性（Yin 等，2016）。

中国石油大学（北京）赵建国团队独立研发了"差分共振声谱低频岩石物理模量测试仪"设备（简称差分共振声谱法低频测试仪），有效补充了 600～2000Hz 岩石样品弹性参数的获取（图 3-2）。图 3-2a 为测试仪系统示意图，是一套由计算机控制的由锁相放大器、功率放大器、预放大器、水听器、步进电机及圆柱形谐振腔等组成的共振声谱测量系统。测量时，被测样品在步进电机的控制下由上而下移动，在每一个测量位置锁相放大器激发一系列频率由低到高变化的正弦波电信号去激发压电陶瓷源，压电陶瓷源便发射出一系列不同频率的声波，由浸没在硅油中的水听器接收声压信号，在某个频率共振腔发生共振，此时水听器接收到的声压最大；图 3-2b 为关键部件——圆柱形谐振腔的实物图；图 3-2c 是使用差分共振声谱法测量岩石样品声学性质的基本概念原理，谐振腔加载样品前后的声共振频率分别为 f_0 与 f_s，声共振频率的偏移（f_s-f_0）就携带了被测岩石样品的声学性质。

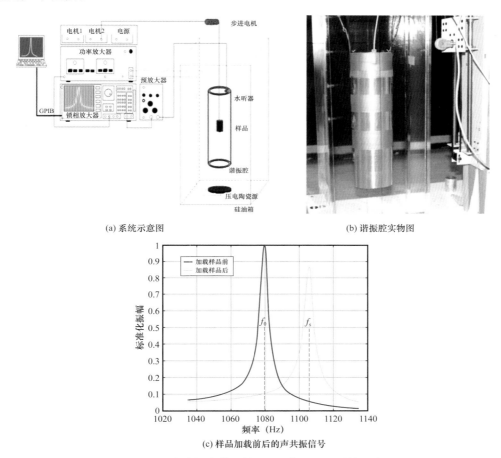

(a) 系统示意图　　　　　　　　　　　(b) 谐振腔实物图

(c) 样品加载前后的声共振信号

图 3-2　差分共振声谱法低频测试仪原理及系统示意图

　　利用差分共振声谱法研究低频条件下岩石声学性质取得如下进展：（1）从理论上推导了"差分共振声谱低频岩石物理模量测试仪"所依存的理论基础——扰动方程，这为设备的研制与开发奠定了基础；（2）在理论计算与大量数值模拟的基础上，解释了所开发系统的工作机制，以及影响共振实验的各种环境因素；（3）从理论和实验上验证了所开发系统可以对任意不规则形状的小岩石样品测量得到其频段范围为 600～2000Hz 的岩石体积模量，为拟地震频带波在流体饱和岩石中传播的频散效应提供了一种新的解释机制；（4）从理论与实验上均证明该系统也能用来测量岩石的渗透率性质，并提供一种研究流体饱和岩石样品在谐振声波场中流体动态扩散过程的途径。

（二）应力—应变全频段岩石物理测量技术

基于应力—应变法的实验设备，能够直接得到与用于烃类检测的地震数据相一致的频段范围的实验数据，因此最近几十年获得学者的广泛关注。国际上以美国科罗拉多矿业学院、斯坦福大学、休斯敦大学，瑞士苏黎世联邦理工学院、洛桑大学，澳大利亚科延大学、国立大学等研究团队为代表，均研发出全频段测试岩心的实验系统，具体如下：

美国全频段岩石物理测量技术的发展较为成熟，科罗拉多矿业学院的 Batzle 等（2001）采用应力—应变技术对砂岩的频散从低频段（5～2500Hz）到高频段（800kHz）进行了测量分析，发现低渗透率的岩石（如页岩、致密碳酸盐岩等）在地震频段也存在较强的频散现象。基于上述研究，Adam 等（2006）对碳酸盐岩的弹性参数在低频段及高频段进行了测量分析。Batzle 等（2006）提出了利用应力—应变测量装置进行低频段岩石物理参数的测量，研究了砂岩和碳酸盐岩样品从地震频段到超声频段流体的流动性（岩石渗透率与流体黏滞系数的比值）对速度的影响，结果表明，低流动性岩石（如致密砂岩）在地震频段都有可能发生较为明显的频散现象。科罗拉多矿业学院的 Adam 等（2006）采用应力—应变方法对碳酸盐岩样品在低频段（3～3000Hz）及超声频段（0.8MHz）进行了岩石物理测量，并进行了流体替换、剪切模量分析、频散与衰减分析。

Adam 等（2009）又进一步对碳酸盐岩的地震波衰减在地震频段（10～1000Hz）及超声频段（0.8MHz）进行了实验测量分析，结果表明：当碳酸盐岩中的轻烃替换为盐水时，地震波的衰减会增加250%，而对其中一些样品，衰减是依赖频率的，但在地震频段范围（10～1000Hz），被测样品的衰减是恒定的。

Batzle 等（2014）对低频岩石物理测量技术进行了系统说明，从物理机理及实验室测量说明了低频段岩石物理测量的重要性。Adam 等（2014）对流体流动引起的衰减和频散机理进行了概括，也强调了低频岩石物理的重要性。

目前，科罗拉多矿业学院低频岩石物理测量技术已经发展较为成熟，并针对碳酸盐岩的低频岩石物理测量和理论分析进行了较为系统全面的研究，其应力—应变低频测量装置及原理如图 3-3 所示。

测量原理：通过计算机控制信号发生器发出特定频率的正弦信号，经过功率放大器之后驱动激振器对样品施加一个微弱的正弦力，采用应变传感器测量样品与参考样（通常为铝）的应变并采用增益放大器放大，计算样品中应力与应变的比得到弹性模量。

休斯敦大学岩石物理实验室的 Huang 等（2015）也在对低频岩石物理测量进行研究，Yao 等（2013）介绍了地震频率（低频段）下速度频散和衰减测量的研究进展，主要对应力—应变测量的发展进行了简要阐述，并与 Adam 等（2009）的测量方法的误差进行了对比分析，同时也得出结论，在地震频段对速度频散和衰减实验室测量已经取得了显著进步，但在岩石物理实验室的应用仍不成熟。随着技术进一步发展，Wei 等（2015）在低频段对饱和水岩石的速度频散和衰减进行了实验室测量，主要对部分饱和水砂岩和干岩石进行了弹性参数的测量，分析了速度频散随含水饱和度的变化特征。Huang 等（2017）在

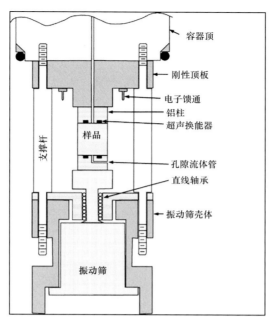

图 3-3 美国科罗拉多矿业学院应力—应变低频测量装置原理图（据 Batzle 等，2006）

地震频带（2～800Hz）对砂岩在不同饱和度和压力下的速度频散和衰减进行了测量。但上述测量针对碳酸盐岩的实验分析比较欠缺，利用现今较为成熟的测量技术研究碳酸盐岩低频端岩石物理特性仍需进一步研究和探索。

2016—2019 年，加利福尼亚大学的 Saltiel 等（2017）也对低频岩石物理测量进行了深入研究，并进行了实际应用，采用低频段（0.01～100Hz）剪切模量和衰减探索地震的裂缝和断层特征。Spencer 等（2016）对砂岩中地震波的衰减和模量频散进行了研究，通过 1～200Hz 低频段的实验室测量来探索有效黏度和渗透率对模量频散和衰减的影响，同时也对饱和气或饱和油情况下速度和衰减的影响进行了分析。结果表明：低黏度流体的体积模量值接近于 Gassmann 方程的预测值，但随着频率和黏度的增加，体积模量和剪切模量逐渐偏离 Gassmann 方程的预测值。通过实验测量与理论分析，认为在饱和砂岩中，模量的频散和衰减是由孔隙尺度、颗粒接触附近的局部流体流动机制所引起的。

瑞士对低频岩石物理测量技术的研究虽起步较晚，但开展了较为系统的研究，主要研究机构为苏黎世联邦理工学院和洛桑大学。

2010—2018 年，苏黎世联邦理工学院的 Tisato、Quintal、Madonna 等对低频岩石物理实验测量进行了深入系统研究。Masonna 等（2010，2011）提出了一种新的应力—应变测量仪器，可用传统和自动方式测量非均匀饱和或完全饱和样品的体积模量衰减，并在低频段对地震波的衰减进行了测量，并对这种衰减测量新仪器进行了详细描述；Tisato 等（2012）在地震频带范围（1～100Hz）对砂岩的衰减进行了测量，并分析了应变对衰减的影响，结果表明：干岩石的总衰减随应变线性增大，与流体饱和度相关的依赖频率的衰减对应变几乎无变化，总衰减可以看作一个独立于频率的分量和一个依赖于频率的分量之和；Tisato 等（2013）也通过对饱和砂岩低频段地震衰减和瞬变流体压力的测量，验证了介观尺度上的流体流动；Subramaniyan 等（2014）对测量储层岩石地震衰减的实验装置进行了总结与回顾，认为在地震频段对地震衰减的实验室测量主要基于强迫振荡法，但是由于技术的限制使得该技术没有广泛应用，有必要对这种方法的设备进行标准化，列出并讨论了在使用这些设备或在设计新设备时需要考虑的重要技术，并且概括了至 2014 年为止用这些仪器进行的储层岩样的衰减测量。Subramaniyan 等（2015）通过在低频段对砂岩地震衰减的岩石物理测量，验证了喷射流理论，在 1～100Hz 范围内，测量饱和不同流体时的衰减，并与理论计算对比分析，测量结果与理论计算结果能够很好的吻合，表明喷射流是产生衰减的主要机理。

洛桑大学与苏黎世联邦理工学院在低频岩石物理测量方面有着密切的合作，Quintal 也在洛桑大学从事这方面的研究。Quintal 等（2013）对饱和岩石地震衰减的实验测量装置进行了介绍，主要包括：SWAM（地震波衰减模块）、BBAV（宽频带衰减容器——压力容器）（图 3-4）。Chapman 等（2016）基于 Tisato 等（2012）提出的装置 BBAV 在低频段对砂岩的衰减进行了实验测量。Chapman 等（2018）利用 BBAV 装置，利用强迫振荡法在微地震到地震频段（0.05～50Hz）对饱和水岩石的地震波衰减和杨氏模量的频散进行了测量，该技术在低频段对饱和岩石地震波衰减的测量已经比较成熟，并且取得了很好的测量结果。

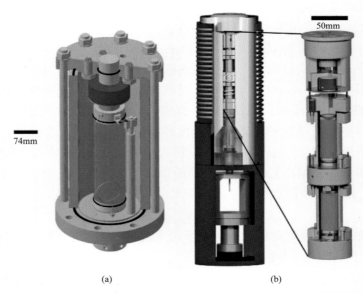

(a)   (b)

图 3-4   SWAM（地震波衰减模块）（a）和 BBAV（宽频带衰减容器——压力容器）（b）装置原理图
（据 Subramaniyan 等，2014）

在低频段对饱和砂岩的地震波衰减测量已经进行了系统的研究，并且从实验测量证实了流体流动引发频散和衰减的机理，对饱和砂岩的岩石物理特性有了较为清晰的认识，但碳酸盐岩的低频岩石物理测量研究较少，对碳酸盐岩的衰减和频散等特征的认识不清，仍需进一步测量和探索。

澳大利亚针对低频岩石物理测量的研究机构主要有科延大学和澳大利亚国立大学。澳大利亚国立大学的 David 等（2013）对 Fontainebleau 砂岩的弹性模量从低频到高频进行了实验室测量。低频测量也主要是基于强迫振荡系统，通过测量体应变可以获得低频体积模量。结果表明：在超低频段（0.02～0.1Hz）测量的体积模量比 Gassmann 方程预测的结果小很多；由于在低压力差下岩石会产生裂隙，进而导致低压力差下纵横波速度的频散高于高压力差下的频散。

测量原理：通过电信号测量应力应变，可得到杨氏模量 E 和泊松比 σ，进而可求取纵横波速度及其他弹性模量，并可通过对测量周期性信号与标准信号进行傅里叶变换求取复数振幅，进而求取扩展衰减因子 $1/Q_E$。该方法可对岩石模量的频散和衰减在低频段进行直接测量与分析。

科延大学的 Mikhaltsevitch 等（2011）提出了一种新的低频实验测量装置（图 3-5），可以在地震频段（1～400Hz）测量岩样的杨氏模量和衰减。其测量原理是通过应力—应变装置在低频段测量杨氏模量和体积模量，进而通过 Gassmann 方程推算出其他弹性参数，如剪切模量、泊松比、速度等。Mikhaltsevitch 等在 2012 年和 2013 年对饱和砂岩的低频岩石物理测量进行了较为系统全面的研究，主要是利用应力—应变法对饱和水砂岩低频段（0.1～120Hz）的频散和衰减进行了实验室测量。结果表明：低渗透性的饱和水砂岩的衰减在地震频段内会出现明显的峰值和显著的频散现象。高渗透性砂岩的频散和衰减低于测量误差，干燥条件下的模量频散也低于测量误差，说明对于低渗透性的岩石，地震频率并不一定对应于声波频散的低频极限（松弛孔隙压力）。Mikhaltsevitch 等在 2014 年进一步对碳酸盐岩的声学参数进行了低频岩石物理测量，主要了解和定量分析含水饱和度对弹性模量和衰减的影响，结果表明：含水碳酸盐岩测量的体积模量值低于用

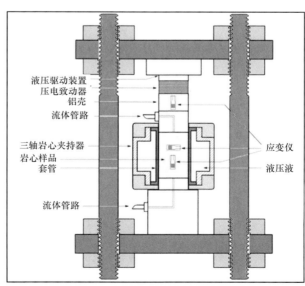

图 3-5 澳大利亚科延大学低频实验测量装置示意图（据 Mikhaltsevitch 等，2011）

Gassmann-Wood 模型的预测值，扩展衰减随着含水饱和度的增大而增加，在完全饱和水时下降，并且横波受含水饱和度的影响很小，而纵波速度随含水饱和度的增大单调下降，在完全饱和水时又急剧上升。由于碳酸盐岩通常具有低孔隙度、低渗透性，因此，此现象对认识碳酸盐岩的频散和衰减有一定的指导意义，应进一步针对碳酸盐岩直接进行低频岩石物理测量。

国内以中国石油勘探开发研究院和中国石油大学（北京）为代表的研究团队，在低频岩石物理测量方面做了很多工作。巴晶（2010）对四川盆地采集的砂岩采用宽频带岩石物理实验技术进行了波速观测，用以验证其推导的双重孔隙介质波动理论。双孔波动理论能很好地预测中、低频段下的地震波速度频散特征，与实验观测结果具有很好的一致性。杨志芳等（2014）将修正的适用于内部非气体饱和情况的 White 模型对须家河组致密砂岩进行速度预测，并与低频测量数据结果进行比对，验证了该模型的适用性。在此基础上，利用该模型给出了研究区致密储层纵横波速度比与纵波阻抗岩石物理模板。未暚等（2015）利用应力—应变法和差分共振声谱法研究了孔隙流体饱和度对不同渗透率岩石速度的影响。Yin 等（2017）对完全饱和致密砂岩在 2～200Hz 频段内进行了测试。马霄一等（2018）开展了部分饱和条件下砂岩的速度频散和流体置换实验，结果表明流体的流动性在很大程度上控制了多孔介质中的孔隙流体运动和孔隙压力。Sun 等（2018）通过有限元分析研究了应力—应变测量设备共振效应对实验结构的影响，给出减少共振影响的解决方案。龙腾等（2020）通过高频、低频实验设备对大量的碳酸盐岩进行宽频段测试，发现频散和衰减与碳酸盐岩孔隙类型的关系，并用 Gassmann 理论进行了对比。李闯等（2020）认为致密碳酸盐岩在成岩和后成岩过程中形成了复杂的孔隙结构特征，其速度等地震弹性参数不仅与孔隙度有关，而且还与孔隙结构特征密切相关，在 CT 扫描与显微镜下薄片孔隙结构描述基础上，进行了实验室跨频段（从地震频段—超声频段）的频散测量与频散响应分析。李智等（2022）开展了饱和不同黏度流体条件下低频应力—应变岩石物理测试，获得了岩石样品 1～3kHz 的杨氏模量、泊松比和衰减曲线，实验结果发现：两种砂岩样品都表现出随着有效压力增加，杨氏模量增加，频散程度减弱的特征；同时随着流体黏度增大，频散梯度增大，特征频率向较低频率移动。

设备方面，中国石油大学（北京）团队在引进了美国科罗拉多矿业学院的 Batzle 实验装置后，又进一步对装置进行了优化和改进。构建了一套"基于光（光纤激光）—电（电阻式应变片）联合的应力—应变法低频岩石物理测试设备"（图 3-6）。基于光—电联合的应力—应变法低频岩石物理测试设备具有如下技术指标：（1）测量的频率范围为 3～3000Hz；（2）可测量纵波和横波速度频散及岩石样品的衰减；（3）可模拟高温高压条件，高温可达 120℃，高压可达 80MPa，这为模拟深层高温高压储层条件的跨频段岩石物理实验提供可能；（4）孔隙流体管允许独立于围压的孔隙流体控制与流体交换；（5）光—电联合的测试技术具有高精度（误差小于 5%）与高重复性的特点。

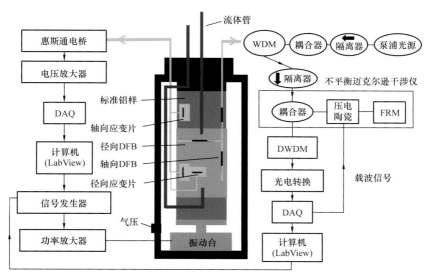

图 3-6　基于光—电联合的应力—应变法低频岩石物理测试设备示意图
FRM—法拉第旋转镜；WDM—波分复用器；DWDM—密集波分复用器；
DFB—分布式反馈光纤激光器；DAQ—数据采集

由此可获得被测岩石样品饱和不同流体时的宽频段地震岩石物理性质（如纵横波等）响应。"应力—应变低频岩石物理"设备与"差分共振声谱低频岩石物理模量测试仪"设备的成功研发形成了成熟的跨频段地震岩石物理测量体系，为进一步开展储层条件下地震波在高温高压及强非均质条件下的传播规律与机制的研究奠定了实验基础。

二、数字岩心岩石物理分析及解释方法新进展

岩石物理建模的方法可以实现对储层、流体的定量化解释，该方法目前主要应用在储层孔隙结构较为简单的地区，对孔隙结构复杂的碳酸盐岩、火山岩、砾岩等储层还没有经典成功案例。随着全频段岩石物理实验技术的发展，岩石物理理论建模与岩石物理实验相结合开展定量解释是新的发展趋势。基于岩石物理实验测试基础的地震岩石物理分析可以明确地震岩石物理性质及变化规律，揭示岩石地震弹性性质受控于骨架弹性特征及其与孔隙流体的耦合作用，建立储层与地震波场运动学参数定量化关系，是地震定量化预测及油气检测重要的基础内容。以往定量解释工作通过岩石物理理论建模完成，没有结合实验数据标定，特别是低频实验数据。目前国内外公开发表的各类储层地震弹性性质实验数据良莠不齐，低频测量也不多见，造成实验结果不能准确反映碳酸盐岩储层在不同勘探频率下的波动特征；另外，目前对实验结果进行理论解释的双相介质模型仍主要基于标准"双孔"模型（孔隙＋单一纵横比裂隙），不能准确反映岩石介质实际孔隙结构特征，造成理论模型不能准确表征流体饱和碳酸盐岩储层波动特征（欧阳芳，2021）。因此需要采用新的实验手段系统开展岩石介质含流体性与岩石物理参数及地震属性关系研究，对碳酸盐岩复杂孔隙结构与流固耦合特征的双相介质理论进行积极探索，克服现有实验方法及理论模型的不足，从而推动双相介质地震频段理论模型技术的发展，

建立表征复杂孔隙介质的本构方程，为利用频散、衰减等动力学属性进行储层地震预测提供科学依据（龙腾，2020）；基于这样的客观需求，地震岩石物理实验解释方法重点发展方向主要为以下两个方面。

（一）基于全频段岩石物理测试技术的储层建模和地震岩石物理分析

开展全频段的岩石物理实验测试研究，阐明不同类型孔隙结构碳酸盐岩储层地震响应差异的地震波传播物理机理及充填不同流体时所诱发的复杂频散机制，有效提升碳酸盐岩储层预测与流体识别的定量化解释水平，以此为依据开展针对碳酸盐岩复杂孔隙结构与流固耦合特征的双相介质理论律研究，克服现有实验方法及理论模型的不足，推动双相介质地震频段理论模型技术的发展，为利用频散、衰减等动力学属性进行储层地震预测提供依据。全频段岩石物理实验测试与非均质碳酸盐岩储层建模是碳酸盐岩地震岩石物理研究的两个重要方面，相互验证，缺一不可。

（二）基于数字岩心岩石物理分析的孔隙结构预测技术

近年来，数字岩心技术发展迅速，但主要研究成果还是集中在国外。比如挪威的Numerical Rock、澳大利亚国立大学的 Digital Core Laboratory、英国帝国理工的 Martin J.Blunt 团队及斯坦福大学的 Digital Rock Physics Lab 等均提出了相对完善的数值算法并申请了大量的专利。一些服务公司如 Ingrain、iRock Technologies 和 FEI 等也相继成立，为油田和科研院校提供相应的数字岩心分析等服务。国内数字岩心技术研究起步相对较晚，但是越来越多的科研机构和高校对数字岩心技术产生了浓厚的兴趣，如中国石油大学（北京）和 iRock 公司合作的数字岩心技术实验室及陶果团队、中国石油大学（华东）的姚军团队和孙建孟团队等。

数字岩心技术的研究内容可以分为两个部分：数字岩心孔隙结构模型的建立、数值模拟方法的研究。数字岩心孔隙结构模型指物理岩石的抽象模型，在计算机里以一定的数值表示。数值模拟技术受到计算机发展水平的制约，其数值算法和计算机硬件水平会影响到数值模拟结果的准确性和可靠性。目前岩石物理数值模拟主要的研究应用有岩石的孔隙性质（如孔隙度、孔隙网络提取及孔喉分布等）、电学性质（如地层因素、胶结指数等）、弹性性质（如弹性模量、纵横波速度等）、流体输运性质（如绝对渗透率、相对渗透率曲线和润湿性因子等）和核磁性质（如 T_2 分布）等。

1. 数值重构方法建立数字岩心模型

数值重构方法是指利用数值手段构建出接近真实岩心孔隙结构的数字岩心。Fatt（1956）提出了岩石孔隙结构体系的网络模型，其目的是研究毛细管压力。Schopper（1966）提出一种电阻网络模型来研究地层因子与岩石孔隙性质之间的关系。Yale（1985）提出了一种三维孔隙网络模型，用来模拟储层岩石渗流特性。Tao 等（1995）用这个模型来研究饱和流体岩石实验室中的弹性波传播和电导率测量。Man 和 Jing（2001）发展了 Yale 的模型，用来计算多相流体饱和孔隙介质的电学性质。Wang 等（2005）利用岩石压汞数据和核磁共振（Nuclear Magnetic Resonance，简写为 NMR）数据，建立一种随机的三维孔隙网络模型，用来区分岩石孔隙空间中的孔隙和喉道，并研究了微观因素对岩石电学性质的影响。岳文正等（2004）建立了一个随机多孔介质模型，利用格子气的方法来研究复杂孔隙结构对岩石导电特性和流体分布的影响。Finney（1970）、Wong（1984）、Roberts 等（1985）所构建的球形颗粒堆积模型也是一种常用的模型，这种模型更为接近砂岩结构，比较简单。

随着科学技术的不断提高及岩心切片图像广泛应用，以二维岩心薄片为基础并借助各种数值方法来建立数字岩心模型也得到了很好的发展。Joshi（1974）提出了利用随机法—高斯场法结合岩心铸体薄片信息建立二维数字岩心。后来 Quiblier（1984）改进了 Joshi 的方法，由二维拓展到三维模型，建立了真正意义上的三维岩心。Adler 等（1990）在 Quiblier 算法基础上，引入了周期性边界条件，建立了 Fontainebleau 砂岩的数字岩心。此后，Ioannidis 等（1995）使用傅里叶变换的方法提高了数字岩心的建模速度。

Hazlett（1997）提出了利用模拟退火法建立数字岩心的算法。该算法在建立数字岩心时能够反映出岩石中更多的信息，因此所建模型与真实岩心较为接近。后来 Yeong（1998）、Hidajat 等（2001）、赵秀才等（2006，2007）对也模拟退火方法建立数字岩心做了大量的研究。

Bryant 等（1992）提出一种通过模拟岩石地质成岩过程来构建数字岩心模型的方法。Bakke 等（1997）及 Øren 等（1998，2002）又对此方法进行改进，不但考虑了岩石的颗粒尺寸，还将岩石的薄片信息结合进来，同时考虑了石英胶结物的生长及黏土矿物的填充，建立了 Fontainebleau 砂岩的数字岩心模型。Pillotti（2000）、Coehlo（1997）、刘学峰等（2009）也对过程法建立三维数字岩心进行了大量的研究。

Okabe 和 Blunt（2004，2005）提出了采用多点统计学方法建立数字岩心的算法。这种方法是确立一个统计模版，并使用模版统计存储岩心薄片中的孔隙结构信息，将得到的信息反映到所建的数字岩心中。

朱益华（2009）、严键（2011）和马微（2014）对多点地质统计学利用二维岩石薄片建立三维数字岩心模型做了系统的研究。Wu 等（2004）提出了一种以马尔可夫随机滤网统计模型为基础的数字岩心构建方法，建立的数字岩心具有很好的孔隙连通性。聂昕（2014）也通过马尔科夫链—蒙特卡洛法（Markov Chain Monte Carlo，简写为 MCMC），利用页岩气储层岩石的二维切片图像，建立了页岩的数字岩心。

利用数值方法建立的数字岩心相对简单，成本也相对较低，可以用其研究岩石电学、声学、渗流等性质。然而，数值重构的岩心孔隙结构并不能代表真实岩心的孔隙结构，因此有一定的局限性（图 3-7）。

2. 物理实验方法建立数字岩心模型

物理实验建立数字岩心模型的方法基本可以分为：序列薄片叠加方法、共焦激光扫描方法和 X 射线 CT 扫描方法等。序列薄片叠加方法是将岩心表面抛光后采用高分辨率照相仪器进行成像，然后切割掉一层岩石表面，再重新进行照相。重复进行后得到一系列二维岩石表面的图像，最后用一定方法对薄片图像进行叠加得到三维数字岩心（Lymberopoulos 等，1992；Vogel 等，2001）。后来出现了更为先进的 FIB/SEM 成像技术

（Tomutsa 等，2003，2004，2007）。这种方法是用电子束对样品表面进行磨蚀，再用高分辨扫描电镜对样品表面进行成像，然后再磨蚀一层表面，再成像。最后将得到的序列图片三维重构得到接近真实岩石样品的数字岩心（图 3-8）。相比较传统的岩石表面抛光处理，粒子束磨蚀产生静电较少，更利于成像，而且 SEM 具有较高的分辨率，可达到纳米级别。但是这种方法需要不断对岩石表面进行切割或磨蚀，需要花费大量的时间，同时价格昂贵，建模速度较慢。共焦激光扫描方法是将样品注入染色的环氧树脂，然后对其进行激光照射（Frendrich 等，1995）。环氧树脂由于激光的激发会产生荧光，这种荧光可以被共焦激光扫描电镜的探测器探测到。通过计算机的控制，探测器可以探测样品不同深度的区域，从而建立三维数字岩心模型。但是这种方法仅能对一定厚度样品的孔隙进行成像，在实际中很少应用。

图 3-7　三维数字岩心重构过程（Dong，2007）

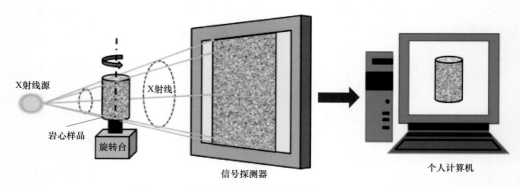

图 3-8　X 射线 CT 扫描示意图（据 Blunt，2013）

　　X 射线 CT 扫描方法建立数字岩心的技术是较为直接和准确的方法。这种方法是借助计算机将 X 射线断层扫描仪器扫描的样品断面成像，然后通过数值方法重构出真实的三维数字岩心模型。Elliott（1982）研发了第一台微米 CT 仪器，当时主要应用于医学领域。Dunsmuir 等（1991）将微米 CT 技术应用到石油领域，使岩石的扫描成像分辨率达到孔隙尺度（图 3-9）。Coenen 等（2004）应用此方法构建了微米级分辨率的数字岩心。近年来，利用此方法建立数字岩心的研究越来越多。Rosenberg（1999）和 Arns（2002）分别使用 CT 扫描得到了枫丹白露砂岩的数字岩心模型。此后，Arns 等（2005）又做了碳酸盐岩岩心的扫描，得到了碳酸盐岩的三维数字岩心模型。Blunt 等（2013）也对砂岩、碳酸盐岩和石灰岩等进行扫描成像，获得了多种岩性的数字岩心。Madonna 等（2013）获得了贝雷砂岩和枫丹白露砂岩的数字岩心。Sun 等（2015）也通过纳米 CT 扫描获得一块页岩的数字岩心，并进行了相应的研究。

图 3-9　微米 CT 扫描的数字岩心图像（据孙华峰，2015）

与前两种方法相比，X 射线 CT 扫描成像技术是一种无损方法，可以极大程度上还原真实岩心的内部结构。国外的一些数字岩心技术实验室在近几年相继发展了基于不同分辨率的微米 CT、纳米 CT 及更高分辨率 FIB/SEM 共同使用的多尺度成像及图像配准技术，用于捕捉岩石中存在的微孔隙（或者纳米孔隙）（图 3-10、图 3-11、图 3-12）。国内一些科研院所和高校也相继建立了数字岩心技术实验室，如中国石油大学（北京）和 iRock 公司合作的数字岩心技术实验室和西南石油大学的数字岩心实验室等，均配有相应的微米 CT 和纳米 CT 等设备。

在数值模拟方面，近年来国内外学者取得了一些进展。实验室中进行岩石性质的测量是获取岩石物理参数较为直接和准确的方法。但是常规的岩石物理实验存在诸多缺点，例如有的实验结果测量不准确、有的实验测试时间太长及有的实验样品只能使用一次等。基于数字岩心技术的数值模拟可以弥补上述的缺陷和不足，其优点包括计算成本低廉、岩心可反复利用及可以同时模拟和计算多种岩石物理参数等（刘学峰，2010）。

对于非均质性强且孔隙结构复杂的岩性，目前岩石物理理论预测或数值模拟均难与实验室测试数据有效吻合，因此利用数字岩心岩石物理分析针对性开展复杂岩性孔隙结

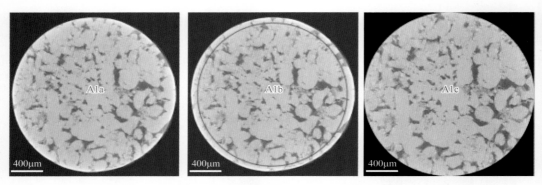

图 3-10　X 射线 CT 扫描成像边缘效应及处理（据孙华峰，2015）

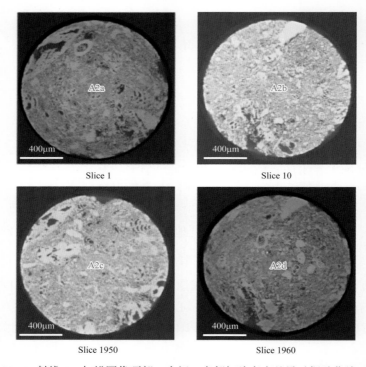

图 3-11　X 射线 CT 扫描图像顶部、中间、底部切片亮度差异（据孙华峰，2015）

构预测是重要的探索方向。数字岩心基于 CT 设备对实际岩心进行扫描并经过一系列的图像处理技术得到，利用数字岩心弹性模拟的方法来构建叠前地震反演数据的孔隙结构参数预测量版，能够精确反演实际岩心的孔隙结构特征。在数字岩心数据的基础上利用静态有限元模拟方法计算得到该数字岩心对应的纵横波速度，并利用全频段岩石物理实验测试结果进一步标定与验证，构建孔隙结构分类解释图版。在建立孔隙结构分类图版的基础上，将地震叠前反演数据映射在图版中预测地震数据的孔隙结构，并最终完成孔隙结构三维空间预测（赵建国，2021a，b）。

　　在数字岩心的基础上利用静态有限元模拟方法得到了该数字岩心对应的纵横波速度，其结果得到了实验室岩石实际测量的标定与验证。以数字岩心的纵波速度为基础，利用

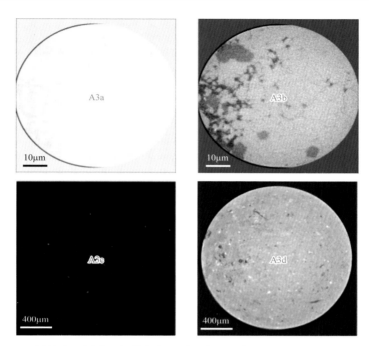

图 3-12 原始岩心图片和调节亮度及对比度后的岩心图片（据孙华峰，2015）

孙跃峰（Sun，2004）提出的孔隙结构预测方法计算了该数字岩心对应的孔隙结构因子，预测结果与数字岩心图像较为一致，并根据孔隙结构因子将孔隙结构大体分为孔洞型、裂缝型、裂缝—孔洞型 3 类。随后通过叠前反演属性与测井孔隙度构建数据集，使用神经网络方法预测了地震孔隙度，将孔隙度与地震反演纵波速度交会并投影在量版中就得到了孔隙结构属性。

1）数字岩心孔隙结构表征及分类

使用数字岩心弹性模拟进行孔隙结构分类及表征的研究思路与流程如图 3-13 所示：一是对岩心进行预处理；二是通过 CT 扫描获取数字岩心图像；三是通过图像处理技术获得孔隙—骨架两相的二值化图像；四是基于静态有限元方法对二值化数字岩心进行弹性性质模拟；五是基于孙氏模型进行孔隙结构分类及表征。

CT 扫描时 X 放射源会发射锥形光，射线穿过样品后再转换成可见光出现在屏幕上，呈现为灰度图片，而不同密度的物质对射线的吸收程度不同，密度越大的物质吸收越多，在灰度图片上则是越亮的部分密度越大，越暗的地方密度越小，根据此原理 CT 图像就表征了岩心的密度信息，进而反映了岩心各位置的组成结构。得到原始数字岩心图像后，图像处理主要包括对比度增强、各向异性扩散滤波、边缘检测增强、二值化图像分割 4 个步骤，处理后岩心的孔隙结构将更加清晰，且只有骨架与孔隙两相，以便于进行模拟，处理前后如图 3-14 与图 3-15 所示。判断二值化准确性的依据是使数字岩心孔隙度与实验测量孔隙度相近，处理后的数字岩心孔隙度与实验测量孔隙度对比见图 3-16。从中可以发现数字岩心孔隙度总体低于实测孔隙度，较合理的解释是：碳酸盐岩中总有一些孔隙的孔径比 CT 分辨率还要小而无法成像，因此 CT 成像估算的孔隙度会小于实验室测量

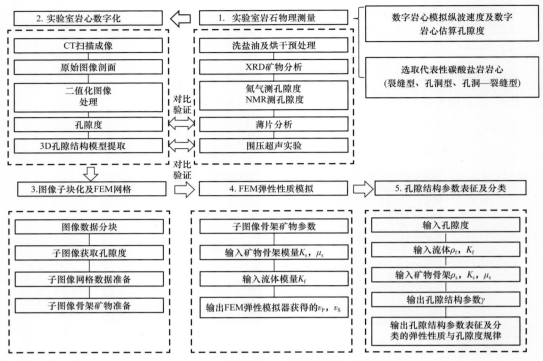

图 3-13　数字岩心弹性模拟进行孔隙结构分类及表征思路及流程图

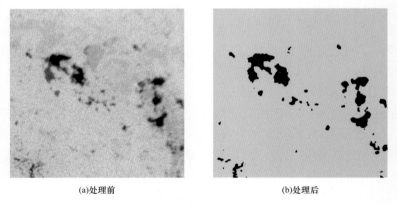

(a)处理前　　　　　　　　　　　　(b)处理后

图 3-14　CT图像预处理前后对比图

的孔隙度。由于微孔结构不能被完全分辨，CT图像上颗粒与微孔接触区域会表现出模糊状，分割过程会产生不可避免的误差，而相对可信的分割过程通常会使分割后的孔隙度偏低。分割过程通常会将颗粒接触划分为骨架的一部分，从而丢失柔软部分的信息，使得数字岩心比实际的岩石样品更"硬"一些。

接着用Garboczi提出的线弹性有限元法对二值化后的数字岩心进行静态弹性模拟，在模拟时为了使数字岩心样本足够多、样本多样化程度高、能符合计算机计算要求，把大数字岩心分割成很多小立方体块，而每个小立方体块也是一个小的3D数字岩心，称为子图像或子网格，这个过程也称为3D数字岩心子块化（图3-17）。

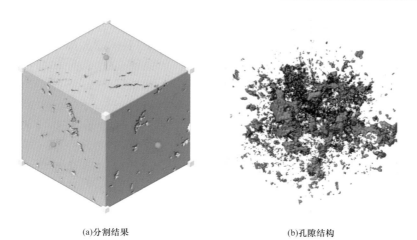

(a)分割结果　　　　　　　　　　　(b)孔隙结构

图 3-15　二值化图像分割结果得到的孔隙结构的岩石骨架图

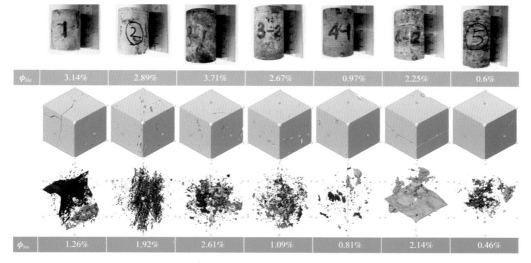

图 3-16　数字岩心孔隙度与实验测量孔隙度对比图

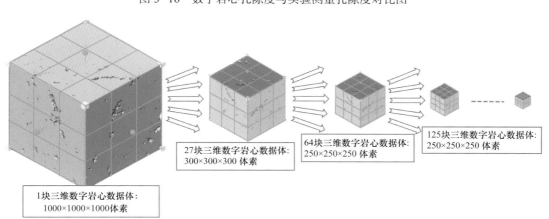

图 3-17　数字岩心子块化

在对数字岩心弹性参数设定时，对样品进行 XRD 矿物分析，发现岩石基本全部由方解石组成，矿物组成非常纯净。为了保证数字岩心弹性模拟的准确性，将模拟结果与对应样品超声实验的测量结果进行对比与标定，调整模拟使用的骨架相弹性模量使之与超声测量结果一致，最后得到骨架相弹性模量为 K=76.8GPa、G=32GPa。孔隙假设处于干燥情况，饱和空气，弹性模量为 K=0.000131GPa、G=0，模拟结果见图 3-18，可以看到孔隙度为 10% 时纵波速度差异可以达到 2.5km/s，分布较为杂乱。这是由于碳酸盐岩成岩次生改造作用强烈，形成了极其复杂的孔隙结构，而这些形态各异的孔隙结构对碳酸盐岩弹性性质有很大的影响。因此在得到子块化后的数字岩心弹性性质后，需要使用一定的分类方法进行孔隙结构分类，常用的在弹性性质与孔隙结构之间建立关系的方法有 KT 模型、DEM 模型等等效介质理论，但是这些理论都不是专门应用于碳酸盐岩的。

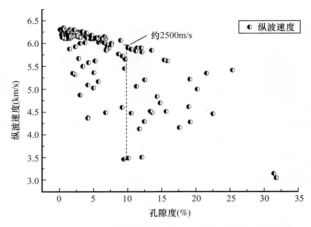

图 3-18　碳酸盐岩数字岩心模拟结果图

Sun（2000）基于孔弹性的 Biot 理论拓展提出了孙氏模型，该模型中定义一个等效孔隙结构参数叫作结构柔度因子 γ，这个参数无需求解常微分方程，从简单的方程就能推导出来。结构柔度因子 γ 由孙氏模型给出：

$$\rho = \rho_{\mathrm{m}}(1-\phi) + \rho_{\mathrm{f}}\phi \qquad (3-1)$$

$$K = \rho\left(v_{\mathrm{P}}^2 - 4v_{\mathrm{S}}^2 / 3\right) \qquad (3-2)$$

$$\mu = \rho v_{\mathrm{S}}^2 \qquad (3-3)$$

$$F_{\mathrm{k}} = (K_{\mathrm{m}} - K) / [\phi(K_{\mathrm{m}} - K_{\mathrm{f}})] \qquad (3-4)$$

$$f = \frac{1 - [K_{\mathrm{f}} / K_{\mathrm{m}} + (1 - K_{\mathrm{f}} / K_{\mathrm{m}})\phi]F_{\mathrm{k}}}{(1-\phi)(1 - F_{\mathrm{k}}K_{\mathrm{f}} / K_{\mathrm{m}})} \qquad (3-5)$$

$$\gamma = 1 + \ln(f) / \ln(1-\phi) \qquad (3-6)$$

式中，K_{m} 为基质相体积模量；K_{f} 为流体相体积模量；γ 为结构柔度因子；ρ 为密度；ϕ 为孔隙度；v_{P}、v_{s} 为模拟的纵波速度、横波速度。这种多孔弹性模型能否有效定量描述孔隙结构，已有学者通过岩心样品的许多实验数据在岩心尺度上对其效果进行了测试和验证。虽然方程本身应适用于不同尺度，但模型的输入参数还是与尺度有关。使用孙氏模型对模拟得到的每个子块的数字岩心弹性性质进行计算得到其结构柔度因子 γ，就能得到基于数字岩心的孔隙结构分类量版。

将 7 块碳酸盐岩的数字岩心模拟得到的弹性参数作为孙氏模型的输入，可计算得到每个子数据集对应的结构柔度因子 γ。借助结构柔度因子 γ 的数值分布范围，可将图 3-18 杂乱无章的散点分布数据分别聚类为不同特征的三类，并由红、绿、蓝 3 色区分（图 3-19）。

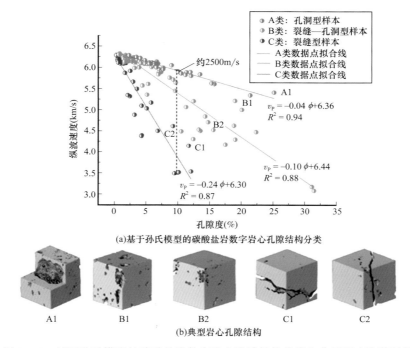

（a）基于孙氏模型的碳酸盐岩数字岩心孔隙结构分类

A1　　B1　　B2　　C1　　C2

（b）典型岩心孔隙结构

图 3-19　基于孙氏模型的碳酸盐岩数字岩心孔隙结构分类和典型岩心孔隙结构

图 3-19a 中红色数据点表示 γ 小于 3，该数据点表示子数据集主要含铸模孔。铸模孔是碳酸盐岩中典型的后期次生改造形成的孔隙类型，源自海相沉积时藻类形成的鲕粒经过后期溶蚀，A1 点显示了其三维结构。铸模孔在三维空间上的几何结构类似于岩石物理理论中常用的椭球状，其纵横比一般很大。孔隙类型为铸模孔的岩石结构很硬，抗压缩系数大，因此体积模量大，其在图 3-19a 上主要表现为纵波速度随孔隙度变化不明显，即使孔隙度高于 20%，纵波速度维持在 5.5km/s 以上的高值。图 3-19a 中绿色数据点代表主要孔隙类型为溶蚀性晶间孔的岩石，其 γ 介于 3~6，碳酸盐岩样品中晶间孔的三维几何形状如图 3-19b 的 B1 和 B2 所示。晶间孔为主的数字岩心子数据集的纵波速度在同一孔隙度下介于含裂缝岩石与含铸模孔岩石数据之间。图 3-19a 中的蓝色数据点代表岩石裂缝或微裂缝发育，其 γ 大于 6（图 3-19b 中 C1 与 C2 点的三维数字岩心结构）。岩石若含较多的裂缝或微裂缝会导致骨架较软，纵波速度会比那些含更多大孔（铸模孔或晶间

孔）的岩石要低。通过孔隙类型的划分，可以得到考虑不同孔隙类型的更好的碳酸盐岩声波速度随孔隙度变化相互关系。基于数字岩石物理知识的储层反演可能对碳酸盐岩储层预测有更深刻的认识。

在对碳酸盐岩数字岩心模拟数据成功进行孔隙类型分类分析后，接下来分析体积模量随孔隙度变化关系的孔隙类型分类结果，并尝试从岩石物理理论的角度来再次验证该分类方法的理论合理性。图 3-20 展示数字岩心模拟数据与岩石物理理论微分等效介质模型的交会图，其中红、绿、蓝三种点是孔隙类型分类后的数字岩心模拟的体积模量数据，这些点分类效果也非常好，与图 3-19 中的情况很相似。图 3-20 最上方的粉色实线是 H—S（Hashin—Shtrikman）上界限，橙色的是 Reuss 下界限。这里没有给出 H—S 下界限是因为 Reuss 下界限与 H—S 下界限重合。造成 Reuss 下界限与 H—S 下界限都紧贴零值的原因是基质体积模量（方解石）与孔隙流体（空气）数量级相差过大，使得下界限预测效果不好。

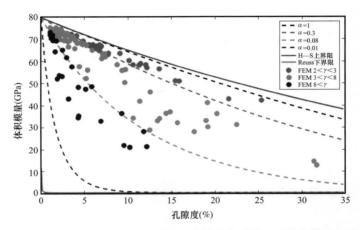

图 3-20 数字岩心模拟数据与岩石物理理论微分等效介质模型的体积模量与孔隙度交会图

下面阐述微分等效介质模型（DEM）计算结果（图 3-20 虚线部分），首先从左下方开始蓝色虚线表示假定 DEM 模型中所有孔隙的孔隙纵横比 α 均为 0.01 的计算结果。可以看到蓝色虚线主要含这种裂缝型的软孔，因此在孔隙度为 0~5% 之间体积模量下降得非常快，孔隙度达 5% 之后马上趋近于零。由此可以看出，含裂缝型孔隙会使岩石弹性模量急剧下降。绿色虚线则是 $\alpha=0.08$ 的 DEM 计算结果，可以看到绿色虚线所在的位置正好是 $\gamma>8$ 的模拟数据与 $3<\gamma<8$ 的模拟数据的分界线。再往右红色虚线是 $\alpha=0.3$ 的 DEM 理论预测结果，天蓝色虚线将 $3<\gamma<8$ 的模拟数据与 $2<\gamma<3$ 的模拟数据分开。最后黑色虚线是 $\alpha=1$ 的 DEM 理论预测结果。孙氏模型可以看成是使用弹性信息与物性信息反演孔隙结构参数的一种方法，但反演出来的孔隙结构参数与传统岩石物理常用的孔隙纵横比还缺乏定量对应关系。而通过 DEM 的拟合标定，从图 3-20 中发现 $\gamma>8$ 的数据点对应的是 $0.01<\alpha<0.08$ 的白云石样品，$3<\gamma<8$ 的数据点对应的是 $0.08<\alpha<0.3$ 的样品，$2<\gamma<3$ 的数据点则对应的是 $0.3<\alpha<1$ 的样品。这样就建立了各孔隙类型的临界 γ 值与 α 之间的定量关系，并从岩石物理理论建模的角度验证了这套碳酸盐岩模拟数据孔隙类型分类

方法的合理性与有效性。

2）基于 Kumar-Han 建模思路的孔隙结构定量表征

为了能精确描述碳酸盐岩中的孔隙结构，Kumar 和 Han 将碳酸盐岩中可能包含的孔隙分为了裂缝、硬孔隙及介于两者之间的参考孔隙，并分别使用 H—S 边界、Wyllie 时间平均方程、单重及多重孔隙的 DEM 模型计算出了各种孔隙的孔隙纵横比及其对应的体积分数，实现了不同结构孔隙的定量化求取及表征，其过程可以表示为图 3-21 中的流程，具体步骤分为：

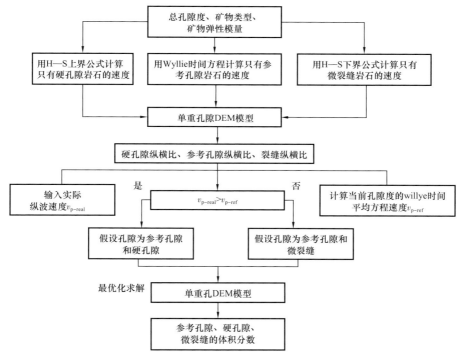

图 3-21 Kumar-Han 孔隙分类表征流程图

（1）确定计算数据的矿物信息及饱和流体信息。

（2）将总孔隙度代入 Wyllie 时间平均方程计算仅含有参考孔隙时的纵波速度。

将总孔隙度代入 H—S 边界公式，上边界计算仅含硬孔隙时的纵波速度，下边界计算仅含裂缝时的纵波速度。

（3）使用三种计算速度代入单重孔隙的 DEM 模型，拟合硬孔隙、参考孔隙和裂缝的孔隙纵横比。

（4）对每个数据点使用其孔隙度、矿物及饱和流体通过 Wyllie 时间平均方程计算纵波速度，与实际纵波速度进行比较。如果实际速度大于计算速度，表明含有参考孔隙与硬孔隙。如果实际速度小于计算速度，表明含有参考孔隙与裂缝。

（5）对于含有参考孔隙与硬孔隙的情况，将两种孔隙代入多重孔隙 DEM 模型，使用上述步骤求出孔隙纵横比，并使用总孔隙度与实际纵波速度两个约束条件，通过最优化求解算法求出两种孔隙各自的体积分数。

（6）含有参考孔隙与裂缝的情况和上步求解方法一样，最终得到参考孔隙与裂缝各自的体积分数。

图 3-22 中仍旧对图 3-19 中的碳酸盐岩数字岩心模拟数据计算了每个样品含有的孔隙类型和每种孔隙的体积分数。图中红、黑、蓝色实线分别是 H—S 上边界、Wyllie 平均方程、H—S 下边界时的纵波速度，其中虚线分别是以 Wyllie 平均方程为基准，分别依次加入不同百分比的裂缝与硬孔隙时的纵波速度随总孔隙度变化曲线。这样根据碳酸盐岩数字岩心在图版中的位置就能够判断其含有的孔隙结构与每种孔隙的孔隙体积。

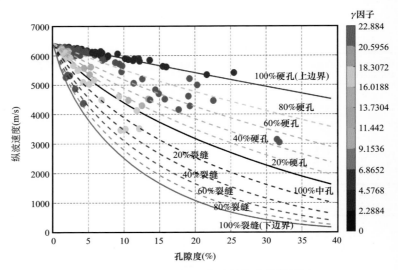

图 3-22　Kumar-Han 孔隙结构分类结果图

图 3-22 中点的颜色表示孙氏模型计算的 γ 因子，可以发现两种方法对孔隙结构的表征是相似的，但是 Kumar-Han 方法能够更细致的将孔隙分为 3 类，并且求出了各自的体积分数，相比而言使得孔隙结构的预测更加定量化。

3）基于孔隙喉道的孔隙结构定量表征

上述两种方法都是基于弹性性质与理论模型计算从而间接表征碳酸盐岩孔隙结构，其分类并不直接使用数字岩心图像的孔隙结构完成。为了能够从数字岩心图像提取的孔隙空间几何参数来直接表征孔隙结构，也从侧面验证弹性性质对孔隙结构分类的准确性，对图像的几何参数提取进行了研究。研究中发现，在数字岩心的三维空间结构中，孔隙空间常常是连接在一起的，这就导致孔隙空间多呈不规则的形状，因此很难定量表征。在对数字岩心进行几何参数提取之前，先对孔隙空间进行了球棍模型的提取，示意图见图 3-23。

孔隙空间中较圆的部分定义为孔隙，而较细长的部分定义成喉道，把两者之间断开分别表征，这样就把孔隙空间分成了不同的形状。以此为基础，统计了图 3-19a 中每一类样品典型样品的喉道长度，统计结果见图 3-24。可以发现裂缝型 C2 号样品的喉道长度分布在 $0\sim3\times10^{-4}$ m 范围内，而介于裂缝与椭圆形孔隙之间的 B2 号样品喉道长度虽然分布区间没变，但是相比 C2 号样品其喉道长度最大值的分布位置开始减小，而 A 类椭

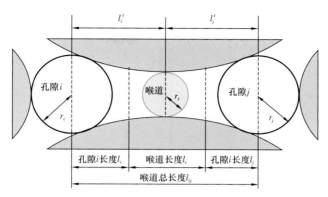

图 3-23 孔隙喉道提取示意图

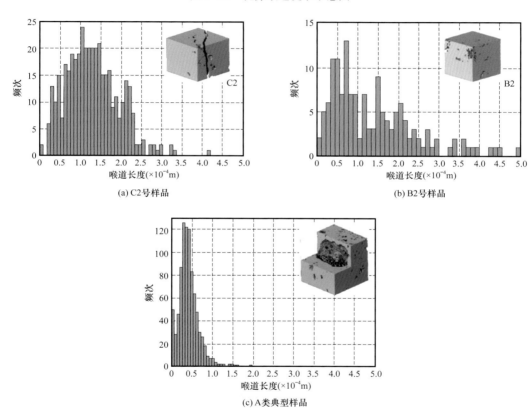

(a) C2号样品

(b) B2号样品

(c) A类典型样品

图 3-24 喉道长度分布频率直方图

圆形孔隙样品的喉道长度分布区间相比上两个样品有明显减小，最大值处在 0.5×10^{-4} m 左右。从该统计分析中可以看出，孔隙喉道的长度和孔隙结构表现出了较强的相关性，喉道越长，其对应的样品孔隙结构越偏向裂缝，喉道越短，对应的样品孔隙结构越偏向椭圆形孔隙。

根据这种特点，对图 3-19 中所有的碳酸盐岩样品提取了孔隙喉道，并使用每块样品喉道的平均长度为特征参数，归一化后，分类如图 3-25 所示。图中红色点为归一化喉道

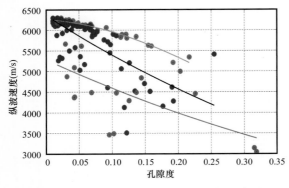

图 3-25　使用喉道长度进行孔隙结构分类图

长度为 0.7～1 的样品、蓝色点表示归一化喉道长度为 0.3～0.7 的样品、紫色点表示归一化喉道长度为 0～0.3 的样品。对这 3 类样品点进行拟合后有明显的拟合趋势线，并且和图 3-19a 中孙氏模型的分类结果也非常相似，这表明使用孔隙喉道长度来进行孔隙结构分类是合理的，并且也能从侧面证明使用弹性性质与孙氏模型对孔隙结构的分类是可靠的。但是喉道长度与弹性性质的分类结果并不能一一对应，并且使用喉道长度分类的结果在纵波速度—孔隙度交会图上有重叠在一起的部分，这是不合理的，因此还需要在数字岩心图像的几何特征提取上进行更多的参数测试，以期得到更好的分类结果。

4）储层孔隙结构识别

考虑到实际生产需求，如果想预测整个工区大尺度范围的孔隙结构，必须使用地震数据。以图 3-19a 中基于数字岩心构建的孔隙结构表征下的纵波速度—孔隙度交会图版为前提，结合测井数据、叠前 AVO 三参数反演数据与神经网络孔隙度预测技术建立了碳酸盐岩地震孔隙结构预测的解决方案（图 3-26）。具体步骤为：（1）对于和数字岩心相同工区的地震数据进行精确的叠前 AVO 三参数反演以得到纵波、横波速度及密度参数；（2）使用神经网络的机器学习方法建立连接测井纵波速度、密度与测井孔隙度之间的模型，并使用反演得到的地震纵波速度、密度来预测地震孔隙度属性；（3）将地震工区内每一位置的纵波速度、孔隙度投影在图 3-19a 的孔隙结构图版中，根据该点所在的位置确定其对应的孔隙结构。

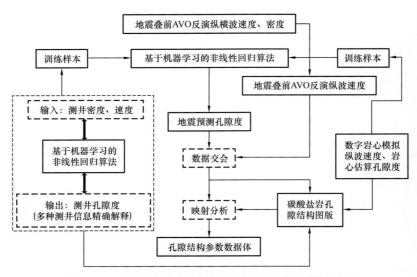

图 3-26　基于地震数据的孔隙结构属性预测工作流程图

在地震孔隙度预测中，通常只能通过地震反演得到的纵横波速度、密度来进行（图3-27、图3-28），因此使用和声波、密度测井孔隙度计算相同的方法及Wyllie时间平均方程等经验关系是最直接的。但是这些方法缺乏与孔隙结构间的联系，并且需要能够准确预测响应位置的矿物分布信息，对于孔隙结构较复杂的碳酸盐岩都会导致预测孔隙度非常不可靠。而真正的测井孔隙度在计算时除了使用声波（纵波速度）、密度外，还会通过常规中子测井、热中子测井等孔隙度计算方法一起进行孔隙度交会分析，并且在测井中每个深度的矿物分布也能够通过多种测井曲线得到，因此测井孔隙度是非常准确的。而在同一工区中只要测井数据量足够大，孔隙度足够准确，那么必定存在一个能够反映该区域纵波速度、密度与孔隙度之间规律的近似关系式，实质上这种关系式已经包含了孔隙结构对速度的影响规律。在寻找该关系式时，相比常用的非线性拟合算法，神经网络更容易加入数据集，并且能够表征的映射关系也更加复杂，理论上只要孔隙度与纵波速度、密度间存在关联，神经网络总能找到。除了神经网络以外还可以使用随机森林、支持向量机等机器学习方法来建立孔隙度预测模型，但是神经网络可以自行控制网络层数与节点数，从而能描述更加复杂的映射关系，因此在研究中常用神经网络与测井数据进行地震孔隙度的预测。

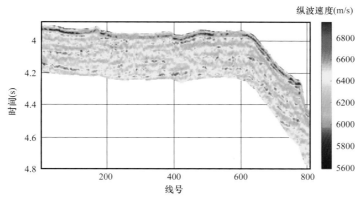

图 3-27　地震反演纵波速度

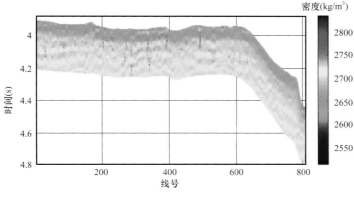

图 3-28　地震反演密度

使用地震反演纵波速度、密度输入通过测井数据训练完成的神经网络就能够得到预测的地震孔隙度数据体（图3-29以一条测线的二维数据为例进行展示）。然后将上述纵波速度与孔隙度数据进行交会分析，并将数据点投影在孔隙结构柔度因子分类下的纵波速度—孔隙度关系图版中，使孔隙结构柔度因子为2~8，超出该范围的点令其等于边界值，最终得到图3-30中的地震孔隙结构数据体，其中γ越大对应裂隙，而γ越小对应孔洞。可以发现高孔隙度的位置大多对应孔洞，而低孔隙度位置对应裂隙。

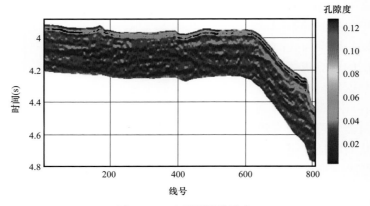

图3-29　地震预测孔隙度

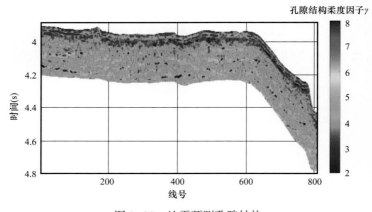

图3-30　地震预测孔隙结构

总体而言，借助数字岩心构建的孔隙结构图版相比使用Kumar-Han模型、孙氏模型等建立的图版更加可靠，通过观察数字岩心图像对各孔隙类型的判断也比较容易得到验证。已有很多学者结合多种机器学习算法与地震多属性分析对这方面展开了研究，但是对于碳酸盐岩这种复杂结构储层，孔隙度预测的准确性还很不稳定。因此在孔隙度预测，或者使用其他参数进行交会来构建孔隙结构图版两方面进行研究将有助于增强孔隙结构预测的准确性。本书的工作为数字岩心与地震两者间的结合提供了一种新的思路，对借助数字岩心这一新的地球物理手段来指导地震解释做出了尝试。

利用数字岩心技术建立图版实现了孔隙结构分类预测，这是一种新的储层预测表征方式。以此为依据，可以开展更深入的研究和地质评价工作。但孔隙结构的地震表征技术目前仅仅做了一些探索性的工作，还有很多问题需要开展大量研究。例如地震属性求取孔隙度数值，如何进一步优化属性与孔隙度的算法等细节问题，将直接决定孔隙结构的预测是否准确。总之，发展数字岩心技术可以更好地指导地震勘探，对油气勘探具有重要的指导意义。

第二节　地震波场物理模拟方法研究新进展

一、地震物理模拟实验技术

自从 French（1974）首次开展了现代地震物理模拟以来，地震物理模拟实验技术在国内外油气田勘探开发中逐渐得到应用。地震物理模拟实验技术，是在实验室内将野外的地质构造和地质体按照一定的模拟相似比制作成物理模型，用超声波或激光超声波激发和接收，对实际地震勘探方法进行模拟的一种地震模拟方法（牟永光，2003）。超声波地震物理模拟实验装置主要包括三维定位监控系统、发射接收装置、超声波换能器、模数（A/D）转换器等（图3-31）。地震物理模拟实验技术包括物理模型制作、超声波采集、模拟数据处理解释3个基本环节。与数值模拟相比，地震物理模拟不受介质假设条件、模拟算法、网格化参数和稳定性条件的限制，模拟结果更真实可靠且不受数值频散的影响。随着油气勘探重点领域向复杂构造、非均质储层和致密油气的转移，地震物理模拟实验在石油天然气勘探和开发中的应用越来越广泛、地位越来越重要。

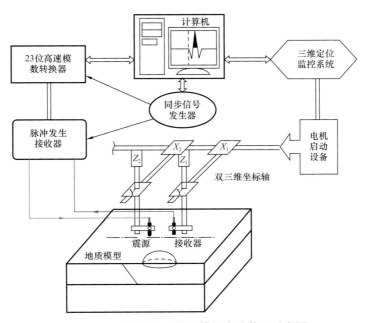

图 3-31　超声波地震物理模拟实验装置示意图

二、碳酸盐岩溶洞体地震物理模拟实验

碳酸盐岩洞缝型油气藏是重要的油气藏类型之一，深层碳酸盐岩岩溶风化壳洞缝型油气藏已逐渐成为勘探开发中最主要的油气藏类型之一。塔里木盆地奥陶系石灰岩顶面以下的潜山岩溶缝洞型储集体与内幕层间岩溶缝洞型储集体为主力储层，根据储集体的形态大小和组合方式不同，可将储层大致分为溶洞型、孔洞型、缝洞型和裂缝型。早期风化作用和后期构造运动导致储层具有极强的非均质性，油气藏埋深超过 6000m，储层中非均质体尺度远小于反射地震分辨率（李凡异等，2016）。溶洞型储集体在地震偏移剖面上呈"串珠状"反射特征，并随溶洞的尺寸、形态、充填物而变化。"串珠状"响应特征，是由溶洞顶和溶洞底反射波及溶洞顶、底间的二次反射波叠加而成的复合波，因此可近似将地震偏移剖面中的"串珠状"反射特征认为是这种复合波在空间上经偏移归位、能量聚焦后的一种地震响应，"串珠状"数量与地震子波周期、溶洞顶、底绕射波的叠合或分离有关（魏新建等，2012）。基于物理模型的碳酸盐岩溶洞体地震属性定量化分析，可为储层预测和储量估算奠定基础。

（一）理论溶洞模型地震物理模拟

实际碳酸盐岩储层中溶洞的形态多种多样，尺度从毫米级到数十米级，甚至到百米级，简单溶洞模型主要研究不同尺度（洞高、直径）溶洞模型的地震响应特征。实际设计一个水平层状的三维溶洞理论模型，6套水平层对应的深度和速度分别为3400m、3000m/s，3882m、3642m/s，4182m、4102m/s，4676m、4542m/s，5562m、4842m/s，6896m、6000m/s。溶洞深度为6000m，形态均为圆柱状，洞内低速填充物速度为2046m/s，均匀分布于第6层（图3-32）。8条洞线（间隔1600m），溶洞直径为10～80m、溶洞间隔为10m；每条洞线等间距1600m放置8个直径相同、高度不同的溶洞体（共64个），洞高12～54m、间隔8m（图3-33）。

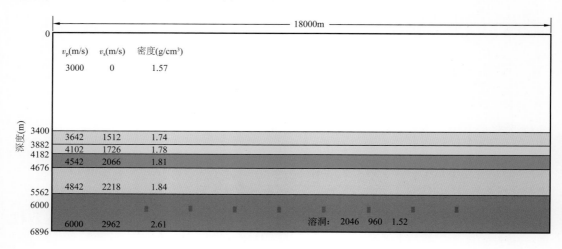

图3-32　6套水平层溶洞模型（速度剖面）

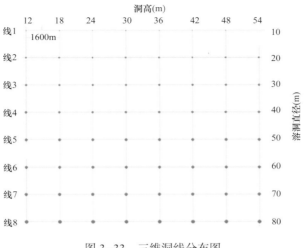

图 3-33　三维洞线分布图

将图 3-32 的模型进行超声物理模拟数据采集，主频约为 30Hz，溶洞中地震波传播波长为 70m。对模拟数据进行叠前保真处理和叠前偏移成像，得到成像数据体。图 3-34 为成像数据目的层溶洞区水平切片，图 3-35 为 8 条洞线叠前偏移成像剖面，可以看出洞线 1（直径 10m）、洞线 2（直径 20m）由于溶洞横向尺度小于 1/2 波长，溶洞产生的绕射能量很弱，地震剖面和水平切片上几乎看不到溶洞地震响应；洞线 3（直径 30m）溶洞横向尺度接近 1/2 波长，地震剖面和水平切片上可以看到溶洞"串珠状"地震响应特征；洞线 4—洞线 8，溶洞横向尺度为 40～80m，大于半波长，"串珠状"地震响应特征清晰，说明随着溶洞横向尺度的增加，溶洞振幅响应越强，但该结论是基于模拟溶洞直径在 80m 以内这个前提得出的。

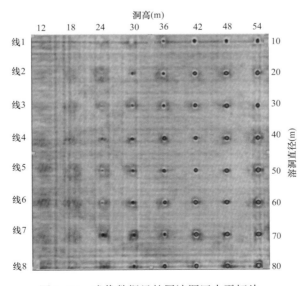

图 3-34　成像数据目的层溶洞区水平切片

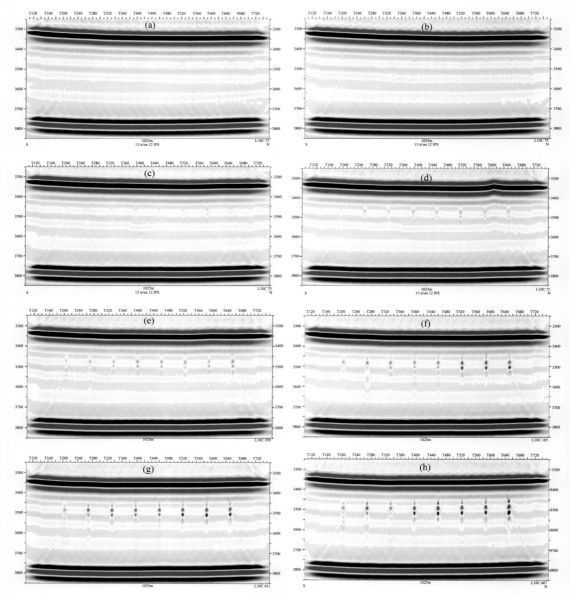

图 3-35　8 条洞线叠前偏移成像剖面

（a—h 对应洞线 1—洞线 8，溶洞直径为 10m、20m、30m、40m、50m、60m、70m、80m，每条洞线上 8 个溶洞直径相同，洞高分别为 12m、18m、24m、30m、36m、42m、48m、54m）

　　但是姚姚（2003）等通过随机介质弹性波数值模拟理论研究认为存在一个临界宽度，当溶洞直径小于此宽度时，溶洞的地震反射能量随溶洞直径增加而增加，而当溶洞直径大于此宽度时，其反射能量受溶洞直径变化的影响较小。同时，当溶洞直径不变时，随着溶洞高度的增加，溶洞振幅响应也越强。溶洞的地震响应特征与厚度递增的薄层地震响应特征相似，溶洞的地震反射能量与溶洞高度之间存在一种调谐效应。因此可以推断溶洞的"串珠状"反射特征与薄层的地震反射特征具有一定的相似性，即在纵向上都存在两个界面的干涉和多次反射，但溶洞在横向上受到了尺度的限制，不能像薄层一样无限延展，因此溶洞又有着其独特性。

从图3-35可以看出，不同尺寸溶洞的串珠个数不同，总体而言，串珠的长度远大于溶洞的高度，但第一个串珠对应的位置基本相同，基本对应溶洞的顶界面，而溶洞的底界面较难确定。由于地震物理模拟实验中溶洞高度和主频（30Hz）的选择，溶洞地震响应未能分开洞顶、洞底反射（绕射）波，表现出一种"短串珠"的特征，通过从众多属性中选取瞬时振幅、均方根振幅等地震属性，能够将成像体中每个溶洞的"串珠状"反射特征转换为一个空间上的连续体（图3-36）。

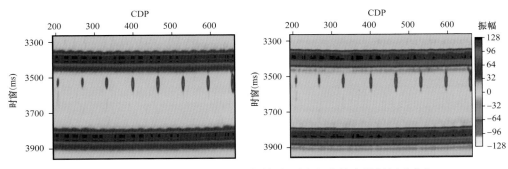

图3-36　洞线8（直径80m）瞬时振幅（左）和均方根振幅（右）

（二）实际溶洞模型地震物理模拟

"串珠状反射"是塔里木盆地碳酸盐岩储层地震剖面上的典型反射特征，是碳酸盐岩缝洞系统在地震剖面上的特殊反射（图3-37）。根据钻井、岩心等观察，按成因、形态及大小等，塔里木盆地奥陶系碳酸盐岩有效储层空间分为三大类型：孔隙、裂缝、孔洞，碳酸盐岩储层由这3种基本储集空间类型按不同的方式及规模组合成多种类型：裂缝型、裂缝—孔洞型、孔洞型及洞穴型等。不同的缝洞储层类型在地震剖面上体现为不同的"串珠"反射类型且复杂多样，正确认识"串珠反射"类型与碳酸盐岩缝洞储层类型之间的对应关系，对于油气勘探开发工作具有重要意义。

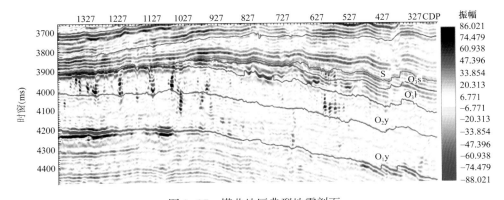

图3-37　塔北地区典型地震剖面

O_1y—下奥陶统鹰山组；O_2y—中奥陶统一间房组；O_3l—上奥陶统良里塔格组；O_3s—上奥陶统桑塔木组

复杂缝洞体的地震响应特征与一个轮廓与之相近、速度等于其平均速度的均质体的地震响应特征相似。因此地震物理模拟时，可以用一个速度恒定的等效均质体代替复杂缝洞体进行模拟，可得到与实际复杂缝洞体相近的地震响应特征（Xu 等，2016）。

碳酸盐岩储层孔洞型物理模型是根据塔北地区实际地层抽象后制作的综合型复杂物理模型，是与实际地层比较相近的复杂实际孔洞模型（图 3-38）。该模型主要考虑了塔北地区含油气层系中奥陶统一间房组至鹰山组一段（简称鹰一段）上部。根据该地区的地层情况，将志留系以上地层简化为水平层状，志留系和奥陶系按实际地震资料解释的构造进行设计。缝洞储集体分布在奥陶系中（T_4 为底界面），深度为 6300~7000m，在水平方向上一共设定了 18 个缝洞区（Zone1—Zone18），不同区内分别放置不同类型的缝洞储集体，200 多个缝洞储集体规则分布在 13 条纵测线、14 条横测线上，另外在整个奥陶系中设计了一套 "X" 形大断裂（图 3-39）。缝洞体分为 18 个区，不同区内分别分布着不同类型的缝洞体。1 区—4 区为不同直径的球形洞；5 区和 6 区为不同高度和直径的圆柱形洞；7 区为 200m 范围内垂直均匀分布的多洞组合；8 区为垂向上任意组合的多洞；9 区为体积相同、形态各异的缝洞体；10 区、11 区和 14 区为具有不同边长和不同纵横波速度比的方形洞，缝洞体边长为 40~300m；12 区内放置了 8 个充填不同流体的立方体洞，边长均为 200m；13 区包含了不同速度和密度的立方体洞。另外，在 15 区和 16 区放置了模拟裂缝和断裂模块，17 区放置了一些小洞（20~30m），来研究地震分辨率，而 18 区中的缝洞体具有不同的孔隙度。

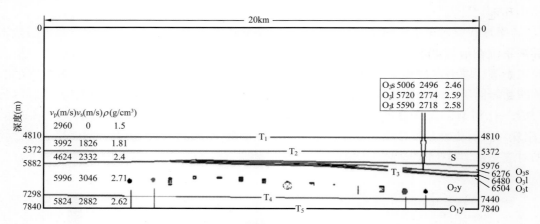

图 3-38　物理模型垂直剖面
南北向，对应实际地震主测线方向

对碳酸盐岩储层孔洞物理模型进行超声波采集（主频为 30Hz）和叠前偏移成像，图 3-40 为缝洞体储层均方根振幅水平切片（时窗为 150ms），可以明显看到大部分缝洞体有明显的能量显示，模型中部有明显的 "X" 形能量显示，代表模型中的 "X" 形断裂。从水平切片图中可以很清晰地看到大断裂及断裂的横向走向、所有的缝洞体都得到了较好成像。通过与模型制作时拍摄的缝洞放置位置照片（图 3-39）对比可以发现，水平切片基本上反映了缝洞体放置过程和缝洞体的形态。

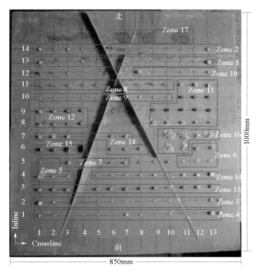

图 3-39　物理模型中缝洞体平面展布俯视图

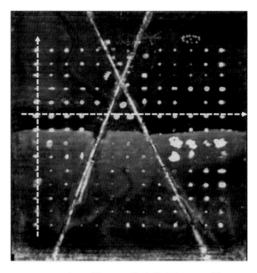

图 3-40　物理模拟叠前成像数据缝洞体均方
根振幅水平切片（150ms）

图 3-41 为对应图 3-40 黄色虚线位置的叠前成像剖面（Inline1 和 Xline9）。在时间为 3800～4400ms，各缝洞体呈现出明显的"串珠"反射特征，与野外地震数据中发现的"串珠"反射十分类似。图 3-41 上图右上角黑色椭圆内，能清晰看到 3 层界面对应的同相轴和地层尖灭，图 3-41 下图可以看到断层的影响（第 5 和第 6 个串珠的两边）。观察"串珠"反射可以发现，各个"串珠"反射能量、形态各不相同，与物理模型中设计的不同形状、大小、速度等缝洞体类型相互对应。

对 200 多个缝洞储集体地震响应特征按照"串珠"典型特征进行分类，可以大致分为"短串珠""长串珠""羊排状串珠""倾斜串珠""波浪形串珠""杂乱反射"等 6 类（图 3-42），同一种串珠类型可能对应不同类型的溶洞。塔北地区地震剖面上"短串珠"非常常见，多种溶洞体都会引起"短串珠"地震反射，例如球形洞、圆柱洞、立方体洞、凤梨型或厅堂型溶洞等。"长串珠"也较常见，多种溶洞体都会引起"长串珠"地震反射，例如球形洞、垂向多片组合圆柱洞、垂向多洞组合和汉堡形椭球洞等。"羊排状串珠"横向延伸长、形态类似"羊排"，长方体洞、水平圆柱洞、球形多群洞和垂向多洞组合等多种溶洞体都会引起"羊排状串珠"地震反射。"倾斜串珠"是一种比较特殊的反射类型，"串珠"表现为三峰两谷，顶部珠子较小，底部珠子较长，这是由于各小球洞间距太小，各个"短串珠"无法分开，相互叠置组合到一起，由于小球洞组合成了左三角形，因此就形成了视觉上的"倾斜串珠"。"波浪形串珠"也是一种比较特殊的反射类型，每个小球洞的地震响应为"短串珠"，各小球洞间距太小，各串珠叠置到一起，无法分辨各小球洞，由于小球洞组合成非严格的正方形，有一边高度大，导致各串珠组合叠置成视觉上的"波浪形串珠"。"杂乱反射"对应于大量小尺度溶洞、裂缝集合体，由于地震分辨率的限制，地震波相互干涉叠加，形成"杂乱反射"特征。

不同类型缝洞体可能对应不同的"串珠"反射，也可能对应相同的"串珠"反射，

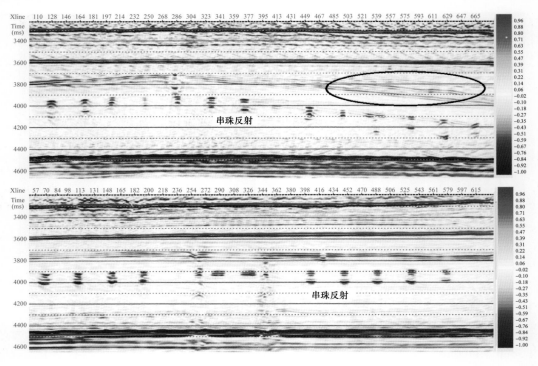

图 3-41 物理模拟叠前成像剖面

上 Inline1、下 Xline9，与图 3-40 中黄色位置虚线对应

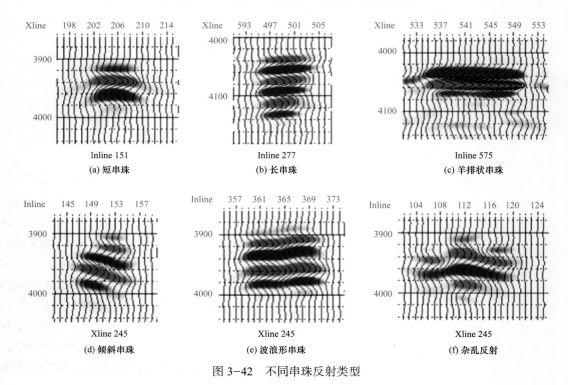

图 3-42 不同串珠反射类型

建立"串珠"反射特征与不同类型缝洞体对应关系，对实际生产中储层识别具有重要的指导意义。图3-43为缝洞体类型与"串珠"反射类型对应关系图。"短串珠"反射，即一个波峰和波谷或者两个波峰/波谷和一个波谷/波峰组合，对应于高度小于60m的地质体，如球形洞或者方形洞（图3-43a）；"长串珠"反射至少两个波峰/波谷和两个波谷/波峰组合，对应两种情况：一是高度为70～100m的单洞，二是两个小洞（小于60m）以较小间距（小于60m）垂向组合（图3-43b）；"羊排状串珠"反射，对应宽度大于100m的地质体（图3-43c）；"倾斜串珠"反射，即同相轴倾斜，对应3个小洞（小于60m）在同一垂向平面上呈倾斜三角形分布（图3-43d）；"波浪形串珠"反射，对应于4个小洞在同一垂向平面上呈平行四边形分布（图3-43e）；"杂乱反射"，对应4个或者更多小洞在垂向上随机杂乱分布（图3-43f）。上

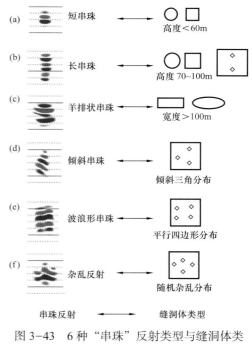

图3-43 6种"串珠"反射类型与缝洞体类型对应关系

述"倾斜串珠""波浪形串珠"和"杂乱反射"都是由多个小尺度缝洞体地震波绕射相互干涉形成。特别强调，尺度大小是个相对概念，和地震波的主频、围岩和溶洞体的速度有密切关系，这些定量结论有待实际资料进一步验证和修正。

在缝洞型碳酸盐岩储层预测中，谱分解技术可以有效分析地震反射波特征，通过分析由谱分解技术产生的调谐体和离散频率能量体的变化特征，确定由充填油气水引起的地震反射波振幅和频率的变化异常。对一个合成地震道，对比短时傅里叶变换（STFT）、S变换、连续小波变换（CWT）和稀疏约束反演谱分解4种谱分解方法（图3-44），稀疏约束反演谱分解具有较好的局部化特征、较高的时频聚焦性，且同时具有高的时间分辨率和频率分辨率。

图3-45为规则球洞空间上不同组合排列方式物理模拟地震响应，以及通过稀疏约束反演谱分解后的20Hz单频能量谱和相位谱。孔洞储集体的组合形态从左至右依次是正三角形、不对称菱形、左三角形、菱形、两点近垂直组合、四点正方形、两点垂直和两点水平，每个球洞直径60m。不同球洞组合在地震剖面上产生了不同的串珠形态：三角形和菱形组合在地震剖面上为不同倾斜程度的"波浪形串珠"，其倾斜程度与球洞的位置有关；垂向双球洞组合在地震剖面上为"长串珠"，随着两个球洞间距增加，"长串珠"会逐渐分离成两个"短串珠"；左起第5个串珠有倾斜现象，这是因为两个球洞为近竖直排列引起的；两点水平组合的球洞地震响应为"羊排状"串珠，这是由于单个球洞的地震响应为"短串珠"，而两个球洞在垂向上水平放置，间距较小，从地震角度不足以分辨，致使两个串珠叠置在一起，最终形成了"羊排状串珠"。从地震反射特征上可以大致判断

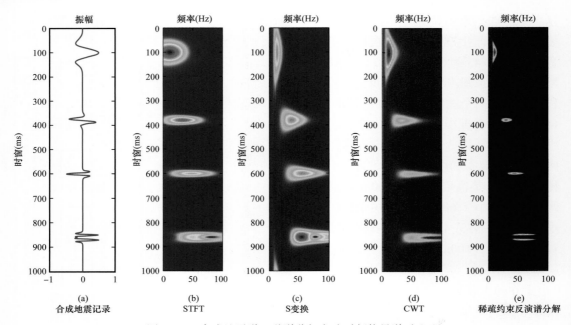

图 3-44　合成地震道 4 种谱分解方法时频能量谱对比

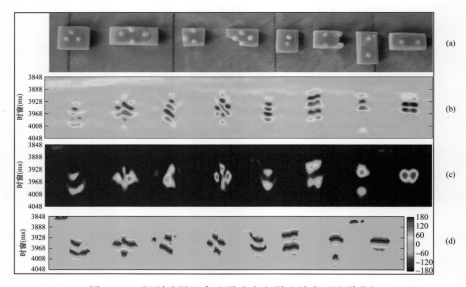

图 3-45　规则球洞组合地震响应和稀疏约束反演谱分解

（a）物理模型多球洞组合照片；（b）储集体地震响应；（c）稀疏约束反演谱分解 20Hz 分频剖面；
（d）稀疏约束反演谱分解 20Hz 分频相位谱

孔洞的空间产状，但是仅靠该特征很难对地下孔洞的具体形态做出合理判断。稀疏约束反演谱分解 20Hz 分频能量谱剖面上，基本可以直观判断出孔洞组合形态、孔洞个数和尺度。作为时频能量谱的一个重要补充，相位谱则清楚展现了孔洞的时频能量分布。

　　图 3-46 是陷落柱洞和片状垂直组合储集体地震响应，以及通过稀疏约束反演谱分解

后 20Hz 分频剖面和分频相位谱。陷落柱洞为圆柱状，直径 80m 保持不变，高度从 25m 变化到 400m（左侧 5 个）；层状垂直组合（右侧 3 个）在垂向 200m 范围内上下等间距叠置了多个小洞（直径为 80m，高度为 10m）：2 个相距 180m，3 个相距 85m，5 个相距 35m。对于陷落柱洞来说，洞高小于 100m 时，串珠特征相似，柱洞顶底由于地震分辨率问题融合在一起，难以分辨；当洞高不小于 100m 时，顶底串珠明显分离。片状垂直组合洞个数越多，地震剖面串珠个数也越多，当相邻两洞间隔较大时（2 片），各洞的串珠分开，形成上下两个短串珠；当相邻两洞间隔为 85m（3 片）时，各洞地震响应混杂在一起，形成明显的长串珠，且能量较强，当相邻两洞间隔为 35m（5 片）时，由于绕射波的相消干涉，长串珠能量明显减弱。

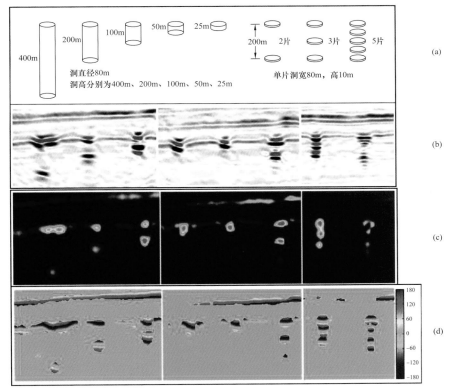

图 3-46　陷落柱洞和片状垂直组合储集体地震响应、稀疏约束反演谱分解
（a）物理模型照片；（b）储集体地震响应；（c）稀疏约束反演谱分解 20Hz 分频剖面；
（d）稀疏约束反演谱分解 20Hz 分频相位谱

　　稀疏约束反演谱分解的 20Hz 分频剖面、分频相位谱可以看到，大于或等于 100m 的陷落柱洞不管是在时频能量谱图还是时频相位谱图上，洞的顶底都可明显地显示出来，但由于孔洞高度过大，导致洞内的有效谱信息没有得到如实反映。而高度为 25m 和 50m 的柱洞在时频能量谱上则表现为一个较强的能量团，相位突变的地方即为其顶底分界面。对于片状垂直组合，相邻两洞间距为 180m 和 85m，时频能量谱和时频相位谱均可以明确区分出每个单独的储集体，而在相邻两洞间距 35m 时，在时频能量谱上没有得到明确区分，相位谱上却可以较好地分辨。将稀疏约束反演谱分解的时频能量谱和时频相位谱相结合，对碳酸盐岩孔洞储集体串珠状特征做出更加准确的解释和识别、精确刻画储集体分布、定量估算储集体体积具有十分重要的意义。

第三节　地震波场数值模拟技术研究新进展

地震波场数值模拟是勘探地震学的重要基础研究内容，广泛应用于地震资料采集、处理和解释各个阶段。地震波场数值模拟技术是在已知地下介质结构（数值模型）情况下，基于特定介质假设条件下的波场传播理论和传播方程，采用数值算法求解传播方程，实现地震波场数值模拟的技术，理论基础是地震波在地下介质中的波场传播理论。地下介质性质不同，地震波传播理论和波动方程不同，如声波波动方程、弹性波动方程、黏弹性波动方程、各向异性弹性波动方程、孔隙弹性介质双相（多相）弹性波动方程等。通过地震波场数值模拟，可研究波场传播机理和传播规律，优化野外地震观测系统，验证处理、解释方法合理性，优选处理解释技术等（裴正林，2004；袁雨欣等，2018）。

地震波场数值模拟技术大体按照两条路线同时发展，第一条路线是介质假设逐渐复杂化，理论模型更加符合实际地质条件，模拟精度更高。针对裂隙储层和致密油气储层，各向同性双相介质、各向异性双相介质、多相多孔介质假设和波场传播理论也在逐步发展中；第二条路线是数值模拟方法的发展，包括成熟方法的改进完善、数值求解传播方程算法的推陈出新。目前，波动方程地震波数值模拟主要包括有限差分法、有限元法、谱方法（伪谱法和谱元法）和无网格法等。

一、波动方程数值模拟方法新进展

（一）有限差分法

有限差分法（FDM，Finite Difference Method）是目前应用最广泛的一种波动方程数值模拟算法。该方法将模拟区域用矩形网格（或长方体）进行剖分，同时利用网格点上波场值的差商近似波动方程中的一阶或二阶微分，得到差分离散波动方程，然后通过迭代求解差分离散波动得到各个时刻、各个网格点的波场值，进而模拟地震波在地下介质中的传播过程。

Alterman 等（1986）在模拟地震波场时最早提出可以运用有限差分方法，成功模拟出地震波在层状介质中的传播。此后有限差分法逐渐受到关注，并且基于其自身的独特优势被广泛应用到波场数值模拟中，许多新的理论与方法研究也在该基础上逐步发展起来。Alford 等（1974）通过对比研究有限差分法与传统的特征函数扩展技术，认为精细网格下的有限差分法模拟结果更加精确，同时得出差分阶数越高，模拟结果越好的结论。Kelly 等（1976）为了快速有效地合成地震图，采用有限差分法求解二维波动方程，并且讨论了中心网格和交错网格有限差分法及其满足的边界条件。Virieux（1986）利用时间二阶空间二阶交错网格有限差分法，在非均匀介质条件下完成了对 SH 波和 P-SV 波的正演模拟。

　　Dablain（1986）指出高阶有限差分方法能够有效减小数值频散，提高模拟精度，但是时间高阶有限差分方案会显著增加计算量，并导致稳定性降低。为了有效兼顾计算效率和模拟精度，业界普遍采用时间二阶和空间高阶差分算子近似波动方程中的时间和空间微分算子，在一定程度上提高了模拟精度，但是本质上仅具有二阶差分精度，数值频散仍较严重，模拟精度较低。Liu 等（2009）提出时空域高阶有限差分法，利用时空域频散关系和泰勒级数展开计算差分系数，能够更有效地压制数值频散获得更高的模拟精度，然而时空域高阶有限差分法存在明显的数值各向异性。三维混合网格有限差分法将标量方程中的 Laplace 微分算子近似为坐标轴网格点构建的 Laplace 差分算子和非坐标轴网格点构建的差分算子的加权平均，基于三元函数泰勒展开推导出差分系数通解公式，提高了模拟精度和计算效率（胡自多等，2021）。图 3-47 为三维常规高阶有限差分格式和混合网格有限差分格式的示意图；图 3-48 为溶洞储层模型及模拟波场快照和模拟炮集局部显示图，可以看出溶洞绕射响应特征明显。

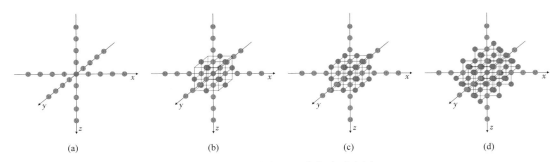

(a)　　　　　　　　(b)　　　　　　　　(c)　　　　　　　　(d)

图 3-47　三维有限差分格式示意图
（a）常规高阶有限差分格式；（b—d）混合网格有限差分格式

　　Graves（1996）将交错网格有限差分法应用于三维弹性介质中波的传播问题，并扩展了三维有限差分技术的适用性。Fomel 等（2013）考虑各向异性介质的波场外推问题，利用矩阵低秩近似算法提高了波场时间外推精度。针对起伏地表和复杂构造，王雪秋等（2008）关注了有限差分方法框架下起伏地表的处理方法，概述了局部旋转坐标法、网格变换法、广义虚像等技术；董良国（2007）研究了二维弹性波的局部旋转坐标法，实现了起伏地表自由边界条件的数值化，此方法能够近似地刻画起伏地表形态，但对于模型不具有一般性；王祥春等（2007），Wang 等（2007）研究二维和三维声波模拟的网格变换法，此方法优点是处理灵活，缺点是对起伏地形有较大限制，即：地形函数必须是光滑的，且具有一阶导数。因此，网格变换法无法处理局部速度变化较快的起伏地形构造。

（二）有限元法

　　有限差分法在处理起伏地表和地下复杂界面时具有较大局限性，而有限元法（FEM，Finite Element Method）网格剖分灵活，具有天然的处理复杂边界和精确模拟复杂地质体

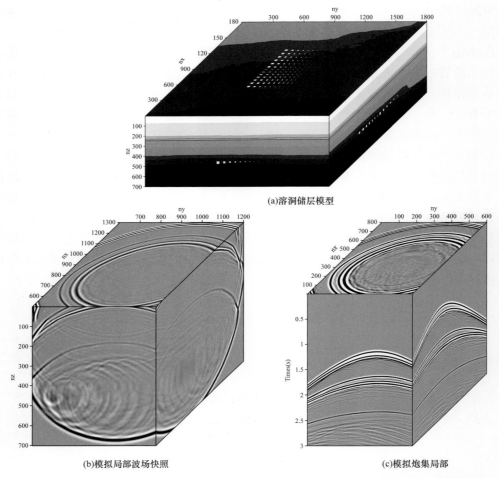

(a)溶洞储层模型

(b)模拟局部波场快照　　　　　　　　　　　(c)模拟炮集局部

图 3-48　三维溶洞储层模型及混合网格有限差分数值模拟局部波场快照和局部炮集

的优势，但内存需求较大、计算效率较低。有限元法经过长期的发展，目前逐渐走向实用化。有限元法包括连续有限元方法和间断有限元方法。

连续有限元方法基于变分原理和剖分插值理论，其思路是采用分片高阶多项式逼近地震波场，在剖分网格上应用变分原理，形成以分片多项式系数为未知量的线性方程组，求解该方程组即可得到逼近的地震波场。连续有限元方法的优势是可以使用不规则的网格剖分，如三角形或四面体网格剖分。因此，适合处理物性参数的变化问题和起伏地形等复杂构造问题，如各向异性介质及起伏地表问题（杨顶辉，2002；张美根等，2002；薛东川等，2007），模拟效果较好。连续有限元方法虽然可以不做任何特殊处理就能使用可变网格，但在每一个时间步的计算中均需求解一个大型的线性方程组，因此计算效率极低。王月英等（2006）研究了基于 CPU 多进程的连续有限元并行算法，Komatitsch 等（2010）使用 MPI+CUDA 技术实现了基于 GPU 集群环境高阶连续有限元算法，取得了较好的加速效果。另外，为了解决有限元方法占用内存较大的问题，刘有山等（2013）提出了稀疏存储的显式连续有限元方法。

间断有限元方法（Discontinuous Galerkin Method，简记为 DG）的思想是放松传统（连续）有限元方法对基函数在单元之间的连续性要求，允许基函数相邻单元的边界两侧取不连续的值，这种思想给间断解问题的处理带来了极大的便利，并使该方法具备了诸多优点。因此，随着勘探的发展和研究的深入，间断有限元方法逐渐在地震勘探领域崭露头角，研究成果主要集中在地震波场正演模拟上（汪文帅等，2013）。

间断有限元地震波正演模拟算法具有以下优点：① 在应对复杂构造上，使用四面体网格剖分，可以更好地逼近起伏地形等复杂构造，模拟精度更高；② 对于间断系数和间断解问题均有很强的适应性，适合处理断层等复杂地质构造。自 2006 年开始，Käser 等（2006，2007），Puente 等（2007）将任意高阶微分（Arbitrary High Order Derivatives，简记为 ADER）时间离散格式与间断有限元方法空间离散相结合，提出了 ADER-DG 方法，并利用该方法研究了二维和三维的黏弹性和各向异性介质的地震波传播问题，得到了较高的精度和效率。随后，Käser 等（2008）和 Castro 等（2010）理论分析了 ADER-DG 方法的精度，并做了进一步的改进；Puente 等（2008）和 Pelties 等（2012）先后应用 ADER-DG 方法模拟了多孔介质弹性波方程和动态断裂问题，结果证明，该方法对于复杂几何形状的破裂面动态模拟十分有效，而且不会产生破裂面的虚假高频振荡。除了 ADER-DG 方法之外，还有许多研究者采用了其他间断有限元方法进行地震波场的正演模拟，如 Delcourte 等（2009）使用无扩散 DG 方法和蛙跳（Leap-frog）时间离散格式处理复杂地表和断层问题；Etienne 等（2010）和 Petrovitch 等（2011）使用 RKDG 分别模拟了三维弹性波场传播和粗糙断裂界面的散射问题；廉西猛等（2013）提出了基于局部间断有限元方法（LDG）的二维声波方程正演模拟算法，对起伏等复杂构造模拟取得了较好效果，并验证了该算法相比于传统有限元方法的优越性；薛昭等（2014）也就间断 Galerkin 有限元数值模拟方法在起伏地表弹性波传播上的应用进行了研究，并提出了适合该算法的 NPML 边界条件。

在模拟效率上，一方面，该算法可以直接使用变网格和变网格逼近精度技术，变时间步长技术的使用也十分方便，大大降低了计算量；另一方面，该算法在使用显式格式时，每个单元上的计算相互独立，非常适合基于多核异构环境进行并行加速。Dumbser 等（2007）利用局部时间步长和 P-adaption 技术改进了 ADER-DG 方法，进一步提高了精度和效率；Minisini 等（2013）使用 IPDG 方法和局部变时间步长技术处理了三维各向异性介质的地震波传播问题；廉西猛等（2013）使用 Open MP 并行语言实现了算法的多线程并行计算；Wu 等（2013）使用 CUDA+MPI 编程方式对间断有限元正演模拟算法基于多 GPU（NVIDIA Tesla C2070）环境进行了并行加速，与 CPU（Intel Xeon W5660）的计算时间相比，加速了 28.3 倍。

（三）谱方法

波动方程数值模拟大多在时间空间域进行波动方程数值求解，而谱方法通过空间傅里叶变换在时间波数域完成。伪谱法是时间空间域的波动方程有限差分数值模拟，可以看作是高阶有限差分方法在空间差分阶数达到无穷时的极限情况，它通过快速傅里叶变换将空间域变换到波数域，避免了空间求导计算，只需在时间域上作差分运算，因此比有限差分法具有更高的模拟精度。在同等精度条件下，伪谱法比有限差分方法使用的节点和内存更少，计算效率更高，广泛应用于地震波场模拟中（李信富等，2007；李展辉等，2009；谢桂生等，2005）。但是，伪谱法和有限差分方法一样，不能很好地处理复杂地形和复杂构造，同时对速度的空间变化适应性较差。

谱元法（Spectral Element Method，SEM）结合了有限元的灵活性和伪谱法的准确性，可基于非正交的网格系统进行计算，因此可处理复杂边界情况，包括自由表面和模型内部的不连续界面，谱元法针对陆地起伏地表情况下的地震波场计算十分有效。下面重点讲述谱元法基本原理和 Foothills 逆掩推覆模型的模拟效果。

地震波在弹性体中传播的运动情况可以根据波动方程的强形式或弱形式求解。地震波场传播过程中的位移分量可由以下运动方程（强形式）描述：

$$\rho\frac{\partial^2 \boldsymbol{s}}{\partial^2 t} = \nabla\boldsymbol{\sigma} + f \tag{3-7}$$

式中，ρ 为介质密度；$\boldsymbol{s}$ 为质点位移分量；t 为时间；$\boldsymbol{\sigma}$ 为二阶应力张量；f 为体力密度。由胡克定律，应力应变关系式为：

$$\boldsymbol{\sigma} = \boldsymbol{c} : \nabla\boldsymbol{s} \tag{3-8}$$

其中，模型的弹性性质由四阶弹性张量 $\boldsymbol{c}$ 决定，":"表示内积。有限元类方法适用于波动方程的弱形式或变分形式，通过适当选择基函数来近似波场。因此可以得到整个计算区域上波动方程解及其导数的自然表示，不仅仅是在离散节点上的值。为得到方程（3-7）的弱形式，首先可以通过任意可导的测试函数 w 在计算区域内进行体积分，并结合自由表面边界条件，得到波动方程的弱形式，为：

$$\int_{\Omega}\rho w\frac{\partial^2 \boldsymbol{s}}{\partial^2 t}\mathrm{d}^2 x = \int_{\Omega}w\cdot(\nabla\cdot\boldsymbol{\sigma})\mathrm{d}^2 x + \int_{\Omega}w\cdot f\mathrm{d}^2 x \tag{3-9}$$

式中，测试函数 w 与时间无关。将散度定理应用于式（3-9）右边的第一项，与此同时方程中面积分项会在自由表面 Ω 满足常为 0 的条件，因此有：

$$\int_{\Omega}\rho w\cdot\frac{\partial^2 \boldsymbol{s}}{\partial^2 t}\mathrm{d}^2 x = -\int_{\Omega}\nabla w:\boldsymbol{\sigma}\mathrm{d}^2 x + \int_{\Omega}w\cdot f\mathrm{d}^2 x \tag{3-10}$$

上式隐式包含了任意情况下的自由表面边界条件，这也是谱元法适应于不规则地表自由表面情况下的地震波场正演计算的先天优势。谱元法是有限元法与伪谱法结合形成的算法，将计算区域进行网格剖分，然后在每个单元上按照伪谱法设置配置点，选取正交多项式作为基函数，按照有限元法的原理求解方程（3-10），进而实现基于谱元法的波场正演。

谱元法可以看作是一种高阶有限元方法，并且其形成的质量矩阵是对角阵，更易于求解和实现并行。Komatitsch 等（2010）在谱元法地震波场正演模拟领域进行了研究，论述了谱元法的优点，并引入了灵活的网格剖分方法，用以处理复杂的地质构造（如断层等），并使用多个 GPU 卡对该算法进行了并行加速。汪文帅等（2012）提出了具有时一空保结构特征的多辛结构谱元法，并基于曲边四边形将其应用于起伏地表模型的模拟中。但是，如果使用了非结构网格，如三角形或四面体，谱元法在构造基函数时需要经过特殊复杂的处理，处理后的算法模拟精度和计算效率均大大下降（Mercerat 等，2006；Pasquetti 等，2006），这也是谱元法难以在全波形反演中大规模应用的原因之一。

通常情况下，谱元法可基于四边形（二维情况）或六面体（三维情况）进行空间区域离散。如以 SEG 加拿大 Foothills 逆掩推覆模型（图 3-49）作为谱元法正演模拟所需的模型，该模型地形崎岖不平，在弹性波模拟过程中，设置该模型的横波速度为相应纵波速度的 0.6 倍。基于谱元法进行弹性波场正演模拟，震源采用主频为 15Hz 的 Ricker 子波，模拟过程中时间采样间隔取 0.5ms。图 3-50 展示了其中一炮的弹性波正演模拟结果，炮点位于图 3-49 黄色星处，坐标 $x=6000m$，$z=1190m$，检波点均匀分布在图中黑色线表示的地表处。

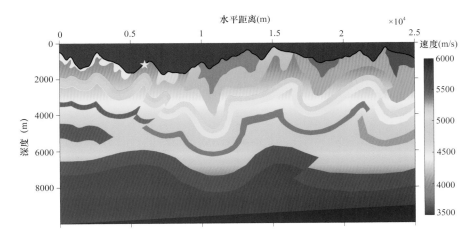

图 3-49 加拿大 Foothills 逆掩推覆模型速度剖面

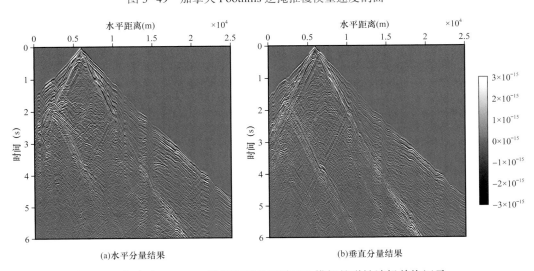

(a)水平分量结果 (b)垂直分量结果

图 3-50 加拿大 Foothills 逆掩推覆模型谱元法模拟的弹性波场单炮记录

（四）无网格法

无网格法（Mesh Free Method，MFM）是一类新兴的数值方法，它基于一组节点构造近似函数来求解偏微分方程，这些节点自适应和灵活分布于空间场而不依赖任何相关的网格剖分或"元素"链接（Fornberg 等，2015）。

无网格法从 20 世纪 90 年代在力学领域兴起至今，国内外学者共提出了近 30 种无网格方法。Lucy（1977）和 Gingold 等（1977）最早在模拟爆炸尘埃云等天体物理现象时提出了平滑粒子流体动力（SPH）法，即最早的无网格法，由守恒方程的核函数估计表示。该方法引入流体动力学替代网格化模拟，解决了如碎片碰撞等问题（Benz 等，1995；Randles，2000）。Belytschko 等（2000）研究了 SPH 法的精度和空间稳定性，Liu 等（2005）提出了无网格径向点插值法（PKPM）来改进 SPH 法的稳定性和一致性。之后兴起了许多无网格方法，如 Wittke（2014）提出了无网格局部 Petrov-Galerkin 方法进行大地电磁建模；Wenterodt 等（2009，2011）研究了 Helmholtz 方程 RPIM 法的频散特性，并与有限元法相比，显示频散误差明显减小；Takekawa 等（2015，2016，2018）提出了基于多参数泰勒展开（TE）的局部无网格法，避免使用任何特定的基函数即可实现高精度声波正演模拟；2018 年，Takekawa 将 TE 展开法扩展到频率域弹性波正演模拟，有效应用于速度剧烈变化的复杂模型；同年马文涛（2018）提出一种求解二维弹性力学问题的光滑无网格 Galerkin 法，其计算精度接近无网格 Galerkin，但计算效率要远远高于无网格 Galerkin。

总体而言，这些方法都采用节点数据及基函数进行局部精确逼近，通过 Galerkin 法或配点法对波动方程求解。基于偏微分方程弱形式的 Galerkin 法虽然不需要网格构造近似函数，但需要域积分和特殊边界条件。而基于偏微分方程强形式的配点易于构造平滑近似函数，因此可以直接求解而无需域积分和特殊边界条件。尽管无网格方法众多，但从近年来国内发表的文献来看，仅有滑动最小二乘法、无单元 Galerkin 法、广义有限差分法和径向基函数有限差分法实际应用于地震勘探中。

二、双相介质三维数字岩心弹性波数值模拟

（一）双相介质地震波传播理论和三维弹性波方程

双相介质由含孔隙或裂隙的固体部分和孔隙或裂隙中的流体部分构成，含流体孔隙介质中的地震波传播理论是目前地震学研究的前沿和热点问题，也是难点问题之一，其理论和应用尚需完善和发展。Biot 理论描述了饱和流体孔隙介质中弹性波传播规律，是双相介质地震波传播的理论基础，同时考虑 Biot 流动和喷射流动（Squirt）力学机制的 BISQ 模型是对 Biot 理论的完善和发展（牟永光和裴正林，2005）。

双相介质地震波传播方程是在传统单相介质传播方程基础上发展形成的，单相介质波传播理论目前发展到各向异性黏弹介质假设，为了简化问题，在传统三维各向同性弹性波传播方程的基础上，形成双相介质三维各向同性弹性波方程，暂不考虑双相介质的各向异性。

设固相速度向量为 $v = (v_x, v_y, v_z)^T$，流相速度向量为 $V = (V_x, V_y, V_z)^T$，双相介质三维应力—速度弹性波方程中，固相和流相的应力—速度关系式为：

$$\begin{bmatrix} \dfrac{\partial \sigma_{xx}}{\partial t} \\[2mm] \dfrac{\partial \sigma_{yy}}{\partial t} \\[2mm] \dfrac{\partial \sigma_{zz}}{\partial t} \\[2mm] \dfrac{\partial \sigma_{yz}}{\partial t} \\[2mm] \dfrac{\partial \sigma_{xz}}{\partial t} \\[2mm] \dfrac{\partial \sigma_{xy}}{\partial t} \end{bmatrix} = \begin{bmatrix} P & P-2\mu_b & P-2\mu_b & 0 & 0 & 0 \\ P-2\mu_b & P & P-2\mu_b & 0 & 0 & 0 \\ P-2\mu_b & P-2\mu_b & P & 0 & 0 & 0 \\ 0 & 0 & 0 & \mu_b & 0 & 0 \\ 0 & 0 & 0 & 0 & \mu_b & 0 \\ 0 & 0 & 0 & 0 & 0 & \mu_b \end{bmatrix} \begin{bmatrix} \dfrac{\partial v_x}{\partial x} \\[2mm] \dfrac{\partial v_y}{\partial y} \\[2mm] \dfrac{\partial v_z}{\partial z} \\[2mm] \dfrac{\partial v_y}{\partial z} + \dfrac{\partial v_z}{\partial y} \\[2mm] \dfrac{\partial v_x}{\partial z} + \dfrac{\partial v_z}{\partial x} \\[2mm] \dfrac{\partial v_x}{\partial y} + \dfrac{\partial v_y}{\partial x} \end{bmatrix} + Q \begin{bmatrix} \hat{\varepsilon} \\ \hat{\varepsilon} \\ \hat{\varepsilon} \\ \hat{\varepsilon} \\ \hat{\varepsilon} \\ \hat{\varepsilon} \end{bmatrix} \quad （3-11）$$

$$\frac{\partial s}{\partial t} = Q\left(\frac{\partial v_x}{\partial x} + \frac{\partial v_y}{\partial y} + \frac{\partial v_z}{\partial z}\right) + Q\left(\frac{\partial v_y}{\partial z} + \frac{\partial v_z}{\partial y}\right) + Q\left(\frac{\partial v_x}{\partial z} + \frac{\partial v_z}{\partial x}\right) + Q\left(\frac{\partial v_y}{\partial x} + \frac{\partial v_x}{\partial y}\right) + R\hat{\varepsilon}$$

$$\hat{\varepsilon} = \left(\frac{\partial V_x}{\partial x} + \frac{\partial V_y}{\partial y} + \frac{\partial V_z}{\partial z}\right)$$

$$P = \frac{(1-\phi)(1-\phi-K_b/K_s)K_s + \phi K_s K_b/K_f}{1-\phi-K_b/K_s + \phi K_s/K_f} + \frac{4}{3}\mu_b \quad （3-12）$$

$$Q = \frac{(1-\phi-K_b/K_s)\phi K_s}{1-\phi-K_b/K_s + \phi K_s/K_f}$$

$$R = \frac{\phi^2 K_s}{1-\phi-K_b/K_s + \phi K_s/K_f}$$

式中，μ_b 是干岩石剪切模量；$\hat{\varepsilon}$ 表示流相体积变化量；P，Q，R 是 Biot 弹性常数；K_f，K_s，K_b 分别为流体、岩石颗粒、干岩石骨架的体积模量；ϕ 是孔隙度。

双相介质三维弹性波方程中，固相和流相的运动平衡方程分别为式（3-13）和式（3-14）。

$$\left(\rho_{12}^2 - \rho_{11}\rho_{22}\right)\frac{\partial v}{\partial t} = \left(\rho_{12} + \rho_{22}\right)\boldsymbol{B}v - \left(\rho_{12} + \rho_{22}\right)\boldsymbol{B}V + \rho_{12}\nabla s - \rho_{22}\nabla\cdot\sigma \quad （3-13）$$

$$\left(\rho_{11}\rho_{22} - \rho_{12}^2\right)\frac{\partial V}{\partial t} = \left(\rho_{11} + \rho_{12}\right)\boldsymbol{B}v - \left(\rho_{11} + \rho_{12}\right)\boldsymbol{B}V + \rho_{11}\nabla s - \rho_{12}\nabla\cdot\sigma \quad （3-14）$$

$$\begin{aligned} \rho_{11} + \rho_{12} &= (1-\phi)\rho_s \\ \rho_{22} + \rho_{12} &= \phi\rho_f \\ \rho_{12} &= (1-S)\phi\rho_f \end{aligned} \quad （3-15）$$

其中：
$$\boldsymbol{B} = \begin{bmatrix} b & 0 & 0 \\ 0 & b & 0 \\ 0 & 0 & b \end{bmatrix}, \quad b = \frac{\eta \phi^2}{K}$$

式中，$\boldsymbol{B}$ 表示耗散系数；ϕ 表示孔隙度；K 表示渗透率；η 表示流体的黏滞系数；ρ_s 和 ρ_f 分别表示固相密度和流相密度；S 表示 Biot 结构因子，由实验测定，一般大于 1.0，因此 ρ_{12} 是个负值，其相反数表示固相与流相间的耦合密度。

（二）双相介质三维数字岩心弹性参数建模

对致密砂岩岩心样品进行 CT 扫描和图像处理、孔隙非均质性分析、三维孔隙定量分析和三维数字岩心孔隙量化分析，建立三维孔隙岩心模型（图 3-51）。砂岩样品组分为石英（63.06%）、长石（32.44%）、方解石（4.5%），根据三种矿物的弹性参数和矿物组分，计算出致密砂岩样品三维数字岩心纵横波速度和弹性模量（表 3-1 和表 3-2），建立双相介质三维数字岩心弹性参数模型（图 3-52）。

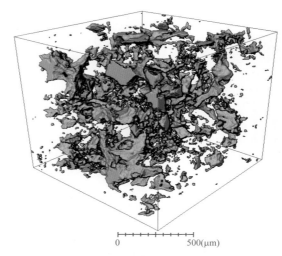

0   500(μm)

图 3-51　致密砂岩岩心三维孔隙分布

像素尺寸为 3.8341μm，孔隙数为 1455 个，孔隙度为 0.0461，有效孔隙度为 0.0243，分形维数为 2.4333，最小等效直径为 4.757μm，最大等效直径为 413.132μm，平均等效直径为 15.554μm

表 3-1　致密砂岩样品三维数字岩心纵横波速度和弹性参数

样品	孔隙度	岩石骨架		干岩心		含气岩石		含油岩石		含水岩石	
		v_p（km/s）	v_s（km/s）	v_p（km/s）	v_s（km/s）	v_p（km/s）	v_s（km/s）	v_p（km/s）	v_s（km/s）	v_p（km/s）	v_s（km/s）
致密砂岩岩心	0.046	6.19	3.706	6.0527	3.6309	6.0527	3.6263	6.0527	3.6286	6.0465	3.6286

表 3-2　致密砂岩样品三维数字岩心弹性模量

样品	孔隙度	弹性模量								
		固体骨架体积模量 K_s（GPa）	固体骨架剪切模量 μ_s（GPa）	干岩石体积模量 K_{dry}（GPa）	干岩石剪切模量 μ_{dry}（GPa）	饱和流体体积模量 K_{sat}（GPa）	饱和流体剪切模量 μ_{sat}（GPa）	Biot系数	综合模量 M（GPa）	流体体积模量 K_f（GPa）
致密砂岩岩心	0.046	52.9293	36.3413	48.1076	33.2783	48.8429	33.8419	0.0911	88.6023	4.4085

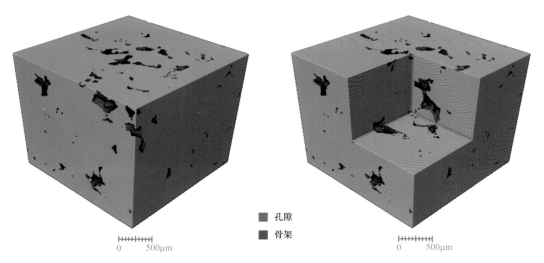

■ 孔隙
■ 骨架

0　　500μm　　　　　　　　0　　500μm

图 3-52　致密砂岩样品三维数字岩心弹性参数模型

基于 Biot 方程的高频限公式（Mavko 等，2009）可以计算出孔隙结构因子 S。

$$S = \frac{\phi \rho_f}{\rho_s (1-\phi) \left[1 - \left(\dfrac{v_s^{dry}}{v_s^{sat}} \right)^2 \right] + \phi \rho_f} \qquad (3-16)$$

式中，v_s^{dry}，v_s^{sat}，ϕ，ρ_s，ρ_f 分别表示骨架（干岩石）横波速度、饱和流体岩石横波速度、岩石孔隙度、基质（颗粒）体积密度、孔隙流体体积密度。

（三）双相介质三维数字岩心弹性波有限差分数值模拟

基于双相介质三维数字岩心弹性参数模型，采用交错网格高阶有限差分法数值求解双相介质三维应力—速度弹性波方程 [式（3-11）、式（3-12）、式（3-13）和式（3-14）]，即可实现双相介质的数值模拟。采用点震源纵波激发，震源函数是雷克子波的导数，网格间距 3.8341μm，网格数 401×401，主频 10MHz，图 3-53、图 3-54 分别是双相介质三维弹性波固相速度和流相速度的三个分量波场快照，对比可以看出，固相波场中快纵波能量强而慢纵波能量极弱，肉眼几乎看不到，流相波场中快、慢纵波都可清晰看到，且慢纵波能量强于快纵波。

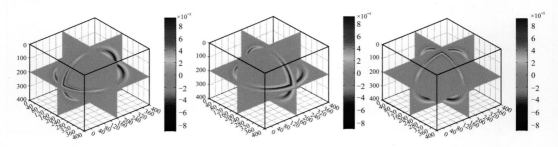

图 3-53　双相介质三维弹性波数值波场快照（固相速度，x 分量、y 分量、z 分量）

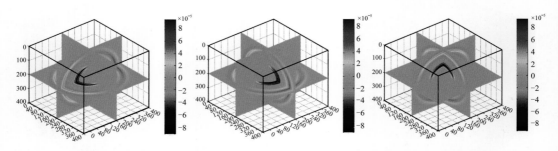

图 3-54　双相介质三维弹性波数值波场快照（流相速度，x 分量、y 分量、z 分量）

第四节　地震波场储层响应机制

自 20 世纪 90 年代以来，碳酸盐岩油气藏逐渐成为中国油气勘探的主要目标。中国西部塔里木盆地碳酸盐岩储层广泛发育，具有非常好的勘探前景。有效勘探和合理开发这些碳酸盐岩油气藏，对我国石油工业的持续稳定发展，确保国家安全与经济协调、持续快速发展具有长远意义。

碳酸盐岩油气藏勘探、开发的最大难点是储层非均质性（岩性类型差异，孔隙类型差异，孔隙流体差异）程度和分布范围的有效预测。中国碳酸盐岩油气藏岩性、岩相横向变化大、孔隙类型与孔隙流体特征复杂，使得利用地震资料开展储层预测具有较大难度。储层的复杂性给相关介质中地震波场传播特征的研究带来了较大的困难。在波场特征方面，储层非均质性致使地震波场复杂，有效信号不突出，需要针对碳酸盐岩储层的非均质性特征和勘探难点，发展精细储层描述技术。通过对复杂储层进行针对性的波场正演模拟（Biot，1962；Carcione 等，1988；Emmerich 等，1987；Stockes，2007），探索非均质储层地震波场特征，指导相关储层的地震解释，提高油气勘探的成功率。

需要解决的关键问题包括：

（1）复杂孔隙结构碳酸盐岩储层多尺度下弹性波传播特征。

（2）碳酸盐岩储层孔隙流体特征变化对弹性波波场特征的影响。

（3）基于黏滞性波动方程的典型碳酸盐岩储层波场正演研究。

主要研究内容如下：

（1）复杂孔隙结构碳酸盐岩储层多尺度下弹性波传播特征。

利用岩石物理切片获得岩石结构特征，并以此为基础，建立碳酸盐岩储层孔隙结构模型，通过弹性波模拟，分析多种因素对波场特征的影响。

在测井尺度上，利用有限差分数值模拟，分析不同裂缝尺度下的波场响应特征。

（2）碳酸盐岩储层孔隙流体特征变化对弹性波波场特征的影响。

利用岩石物理测试建立碳酸盐岩储层的弹性参数模型，采用含流体介质的 White 斑块饱和模型进行数值模拟，分析孔隙度、渗透率、含气饱和度、黏滞系数和硅质含量的影响，明确硅质层、孔洞云质层和裂缝云质层的地震响应特征。

（3）基于黏滞性波动方程的典型碳酸盐岩储层波场正演研究。

选择代表性碳酸盐岩储层结构，以关键井的连井剖面为基础，基于含流体介质的黏滞性波动方程进行地震波场正演模拟，分析地震波场响应特征，并将其与实际剖面进行印证。

一、复杂孔隙结构碳酸盐岩储层弹性波传播特征

碳酸盐岩储层勘探的一大难点在于碳酸盐岩储层的非均质性导致其对应的地震响应异常复杂。与其他岩石一样，碳酸盐岩储层也由基质和孔隙等构成。而碳酸盐岩的非均质性实际是由于其复杂孔隙结构所导致。碳酸盐岩的孔隙结构由于形成机制的特殊性，产生了多种不同类型，包括溶蚀孔隙和裂隙孔隙等。尽管在碳酸盐岩储层油气勘探的实践中，通过岩石物理测样等手段已经看到了碳酸盐岩岩石的内部结构，但是复杂的孔隙结构对地震响应的影响仍然不是特别清楚。而地震响应又是碳酸盐岩储层油气勘探的必要手段，因此，研究复杂孔隙结构碳酸盐岩储层的地震响应非常重要。

在地震勘探中，地震波正演方法是研究地震响应的手段，它包含两个重要方面：第一个方面是地震波正演方法，第二个方面是模型的建立。在正演方法方面，为了更好地研究复杂孔隙结构碳酸盐岩储层的地震响应，本次研究采用弹性波正演方法（常晓伟等，2019；陈学华等，2009；董良国等，2000；侯志强等，2020；李雨生等，2015；刘财等，2005；孟凡顺等，2000；裴正林等，2010）。在模型建立方面，采用典型的碳酸盐岩岩石样品，在岩石物理测量下，获取典型的孔隙结构形态，制作了包含复杂孔隙结构的碳酸盐岩储层模型。同时，在测井尺度下，利用正演模拟研究了不同裂缝尺度下的波场响应特征。

实际碳酸盐岩储层的孔隙结构异常复杂，模型中真实反映该孔隙结构具有一定的挑战性。复杂孔隙结构碳酸盐岩储层模型建立采用的基本思路如图 3-55 所示。首先利用岩石物理测量建立模型的灰度值图像，进而将其转换为岩石学图像，再进一步对其赋予物理性质并最终得到数值模拟的模型。

根据这一基本思路，研究中首先收集典型碳酸盐岩储层的岩石物理切片和样品图像，如图 3-56 所示。这种岩石物理样品的复杂孔隙结构的立体显示如图 3-57 所示。由碳酸盐岩储层岩石孔隙结构平面和立体显示可以看出其孔隙结构异常复杂。

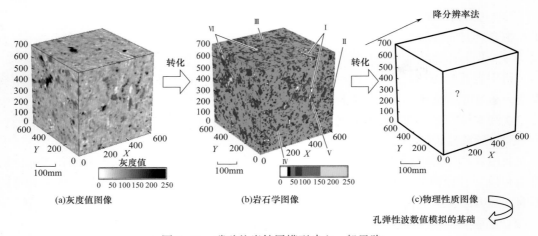

图 3-55 碳酸盐岩储层模型建立一般思路

Ⅰ—微孔和裂缝；Ⅱ—干酪根；Ⅲ—黏土矿物；Ⅳ—硅酸盐矿物；Ⅴ—碳酸盐矿物；Ⅵ—金属矿物

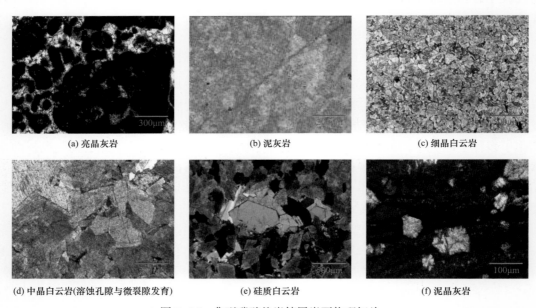

图 3-56 典型碳酸盐岩储层岩石物理切片

(a) 亮晶灰岩   (b) 泥灰岩   (c) 细晶白云岩

(d) 中晶白云岩(溶蚀孔隙与微裂隙发育)   (e) 硅质白云岩   (f) 泥晶灰岩

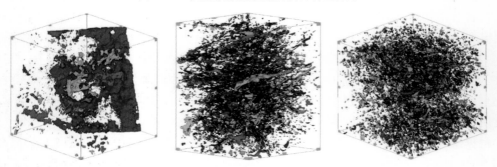

图 3-57 复杂孔隙结构的立体显示

为了在数值计算中更为便利地表达该孔隙结构，采用图3-58所示的复杂孔隙结构抽象模式。在该模式中，岩石样品由基质和孔隙结构构成，其中孔隙结构包含了结构变化、孔隙倾角变化、孔隙大小变化等一系列变化因素，使得孔隙结构较为复杂，也使该孔隙结构较为贴近实际孔隙结构。

根据复杂孔隙结构的抽象模式，建立了如图3-59所示的包含复杂孔隙结构的碳酸盐岩储层数值模拟模型。在模型中，一共分为三层，第一层和第三层为围岩，设计纵波速度为4500m/s；第二层为碳酸盐岩储层段，基质的纵波速度为5000m/s，孔隙纵波速度为4700m/s。横波速度采用标准泊松体

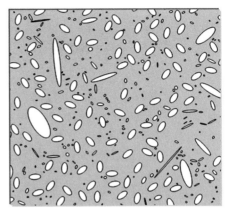

图3-58　复杂孔隙结构抽象模式

进行设置，密度采用常密度。碳酸盐岩储层段包含了复杂的孔隙结构，围岩不考虑孔隙结构。将碳酸盐岩储层段中的蓝色区域进行放大显示（图3-60），由图可见，碳酸盐岩储层段的孔隙结构较为复杂，孔隙结构多样化、孔隙大小多样化、孔隙形态多样化，比较符合实际碳酸盐岩储层的孔隙结构类型。

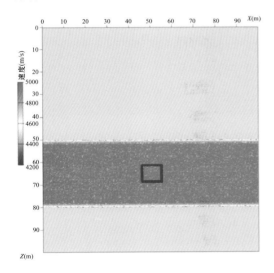

图3-59　包含复杂孔隙结构的碳酸盐岩储层数
值模拟模型

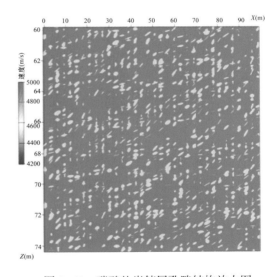

图3-60　碳酸盐岩储层孔隙结构放大图

模型大小为100m×100m，网格大小为2mm，模型网格数为5000×5000。由于空间网格较小，根据有限差分模拟的稳定性条件及防止时间频散的条件，模拟过程中采用的时间网格为0.4μs，根据模型大小及波场在该模型中传播的总时间，模拟的总时间点数为120000个点。由该模拟参数可以看出，本次模拟过程计算量异常大，计算代价异常大。

建立了复杂孔隙结构碳酸盐岩储层模型后，下面分析波场主频、储层规模、孔隙结构和储层厚度等因素对波场响应的影响。在以下分析中，各项测试的基本参数为：波场

主频为 30kHz、孔隙结构为中等孔隙结构，储层厚度为 30m。分析某一种因素时，其他因素不变，需要分析的参数发生变化。在分析以上因素对波场特征影响的同时，进一步在测井观测系统下，分析裂缝模型的波场特征。

借鉴先进的波场传播方法（孙成禹等，2007；孙林洁等，2011、2015；杨仁虎等，2009；杨旭明等，2007；赵海波等，2007），波场的尺度（即频率）与模型扰动（即基质中存在的孔隙引起的速度扰动）的尺度存在相互影响的关系，因此分别在复杂孔隙结构碳酸盐岩储层模型上采用不同的主频进行正演模拟，可以分析波场和速度扰动的尺度关系。在该分析中，储层厚度为 30m，储层孔隙结构为中等孔隙结构，采用主频为 500Hz、5kHz 和 30kHz 的雷克子波进行波场模拟。图 3-61 为不同主频模拟的 0.02s 时刻的波场快照。可以看出：随着波场频率变低，上下界面反射特征明显，波场以反射为主，孔隙散射响应不明显；随着波场频率变高，上下界面反射特征不明显，波场以散射为主，孔隙散射响应明显。

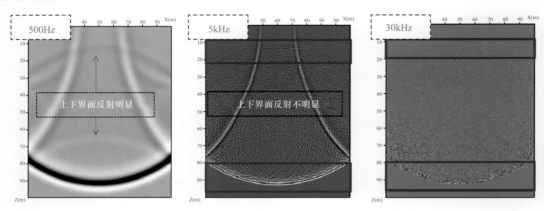

图 3-61　不同主频模拟在 0.02s 时刻的波场快照

上一个例子是在层状介质分布情况下进行的波场特征分析，在实际地震勘探中，尽管碳酸盐岩储层也是层状分布的，但优质的碳酸盐岩储层往往是局部分布。为此，设计了不同规模的碳酸盐岩孔洞储层模型，如图 3-62 所示。该模型中包含 5 个不同规模的储层，即 10m×10m、20m×20m、30m×30m、40m×40m、50m×50m。在模拟中，采用地震频带常用的 30Hz 主频雷克子波作为震源。图 3-63 为模拟的自激自收记录。由模拟记录可以看出，这些碳酸盐岩储层响应以绕射为主。由自激自收记录可以看出，孔洞储层规模越大，绕射能量越强。这进一步表明波场和储层的尺度之间存在相互联系。

在测井尺度下，模拟不同裂缝模型的波场响应特征。设计了三种不同裂缝模型，第一种裂缝为小裂缝，第二种裂缝为大尺度长裂缝，第三种为不同角度的裂缝。裂缝模型的速度模型采用实际测井所得的碳酸盐岩储层速度模型，然后在其中嵌入裂缝进行模拟。模拟中采用的震源主频为 3kHz，最小炮间距 3.41242m，检波器间隔为 0.1524m，检波器个数为 8，时间采样间隔为 36μs。图 3-64 为细小裂缝模型及其对应的共偏移距记录，该细小模型长度为 60cm，厚度为 15cm，角度为 45°。可以看出，在该尺度下，波场特征是典型的散射特征，存在明显的散射双曲线，但双曲线形态受到速度垂向变化的影响。图 3-65 为大尺度长裂缝模型及其对应的共偏移距记录，该模型的长度为 15m，厚度为 15cm，角度为 45°，模拟井下发育的大尺度裂隙。由共偏移距记录可以看出，在该尺度下，波场的特征符合典型的反射特征，在记录的两端产生一定的绕射响应。图 3-66为不同角度中等尺度裂缝的模型及其共偏移距记录。三个裂缝的长度均为 8m，厚度均为15cm，角度分别为 0°、30°和 45°（此处角度以井口向外进行测量）。由共偏移距记录可以看出，中等尺度的裂缝在该震源主频下反映出一定程度的绕射特征，这主要是由裂缝模型两端与围岩的强速度扰动造成的。裂缝角度越大，反射特征越明显，其波场展布范围变得更大。

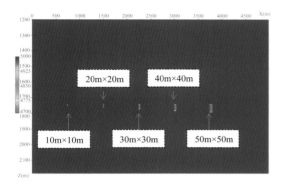

图 3-62　不同规模碳酸盐岩孔洞型储层模型

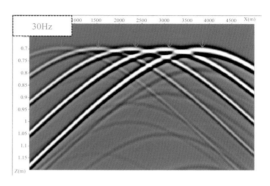

图 3-63　不同规模碳酸盐岩孔洞型储层的自激自收地震响应记录

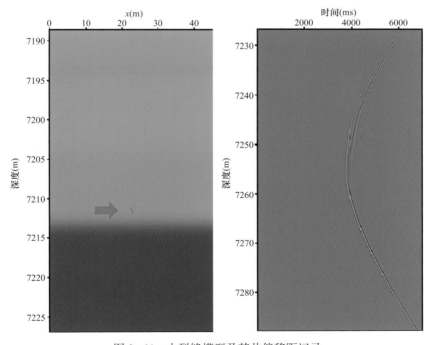

图 3-64　小裂缝模型及其共偏移距记录

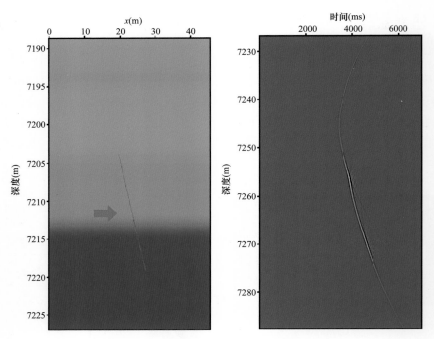

图 3-65　大尺度长裂缝模型及其共偏移距记录

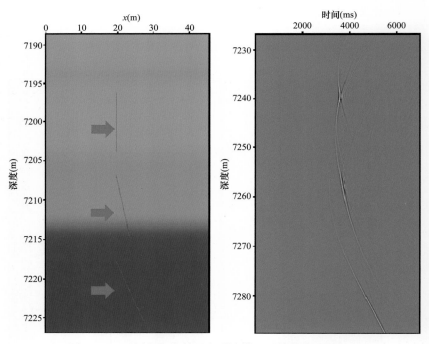

图 3-66　不同角度中等尺度裂缝模型及其共偏移距记录

二、碳酸盐岩储层孔隙流体特征变化对弹性波波场特征的影响

碳酸盐岩储层孔隙流体会对地震波场进行一定的改造，可以利用这种改造效应进行油气储层识别，但首先要研究和了解目标区油气储层对地震波的改造作用。通过岩石物理测量获得储层的参数信息，可以建立储层参数模型，并借助合适的正演方法来研究区域的储层响应。该研究中，正演方法的选取至关重要。

储层岩石是多孔介质，其间可充填水、气或油等流体，流体的存在会影响岩石的地震参数特性，使地震波的速度、衰减等波场特征发生变化。由此引起的储层响应较为复杂，由多种描述流体的参数控制，如孔隙度、渗透率、流体饱和度及矿物含量等。

为了有效模拟含流体孔隙介质的地震响应，选择 White 斑块饱和模型，可以分析含流体介质的速度频散、频率相关的反射系数和相位，即岩层界面位置的地震响应，分析孔隙度、渗透率、含气饱和度、黏滞系数和硅质矿物含量的影响。

为模拟研究区域中天然气储层对地震响应的影响，首先需要建立参数模型。本次建立了两层模型，第一层模型为不包含流体的介质，第二层为包含流体的介质。第一层不包含流体的介质参数如表 3-3 所示。第二层包含流体的介质参数可以通过岩石物理测量获得，研究区测量的岩石样本参数如表 3-4 所示。

表 3-3　上覆介质模型参数

速度（m/s）	6800
密度（g/cm³）	2.71

表 3-4　岩石物理测量的样品参数

白云岩矿物体积模量（GPa）	94.9	白云岩矿物剪切模量（GPa）	45
硅质矿物体积模量（GPa）	37	硅质矿物剪切模量（GPa）	44
水的体积模量（GPa）	2.99	水的密度（g/cm³）	1.01
气的密度（g/cm³）	0.294	样品孔隙度分布范围（%）	0.4～5.6
样品渗透率分布范围（mD）	0.0015～0.625	平均渗透率（mD）	0.2
水的黏滞系数（mPa·s）	1	气的黏滞系数（mPa·s）	0.15
白云岩矿物密度（g/cm³）	2.87	硅质矿物密度（g/cm³）	2.65
硅质矿物密度（g/cm³）	2.65	气的体积模量（GPa）	0.358
平均孔隙度（%）	2	井中含气饱和度分布范围（%）	0.1～62

以上述测量参数作为基本参数开展后续孔隙度、含气饱和度、渗透率、黏滞系数和硅质矿物含量的影响分析。由于孔隙度、渗透率和含气饱和度在测量时给定了参数范围，这里选择各自的平均数作为基本参数，孔隙度选 2%，渗透率选 0.2mD，含气饱和度选 20%。

在其他因素固定的情况下，分析孔隙度对纵波传播速度的影响。一共设计了四个孔隙度参数，分别为 0.5%，2%，3.5% 和 5%。图 3-67 为不同孔隙度对应的反射系数随频率的变化关系。

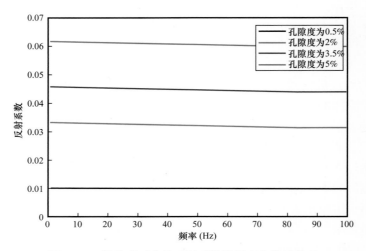

图 3-67　孔隙度对应的反射系数随频率变化的关系

由图 3-67 可以看出，反射系数随着频率的增加略微降低，即低频能量略大于高频能量，随着孔隙度的增加，反射系数变大。除了上述变化规律，需要说明的是，孔隙度不是低频强能量的主要控制因素。

为分析含气饱和度（S_g）的影响，设计了四个含气饱和度参数，分别为 10%、25%、40% 和 60%。图 3-68 为不同含气饱和度对应的反射系数随频率的变化关系。由图可见，反射系数随着频率的增加较快速地降低，即低频能量明显大于高频能量，随着含气饱和度的增加，反射系数变小。含气饱和度是低频强能量的主要控制因素，且含气饱和度越大，高频与低频能量相差越大，低频强能量越明显。

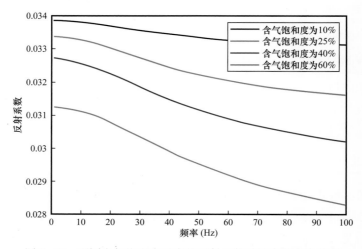

图 3-68　不同含气饱和度对应的反射系数随频率的变化关系

为分析渗透率（perm）对反射系数的影响，设计了四个渗透率参数，分别为 0.05mD、0.2mD、0.4mD 和 0.6mD，图 3-69 为不同渗透率对应的反射系数随频率的变化关系。图中可见，反射系数随频率的增加而降低，即低频能量明显大于高频能量，随着渗透率的增加，反射系数增加；渗透率越小时，随着频率增加，能量降低越大。渗透率是低频强能量的主要控制因素，且渗透率越小，高频与低频能量相差越大，低频强能量越明显。

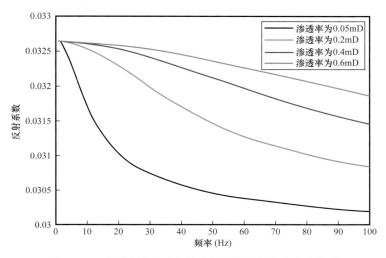

图 3-69　不同渗透率对应的反射系数随频率的变化关系

为分析黏滞系数对反射系数的影响，设计了四个黏滞系数参数，分别为 1mPa·s、1.5mPa·s、2mPa·s 和 3mPa·s。图 3-70 为不同黏滞系数对应的反射系数随频率的变化关系。

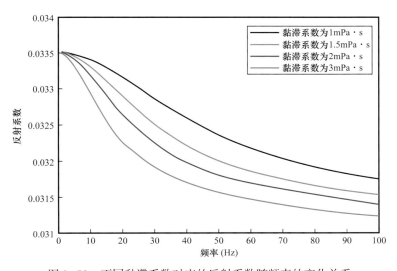

图 3-70　不同黏滞系数对应的反射系数随频率的变化关系

图 3-70 可以看出，反射系数随着频率的增加而降低，即低频能量明显大于高频能量，随着黏滞系数的增加，反射系数降低；且黏滞系数越大，随着频率增加，能量降低

越快。黏滞系数是低频强能量的主要控制因素，且黏滞系数越大，高频与低频能量相差越大，低频强能量越明显。

为分析硅质矿物含量对反射系数的影响，设计了四个硅质矿物含量参数，分别为0、10%、20%和30%。图3-71为不同硅质矿物含量对应的反射系数随频率的变化关系。

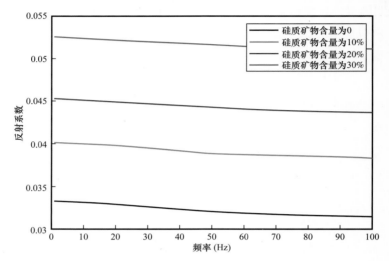

图3-71　不同硅质矿物含量对应的反射系数随频率变化关系

由图3-71可以看出，反射系数随着频率的增加而略微降低，即低频能量略大于高频能量，随着硅质矿物含量的增加，反射系数增加。硅质矿物含量不是低频强能量的主要控制因素。该模拟可以解释实际地震剖面上，硅质储层区域的能量较强，主要原因就是硅质矿物含量使反射系数增加，这个反射系数的增加不是由于包含流体导致的。

由上述分析的孔隙度、含气饱和度、渗透率、黏滞系数和硅质矿物含量的影响分析，可以得出：

（1）随着频率的增加，纵波传播速度增加，即高频传播速度大于低频传播速度。

（2）导致纵波传播速度降低的因素包括：孔隙度增加、含气饱和度降低、渗透率增加、硅质矿物含量增加和黏滞系数降低。

（3）随着含气饱和度和黏滞系数的增加，以及渗透率的减小，低频能量相对于高频能量越大，即"低频阴影"现象越明显。

（4）相比于含硅质矿物的储层，纯碳酸盐岩储层的反射系数较小。随着优质储层含气量增加，孔隙度增加，渗透率增加，低频反射系数比高频反射系数大，可采用频率衰减类方法进行优质储层划分。

三、基于黏滞性波动方程的典型碳酸盐岩储层波场正演研究

基于White斑块饱和模型理论分析的是含流体介质在界面处发生的频散效应，即流体对界面处地震波响应的影响。波场在介质中的传播同样受到流体的影响，地震波的传播过程实际是受到含流体波动方程的控制。通过数值求解含流体波动方程就可分析流体

对波场传播特征的影响。同时，通过连井剖面，设计不同储层类型对应的含流体模型，就可以分析不同储层的波场响应特征。

常规的地震波正演方法通常无法考虑流体性质，比如含油气对地震响应的影响，而针对储层预测的地震波正演目标是识别油气对地震响应的影响。黏滞弥散波动方程能够考虑流体对地震波传播过程的影响，从而更好地为储层预测服务。

黏滞弥散波动方程为：

$$\frac{\partial^2 u}{\partial t^2} + \zeta \frac{\partial u}{\partial t} - \eta \left(\frac{\partial^3 u}{\partial^2 x \partial t} + \frac{\partial^3 u}{\partial^2 y \partial t} + \frac{\partial^3 u}{\partial^2 z \partial t} \right) - v^2 \left(\frac{\partial^2 u}{\partial^2 x} + \frac{\partial^2 u}{\partial^2 y} + \frac{\partial^2 u}{\partial^2 z} \right) = 0 \qquad （3-17）$$

式中，u 代表地震波场；t 代表时间；ζ 代表弥散系数或内摩擦系数；η 代表黏滞系数；v 代表地震波速度；x、y、z 代表空间坐标。该方程由于包含时间和空间的混合导数，在时间域直接求解相对困难。为了求解该方程，将时间和空间坐标系进行傅里叶变换，就可以将该波动方程转化为相应的频散关系：

$$k_z^2 = \frac{\omega^2 \left(v^2 - \zeta\eta \right)}{v^4 + \omega^2\eta^2} - k_x^2 - k_y^2 + i \frac{\omega \left(v^2\zeta - \omega^2\eta \right)}{v^4 + \omega^2\eta^2} \qquad （3-18）$$

其中，ω 代表角频率；k_x，k_y，k_z 代表沿着各个空间方向的波数。为了简化形式，假设沿着深度方向的波数具有如下形式：

$$k_z = k + i\alpha \qquad （3-19）$$

通过对比公式（3-18），可得：

$$k \approx \sqrt{\frac{\omega^2 \left(v^2 - \zeta\eta \right)}{v^4 + \omega^2\eta^2} - k_x^2 - k_y^2} \qquad （3-20）$$

$$\alpha = \frac{\omega \left(v^2\zeta - \omega^2\eta \right)}{2k \left(v^4 + \omega^2\eta^2 \right)} \qquad （3-21）$$

上述频散关系所描述的地震波传播不存在速度频散效应，而实际地震波传播存在频散效应。为了引入频散效应，用吸收衰减模型来考虑频散效应，采用 Kjartansson 提出的常 Q 模型：

$$v_p = v \left(\frac{\omega}{\omega_r} \right)^\gamma , \gamma = \frac{1}{\pi} \arctan \left(\frac{1}{Q} \right) \qquad （3-22）$$

式中，v_p 为存在频散效应的相速度；Q 为品质因子；ω_r 为参考频率；γ 为中间量。图 3-72 展示了不同频率地震波在不同品质因子下的传播速度。将速度频散代入地震波频散关系中可以得到新的频散关系：

$$k_z^p = k^p + i\alpha^p \qquad （3-23）$$

$$k^p \approx \sqrt{\frac{\omega^2\left(v_p^2 - \zeta\eta\right)}{v_p^4 + \omega^2\eta^2} - k_x^2 - k_y^2} \tag{3-24}$$

$$\alpha^p = \frac{\omega\left(v_p^2\zeta - \omega^2\eta\right)}{2k\left(v_p^4 + \omega^2\eta^2\right)} \tag{3-25}$$

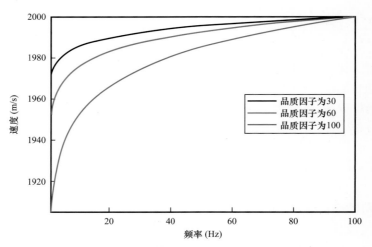

图 3-72　地震波传播速度随频率和品质因子的变化

将式（3-25）中沿深度方向的波数进行反傅里叶变换即可得到单向波传播的波动方程，采用相移法进行求解，得到波场外推公式：

$$u(z + \Delta z) = u(z)\mathrm{e}^{ik^P\Delta z}\mathrm{e}^{-\alpha^P\Delta z} \tag{3-26}$$

其中，第一项控制地震波相位变化和时间的传播；第二项控制地震波能量的变化。通过求解上述公式即可实现黏滞弥散波动方程的正演模拟。

在进行黏滞弥散波动方程模拟之前，首先需要建立数值模型，这就涉及模型的参数选取问题。速度参数的选取主要依据测井曲线中的储层速度信息。首先利用一个含气模型来测试含气层和干层的储层地震响应特征差异，模型示意图如图 3-73 所示。在该模型中，上、下两个区域为非储层，储层中包括一个干层和一个含气层。干层的黏滞系数为 0、弥散系数为 0、品质因子为 10000；储层的黏滞系数为 400、弥散系数为 8、品质因子为 50。

采用黏滞弥散波动方程模拟的地震记录如图 3-74 所示。由图可以看出，含气层下方的地震记录能量明显较低，这主要是由于含气层对地震波能量有一定的衰减。含气层的地震响应明显低于干层，且含气层的子波还存在一定的相位变化。

为进一步分析含气层的频率域响应，对模拟的地震记录进行时频分析，获得的不同频率的时频分析结果如图 3-75 所示。从干层与含气层的在不同频率的响应对比来看，含气层低频端的衰减明显小于高频端，可以采用时频域内的频率衰减等属性来区分含气层和干层，在储层预测中可以采用这些方法。

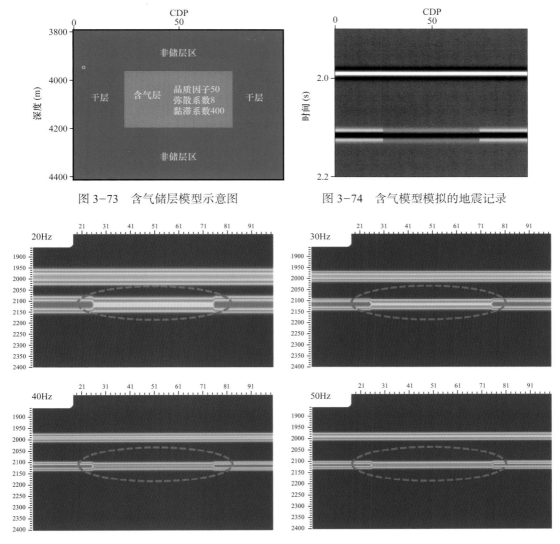

图 3-73 含气储层模型示意图 图 3-74 含气模型模拟的地震记录

图 3-75 地震记录的时频分析结果

基于黏滞弥散波动方程正演方法证明了含气区域地震能量随频率增加快速衰减。此外，黏滞系数、弥散系数、品质因子、储层厚度等因素也会影响地震响应振幅、主频、相位。

不同储层的地震响应也有所不同。将流体对地震波的传播效应和反射系数综合起来，根据研究区域的主要储层类型建立不同的模型，进而通过正演模拟来研究不同储层的地震响应。研究区要区分的储层类型包括三种：第一种是含硅质的储层，第二种是裂隙云质储层，第三种是裂隙＋溶蚀孔隙云质储层。含硅质的储层是最差的储层，裂隙云质储层相对较好，裂隙＋溶蚀孔隙云质储层是最优质的储层。根据岩石物理测量，建立了三种储层类型的模型，图 3-76 为储层模型示意图。上下两部分为非储层区域，储层区包含了 30% 硅质储层、裂隙云质储层和裂隙＋溶蚀孔隙云质储层。模型参数为岩石物理模型测量参数结合斑块饱和模型计算得来。硅质储层不包含天然气，弥散系数为0，黏滞系数为0，品质因子为10000。裂隙云质储层弥散系数为2，黏滞系数为100，品质因子为100。裂隙＋溶蚀孔隙云质储层的弥散系数为8，黏滞系数为400，品质因子为30。采用黏滞弥散波动方程模拟的地震记录如图3-77所示，模拟的过程中采用了实际的反射系数，以实现对流体改造作用的综合模拟。

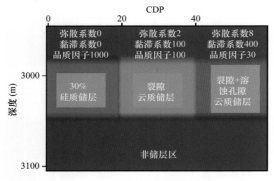

图3-76　3种储层模型示意图

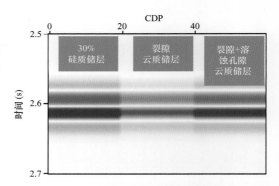

图3-77　不同储层模拟地震记录

四、应用实例

（一）利用连井剖面1建立连井模型进行正演

如图3-78所示，在建立的模型中设立了三种储层类型，即含硅质的储层、裂隙云质储层、裂隙＋溶蚀孔隙云质储层。裂隙云质储层和裂隙＋溶蚀孔隙云质储层分布在滩相

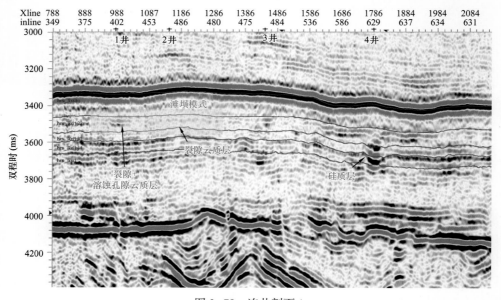

图3-78　连井剖面1

模式的储层区域，滩相模式储层中两个亮点位置对应裂隙＋溶蚀孔隙云质储层，其余区域对应裂隙云质储层。含硅质的储层分布在剖面的右侧区域。根据测井曲线中的速度信息建立了速度模型如图 3-79 所示，其他参数与上一例子中的参数一致。首先采用声波正演方法进行模拟，正演结果如图 3-80 所示。含硅质的储层和裂隙＋溶蚀孔隙云质储层的地震响应强度一致，且滩相模式中的裂隙云质储层强度与其他区域一致，这与图 3-78 上的地震响应不一致。后采用包含流体的正演方法进行正演（图 3-81），正演结果中滩相模式中的裂隙云质储层强度较其他区域较弱，裂隙＋溶蚀孔隙云质储层的强度强于裂隙云质储层，但弱于含硅质的储层。这与图 3-78 地震剖面中的特征一致，说明该正演方法的有效性。

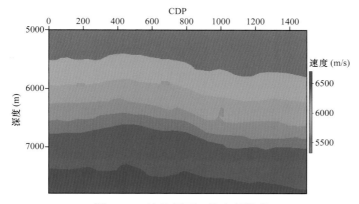

图 3-79　连井剖面 1 的速度模型

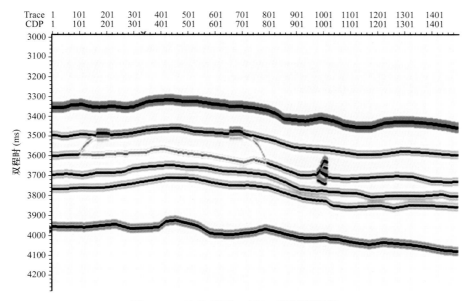

图 3-80　连井剖面 1 声波正演模拟结果

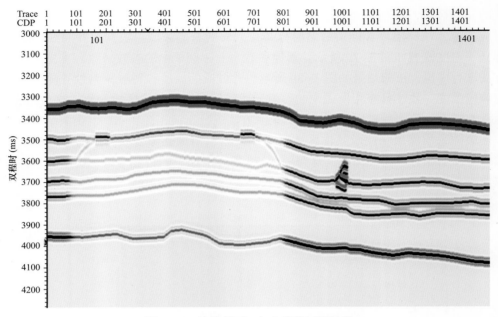

图 3-81　连井剖面 1 包含流体正演结果

（二）利用连井剖面 2 进行正演模拟

如图 3-82 所示，根据连井剖面 2 和测井信息对区域的认识，建立了如图 3-83 所示的速度模型。图 3-84 为采用声波正演的模拟结果。在滩坝中充填了流体，考虑两种流体充填，第一种流体充填的主要参数为弥散系数 5、黏滞系数 400、品质因子 60，其正演结果如图 3-85 所示；第二种流体充填的主要参数为弥散系数 10、黏滞系数 800、品质因子 30，其正演结果如图 3-86 所示。由结果可以看出，包含流体正演结果中，滩坝区域之下地震响应发生了明显的衰减，这是后续储层预测的基础。第二种流体充填引起的流体响应更强，其正演结果的吸收衰减更为严重。同时，采用包含流体的正演方式，得到的地震响应特征与实际剖面更为接近。

（三）采用测井曲线连井建立的碳酸盐岩储层速度剖面进行正演模拟

图 3-87 为根据测井曲线连井建立的速度剖面，图 3-88 为对其进行声波数值模拟得到的结果。图 3-87 的红色椭圆范围内充填了流体，考虑两种流体充填：第一种流体充填的主要参数为弥散系数 5、黏滞系数 400、品质因子 60，其正演结果如图 3-89 所示；第二种流体充填的主要参数为弥散系数 10、黏滞系数 800、品质因子 30，其正演结果如图 3-90 所示。对比声波和含流体正演结果可见，包含流体区域之下，地震波发生了明显的衰减，这是后续储层预测的依据。对比两种流体充填的正演结果可以发现，流体 2 对地震波场的吸收衰减效应更为严重，这也是后续反演能够区分不同流体的主要依据。

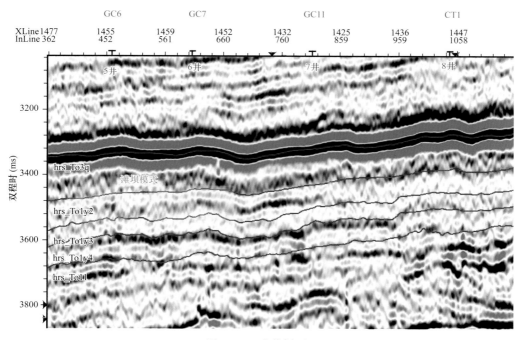

图 3-82 连井剖面 2

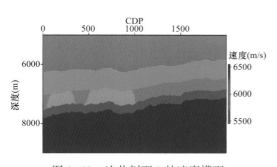

图 3-83 连井剖面 2 的速度模型

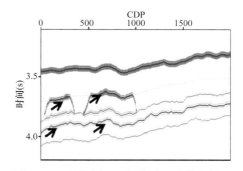

图 3-84 连井剖面 2 的声波正演模拟结果

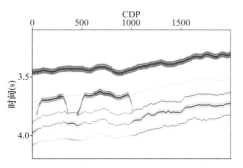

图 3-85 连井剖面 2 的包含流体 1 正演结果

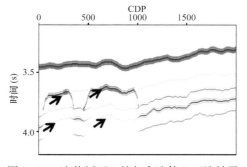

图 3-86 连井剖面 2 的包含流体 2 正演结果

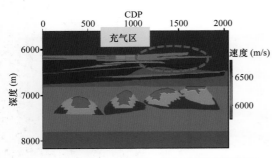

图 3-87　测井曲线连井建立的速度剖面模型 1

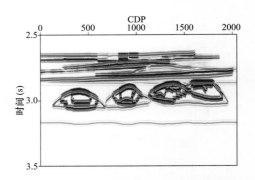

图 3-88　测井连井速度模型 1 的声波正演结果

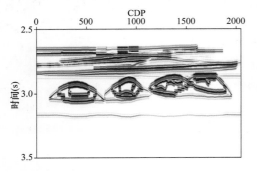

图 3-89　测井连井速度剖面模型 1 包含流体
1 正演结果

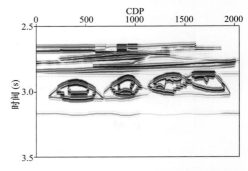

图 3-90　测井连井速度剖面模型 1 包含流体
2 正演结果

（四）采用测井曲线连井剖面建立的速度模型进行测试结果

图 3-91 为速度剖面模型 2，图 3-92 为该模型的声波正演结果。在图 3-91 的红色椭圆内鹰三段滩体顶部充填了流体，考虑两种流体充填：第一种流体充填的主要参数为弥散系数 5、黏滞系数 400、品质因子 60，其正演结果如图 3-93 所示；第二种流体充填的主要参数为弥散系数 10、黏滞系数 800、品质因子 30，其正演结果如图 3-94 所示。对比声波和含流体正演结果可以发现，含流体区域之下地震波发生了明显的衰减，这是后续储层预测的依据。对比两种流体充填的正演结果可以发现，流体 2 对地震波场的吸收衰减效应更为严重，这也是后续反演能够区分不同流体的主要依据。

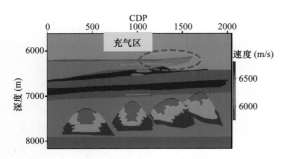

图 3-91　测井曲线连井建立的速度模型 2

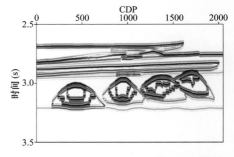

图 3-92　测井连井速度模型 2 的声波正
演结果

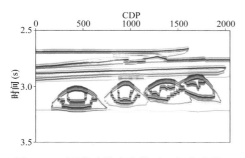

图 3-93　测井连井速度模型 2 包含流体 1
正演结果

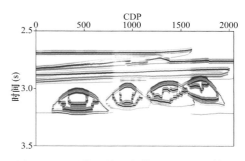

图 3-94　测井连井速度模型 2 包含流体 2
正演结果

针对流体对波场传播的影响，建立了不同储层类型模型，利用黏滞弥散波动方程模拟了储层地震响应，结果与实际储层地震响应类似，证明了包含流体正演的必要性。

第五节　典型储层地震波场响应模式及特征

一、碳酸盐岩储层地震波场响应模式及特征

在碳酸盐岩储层的发育演化过程中，沉积相是储层形成的物质基础，古岩溶作用是储层发育的关键，构造破裂作用是储层发育的纽带（陈景山等，2007）。塔里木盆地礁滩体、风化壳及断裂相关岩溶储集体受控于基质孔隙发育情况、早成岩期和表生期淡水岩溶及晚成岩期埋藏溶蚀，表现为不同的地震响应特征。本书从礁滩体、风化壳及断裂相关岩溶三大类出发，分别论述其受不同控制因素影响时形成的地震响应特征。具体方法为：从储层形成的地质背景出发，结合实钻资料、分析测试结果及野外露头观察等资料，参考实际地震资料和垂直地震测井资料确定地层速度与储层速度，采用交互手绘多边形的方式建立正演模型，采用点式震源激发（孙东等，2010a）；在此基础上，结合波动方程正演模拟结果与实际地震剖面，论述礁滩体、风化壳及断裂相关岩溶的地震响应特征。

（一）礁滩体储层地震响应特征

礁滩体储层是碳酸盐岩最为典型的储集体类型，塔中Ⅰ号坡折带发现了上奥陶统礁滩型超亿吨级大油气田。礁滩体储层发育主要受控于构造运动与古地貌（邬光辉等，2010）、沉积相（代宗仰等，2001）、同生期岩溶及晚期埋藏溶蚀等（沈安江等，2006；王振宇等，2002）。

1. 构造活动与古地貌的影响

构造活动对礁的形成具有决定性的影响，主要是通过影响古地貌的变化来实现（邱燕等，2001；刘延莉等，2006；陆亚秋等，2007）。首先，受海水深度、温度及盐度等的影响，生物礁一般建造在古地貌高部位；另一方面，礁滩体向上营造，通常高出同期的沉积物，形成地貌上的相对隆起。塔中地区奥陶系生物礁滩体主要分布在台内缓坡、古

地貌凸起等部位（刘延莉等，2006），可通过寻找和识别地震剖面上的古隆起部位来寻找生物礁。

生物礁地震反射外形多种多样，如丘状、塔状等，不同的形态主要受控于海平面升降（魏喜等，2008；罗平等，2003；欧阳睿等，2003；熊晓军等，2009）。基于实钻资料建立了正演模型（图3-95a），从正演模拟结果看，顶部为碎屑岩与碳酸盐岩界面，波阻抗差大，形成强振幅地震反射；底界面相对复杂，受顶界强反射屏蔽的影响，界面相对模糊或较弱；其内部多为空白反射，或者呈断续—杂乱状（图3-95b）。

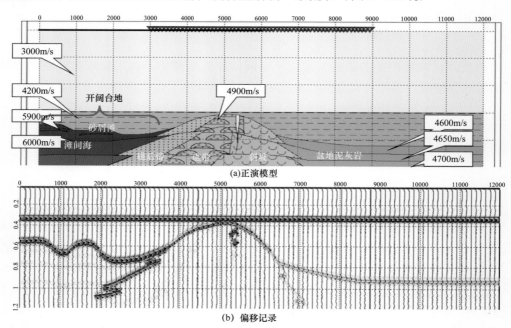

图3-95　礁滩体正演模拟模型与叠后偏移记录

2. 优质沉积相带的影响

滩相储层往往具有一定的横向展布范围，因此设计模型如下：碳酸盐岩内幕近水平展布近1000m的滩相储层发育带，模型1滩相储层厚度为8m，模型2滩相储层厚度为16m（图3-96a、b）。从叠后偏移记录看，优质滩相储层的地震响应特征为片状反射；厚度大的滩相储层地震响应振幅强，即厚度越大的滩相储层其地震响应越明显（图3-96c、d）。

3. 同生期岩溶的影响

塔中地区良里塔格组经历了沉积后期的短暂暴露（邬光辉等，2010），在石灰岩顶界附近形成了大量溶蚀孔洞，据此建立正演模型。图3-97a为正演模型与叠后偏移记录叠合图，图中黑线为石灰岩顶界，在石灰岩顶界下排列四个溶洞，其距石灰岩顶界距离依次为0、30m、60m和90m。从叠后偏移记录不难发现如下地震反射特征：当储层位于石灰岩顶界附近−30m时，石灰岩顶界强振幅呈现地震反射缺失或明显减弱，内幕为中等振幅杂乱反射，类似于塌陷洞的地震响应特征（陈广坡等，2005）。当储层距石灰岩顶界

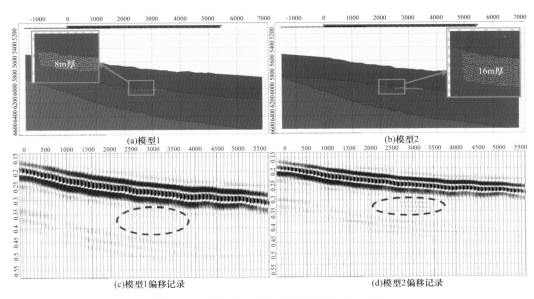

(a)模型1　　　　　　　　　　　　(b)模型2

(c)模型1偏移记录　　　　　　　(d)模型2偏移记录

图 3-96　滩相储层地质模型与叠后偏移记录

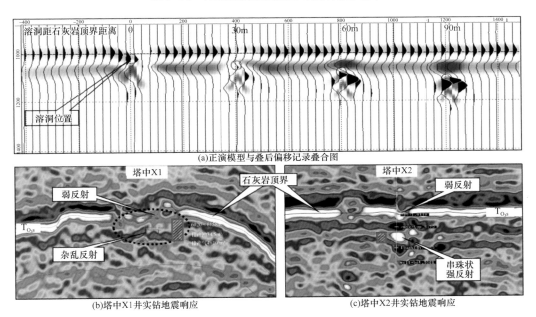

(a)正演模型与叠后偏移记录叠合图

(b)塔中X1井实钻地震响应　　　　　(c)塔中X2井实钻地震响应

图 3-97　溶洞地质模型与叠后偏移记录叠合图及实钻井地震响应特征

60m 时，石灰岩顶界反射振幅略微减弱，且在内幕形成"串珠状"强反射，原因是溶洞距石灰岩顶界较远，地震波调谐作用减弱，串珠逐渐独立出来。溶洞距石灰岩顶界 90m 以上时，石灰岩顶界振幅增强，内幕形成串珠状反射（图 3-97a）。

塔中 X1 井钻遇石灰岩顶界呈弱反射、内幕为杂乱反射的地震响应，实钻结果表明，石灰岩顶界附近发育良好储集体，并获得高产工业油气流（图 3-97b）。塔中 X2 井钻遇石灰岩顶界呈弱反射、内幕为串珠状强反射的地震响应，实钻结果表明，溶洞顶界位于石灰岩顶界以下52m，距离相对较远，因此形成顶界弱反射、内幕串珠状强反射的地震响应，该井试油获高产工业油气流（图3-97c）。

4.沉积间断与局部充填的影响

受构造活动、海平面升降及古气候等因素的影响，塔中地区上奥陶统良里塔格组沉积时出现了明显的沉积间断（邬光辉等，2010），导致部分同生期缝洞储层出现了明显的充填现象。如塔中西部X5井，岩屑录井表明该井在6189～6205m井段泥质含量高达20%～30%；成像测井上，6210～6240m井段为明显的洞穴角砾堆积特征，测井解释为Ⅲ类洞穴型储层，孔隙度为1.9%；地震剖面上，该段为强串珠状地震反射。根据塔中X5井实钻资料，反算其洞穴充填速度，据此设计不同尺度洞穴模型；石灰岩顶界以下水平排列6个泥质充填洞穴，宽度均为10m，高度分别为10m、20m、30m、40m、60m和80m（图3-98a、b）。从正演模拟结果看，10m高泥质充填洞穴地震响应偏弱，高度在20m以上的泥质充填洞穴具有串珠状响应，其中高20m、30m和40m泥质充填洞穴的串珠状反射较弱，高60m和80m洞穴的串珠状反射较强（图3-98c）。塔中X5井统计洞穴高度为66m，具有较强串珠状强振幅地震响应，正演模拟结果与实际钻探结果具有较好一致性。

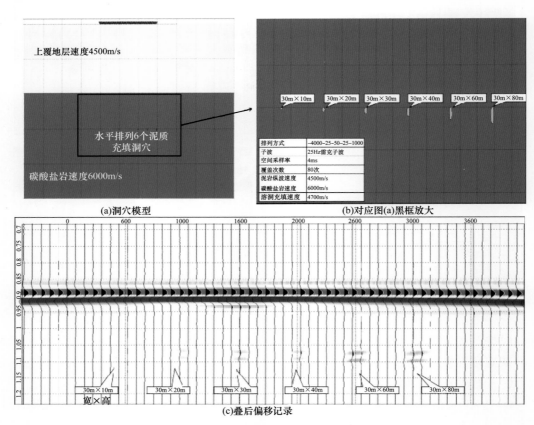

图3-98　洞穴充填正演模型及叠后偏移记录

关于如何避免钻到泥质充填的洞穴，一是可以把沉积期古地貌作为重要的参考依据，钻至充填洞穴的塔中 X5 井和塔中 X6 井均位于沉积期古地貌相对较低部位，推测洞穴被泥质充填可能与此有关；二是从 AVO 特征入手，塔中地区油气井通常具有随偏移距增大振幅减小的 AVO 特征，而泥质充填洞穴不具备这种特征。

5. 内幕淡水溶蚀叠加后期埋藏溶蚀的影响

礁滩体储层除了受岩相和同生期岩溶的影响外，深埋以后还可能遭受后期断裂破碎和埋藏溶蚀的影响，并最终形成大型缝洞集合体（缝洞体），不同规模的缝洞集合体会形成不同的地震响应。从图 3-99 可以看出，缝洞体的存在会引起绕射地震波场，对这些

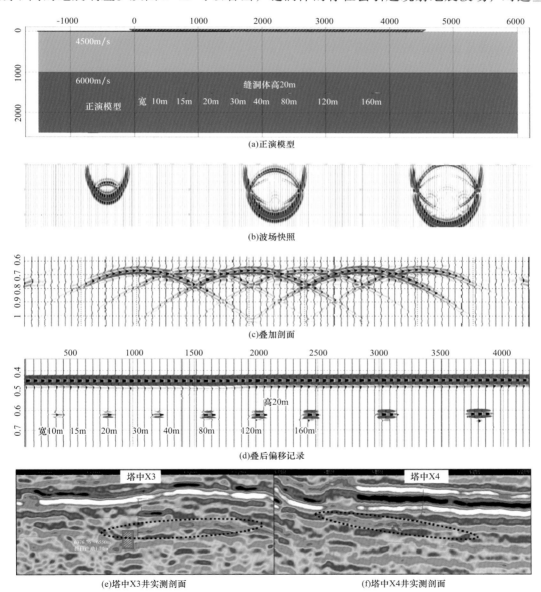

图 3-99 缝洞体正演模型、正演剖面和实际地震剖面

绕射波进行偏移收敛就会形成串珠状强反射（图 3-99b、c、d）。缝洞体规模越大，其引起的绕射地震波场越强，串珠状反射振幅越强。缝洞体越宽，其形成的串珠状振幅越宽，最终形成地震剖面上常见的片状强反射（图 3-99e、f）。此外，水平排列的缝洞体也会形成片状强反射，其间距小于 40m 时，会形成横向上较为均一的片状反射；间距超过 80m 后，会形成横向有变化的片状反射（孙东等，2016）。

（二）风化壳储层地震响应特征

塔中奥陶系鹰山组沉积末期发生大规模的构造挤压运动，使塔中地区隆起，早期的强制海退使塔中地区遭受剥蚀，经历了长时间的风化壳岩溶发育阶段，缺失鹰山组顶部、一间房组和吐木休克组（黎平等，2003）。风化壳相关储层的形成主要受岩相、表生期岩溶、古地貌和断裂裂缝的影响（焦伟伟等，2011；胡明毅等，2014）。

1. 岩相的影响

塔中地区下奥陶统鹰山组自上而下分为 4 段，自北东向南西依次出露鹰一段、鹰二段、鹰三段和鹰四段，其岩性具有明显的分段性，如鹰一段上段主要岩性为隐藻泥晶灰岩，下段主要岩性为亮晶砂屑灰岩。参考阿克苏地区青松采石场岩溶观察结果，结合实钻结果揭示的地层岩性特征和实际地震采集参数，建立了塔中地区下奥陶统鹰山组岩相地质模型：图中绿色部分为风化壳岩溶表层渗流带，裂缝较为发育；其下部淡蓝色部分为溶蚀孔洞带；上奥陶统设计了纵向叠置、横向迁移的生物礁（图 3-100a）。

从叠后偏移记录与实际地震剖面对比来看，上奥陶统生物礁的发育导致沿台缘带形成连续的强振幅地震响应，所代表的不是一期生物礁，而是多期生物礁叠置发育的结果；下奥陶统鹰山组表层渗流带形成风化壳顶部片状反射；鹰山组内幕形成顺层片状地震反射，是基质孔隙发育较好的亮晶砂屑灰岩及其形成的溶蚀孔洞带形成的地震响应。大型片状强反射虽然储层发育情况不及串珠状强反射，但其分布范围广，一旦突破，可落实规模储量，具有一定的探索意义（图 3-100b、c）。

2. 表生期岩溶的影响

长时间的大气淡水淋滤使鹰山组形成大规模洞穴及裂缝—孔洞型储层，如塔中西部中古 X1 井下奥陶统鹰山组发育大型溶洞体，储层地震响应为典型的串珠状强反射；井深 $6130.3\sim6145.58m$，累计放空 $4.3m^3$，漏失钻井液 $3776.3m^3$，未经任何措施，即获得 6mm 油嘴日产油 $156m^3$、日产气 $14.5\times10^4m^3$ 的高产工业油气流。

表生期岩溶除形成大型溶洞体外，在风化壳顶部会形成大面积发育的裂缝—孔洞型储层（顾家裕等，1999）。以实际地震剖面为参考，结合实钻数据建立了过中古 X2 井（ZGX2 井）风化壳岩溶地质模型：下奥陶统风化壳岩溶影响深度设定为 300m 左右，在风化壳顶部发育条带状大型缝洞集合体；中古 X2 井右侧为大型拉分走滑断裂带，断裂带内发育一缝洞集合体（图 3-101a）。从叠后正演记录看，受断裂影响，处于走滑断裂带中间的缝洞体形成形状不规则的强反射；而在断裂欠发育区，条带状大型缝洞体会在风化壳表层形成片状强反射，与实际地震剖面基本一致（图 3-101b、c）。对于这种片状强反

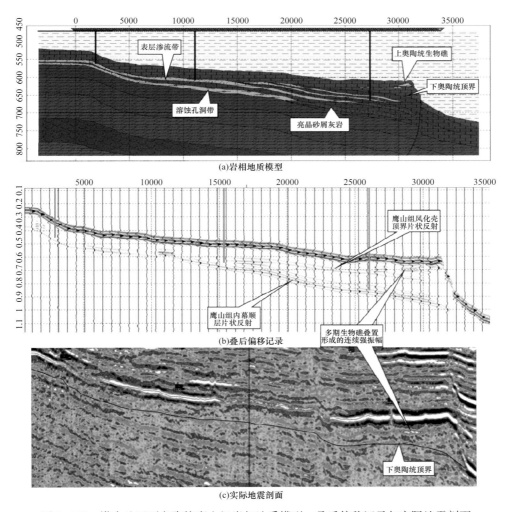

(a)岩相地质模型

(b)叠后偏移记录

(c)实际地震剖面

图 3-100　塔中地区下奥陶统鹰山组岩相地质模型、叠后偏移记录与实际地震剖面

射，适合采用水平井技术进行钻探，水平段分段酸压可沟通大面积的缝洞体，从而获得较高油气产能。

3.裂缝的影响

大规模风化壳岩溶储层的发育通常与裂缝具有密切关系，大规模裂缝发育带本身就具备良好的储集性能，裂缝的存在可以使储层得到流体的有效改造（邬光辉等，2012；倪新锋等，2011）。前人对简化裂缝及裂缝—洞穴复合型储层进行过正演模拟，取得了一定的进展（孙萌思等，2017）。

结合中古 X3 井（ZGX3H）实钻结果，设计相对复杂且贴近地质实际的裂缝—洞穴型储层波动方程正演模型：下奥陶统鹰山组上部发育大量裂缝、裂缝—孔洞型储层及洞穴型储层，岩溶洞穴周边裂缝发育，不同颜色的洞穴代表速度不同，颜色越浅速度越低，代表储层发育程度越好（图 3-102a）。从正演记录看，左侧的洞穴具有最明显的串珠状

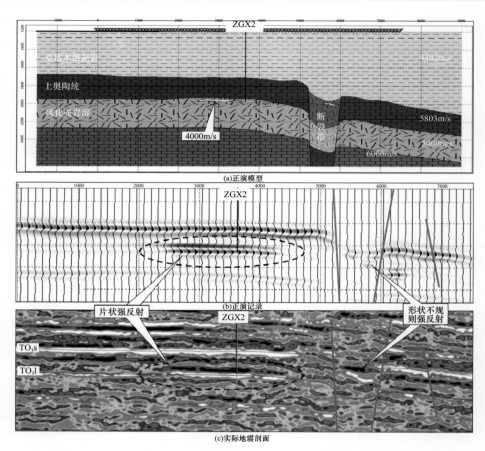

图 3-101　过中古 X2 井风化壳岩溶地质模型、正演记录及实际地震剖面

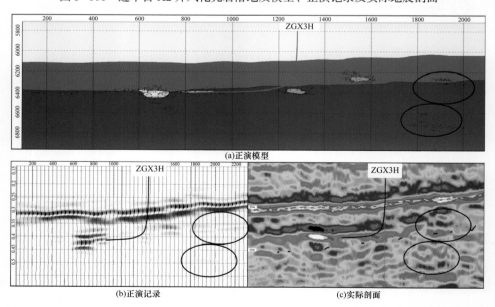

图 3-102　裂缝—洞穴型储层正演模型、正演记录及实际地震剖面（右侧黑色椭圆为裂缝）

强反射特征，右侧的两个洞穴地震反射较弱；洞穴周边的裂缝型储层地震响应为弱反射，右侧单独的两个裂缝发育区也为弱反射（图 3-102b、c）。要从地震剖面上直接识别出裂缝发育区难度较大，必须借助其他技术手段。

（三）断裂相关岩溶储层地震响应特征

在碳酸盐岩储层形成过程中，断裂起到了至关重要的作用，一方面断裂活动会导致断裂带附近形成破碎带及裂缝发育区，并通过物理及化学作用改善其储集性能（孙东等，2015；胡再元等，2015）；另一方面，油气中的酸性流体及深部热液流体沿断裂及裂缝渗入，形成大量溶蚀孔洞，同时"断裂构造控制下的热液白云岩化"已成为近年来国际上研究的热点（吕修祥等，2009；Smith，2006）。前人对断裂的正演主要集中于断裂发育密度、断距等方面（刘军等，2017；雷德文等，2002；黄诚等，2013），本书从断裂破碎带及溶蚀、侵入体及热液岩溶、逆冲断裂三个方面论述了断裂相关岩溶的地震响应特征。

1. 断裂破碎带及溶蚀的影响

脆性碳酸盐岩地层在断裂的影响下会形成断裂破碎带及裂缝发育区，在此基础上的扩溶会形成大量不均一的溶蚀孔洞。塔中中古 X4 井（ZGX4）处发育海西期北东向走滑断裂，平面上处于走滑断裂末端羽状破碎带，地层破碎严重，导致中古 X5 井 400m 以上的井段内发育多套裂缝孔洞及洞穴型储层，在地震上形成垂向长串珠地震响应特征（图 3-103）。哈拉哈塘地区也可以见到大量垂向长串珠地震响应特征，最深的长串珠可从

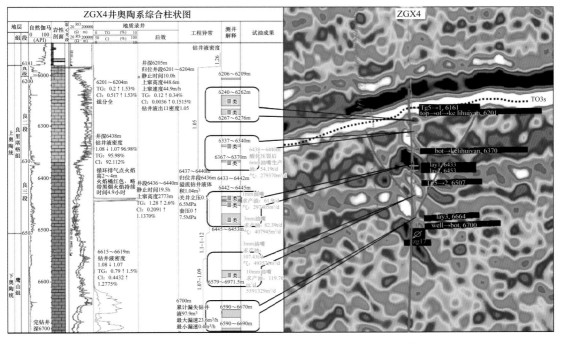

图 3-103　中古 X4 井奥陶系综合柱状图及过井地震剖面

奥陶系顶界一直延伸到寒武系，深达上千米，充分体现了沿断裂溶蚀的规模性（孙东等，2015）。关于垂向长串珠地震响应的形成机制，笔者认为单个高度较大的溶洞可在垂向上形成长串珠地震响应，垂向分布的两个溶洞也会在垂向上形成长串珠状地震响应，其间距超过120m时，会形成垂向分布的双串珠地震响应（孙东等，2010）。

2. 侵入体与热液岩溶的影响

火山活动对碳酸盐岩储层的影响体现在两个方面：一是大量侵入岩体会对周围碳酸盐岩造成蚀变，形成热液白云岩；二是沿断裂运移的热液会对周边石灰岩地层造成淋滤，形成高性能储层（朱东亚等，2008）。沙特阿拉伯的 Ghawar 油田及阿拉伯湾的北部气田均发育这两种类型的储层。塔中地区二叠纪大规模的火山活动必然对深层碳酸盐岩储层造成影响，塔中 45 井区就发现了萤石等次生矿物。探讨热液相关储层的地震响应对扩展深层勘探领域具有重要的现实及理论意义。

参考塔中实际地震资料，设计正演模型如下：最上部为碎屑岩地层，其下为上奥陶统桑塔木组泥岩，碳酸盐岩地层从上至下依次为上奥陶统和下奥陶统。下奥陶统发育风化壳岩溶储层，沿晚期走滑断裂发育热液白云岩及淋滤石灰岩储层（图 3-104a）。

从正演模拟结果看，桑塔木组泥岩与下伏碳酸盐岩之间由于存在较大的阻抗差，形成石灰岩顶强振幅反射，沿最左侧走滑断裂处发育的热液相关储层直达石灰岩顶，导致该处石灰岩顶强反射变为弱—杂乱反射；由于走滑断裂近垂直发育，同时模型中热液相关储层发育较为均一，导致沿主干走滑断裂垂向发育的热液相关储层并没有形成明显的地震响应，三条主干走滑断裂处基本都表现为弱反射；横线延伸较远的热液相关储层在正演记录上形成明显的片状强反射，如最右侧走滑断裂在上奥陶统形成的片状反射，在下奥陶统风化壳位置形成的强反射及在深部形成的强反射（图 3-104b、c）。关于如何区分风化壳岩溶形成的片状反射和热液相关储层造成的片状反射地震响应，较为可行的方法是提取强振幅地震属性平面图，若强振幅沿走滑断裂展布，则为热液相关储层，若强振幅大面积展布，则为风化壳岩溶储层。

3. 逆冲断裂的影响

断裂交会处会造成地层破碎，从而使碳酸盐岩更易于接受物理化学作用的改造，西藏著名的羊八井地热也是位于断裂交会处，才使深部地热得以释放（吴中海等，2006）。

参考塔中实际地震资料，设计正演模型如下：最上部为碎屑岩地层，其下为上奥陶统桑塔木组泥岩，碳酸盐岩地层从上至下依次为中上奥陶统和下奥陶统。逆冲断裂带断至奥陶系顶部，沿断裂发育断裂破碎带（图 3-105a）。从正演模拟结果看，沿断裂会形成明显的断面波，与实际地震剖面极为相似；此外，在断裂与断裂交会部位及断裂与地层交会部位，会形成明显的串珠状强振幅反射，在实际地震剖面上也发现了明显的串珠状强反射（图 3-105b、c）。这些地震反射特点一方面可用于指导碳酸盐岩断裂解释，另一方面这些串珠状强振幅也是良好的勘探目标。

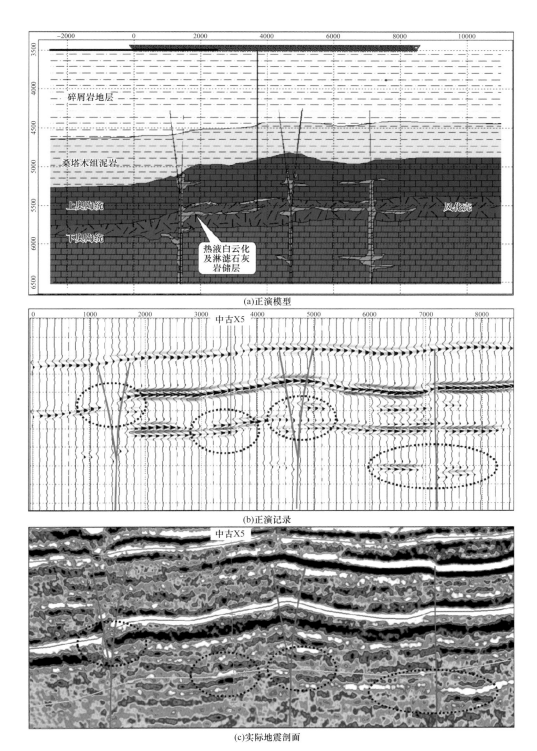

(a)正演模型

(b)正演记录

(c)实际地震剖面

图 3-104 热液相关碳酸盐岩储层正演模型、正演记录及实际地震剖面

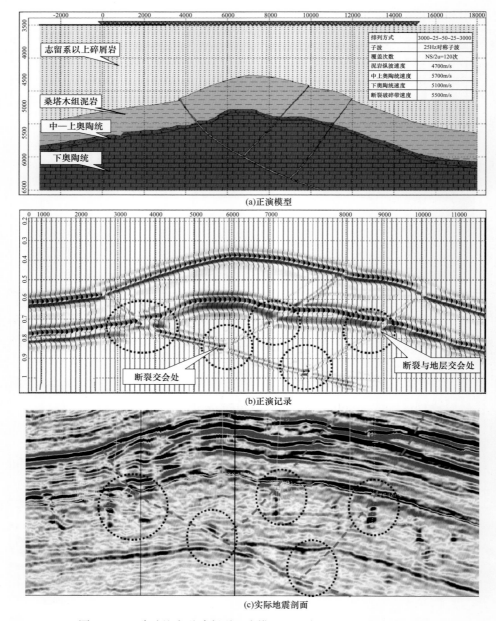

图 3-105　碳酸盐岩逆冲断裂正演模型、正演记录及实际地震剖面

二、碎屑岩储层地震波场响应模式及特征

（一）冲积扇砂砾岩体储层地震响应特征

砂砾岩体是陡坡带最为重要的储层类型，具有发育广泛，油层厚度大等特点。但是砂砾岩储层内部结构复杂，横向非均质性强，纵向隔夹层发育，难以进行准确的预测，前人针对扇体形态和泥岩夹层对其地震响应的影响开展了大量工作。

1. 砂砾岩包络面特点及时间上提现象

砂砾岩的成因多为上游洪流携带大量碎屑物在下游沉积而成，沉积的先后顺序与碎屑物的直径大小和水动力条件有关，随着搬移距离的增加，碎屑物会有规律的沉积下来，形成了砂砾岩扇体的扇根、扇中和扇端三种不同类型的沉积。根据三者的形态差异，李琴等（2020）设计了三种不同形态的砂砾岩体横向速度模型，其正演结果如图 3-106 所示。从图中可以看出，扇根部位砂砾岩拱形程度较大，各个期次扇体相对独立存在，扇体形态清晰完整；扇中部位的砂砾岩上拱程度逐渐减弱，主要是河道分支增加、宽度变大的原因，导致扇体出现叠置接触的现象；扇端部位砂砾岩整体形态趋于平缓，扇根和扇中完整的扇体在扇端部位会出现连片的现象，扇体厚度变薄，扇体在地震剖面上只出现微弱的上拱现象。

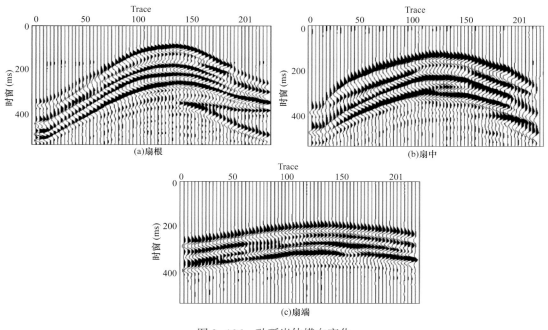

图 3-106　砂砾岩体横向变化

2. 泥岩夹层及资料主频的影响

王静等（2018），肖开宇等（2009）通过 Tesseral2d 全波场模拟软件进行二维正演模拟，着重分析了砂砾岩体泥岩夹层厚度、速度及子波频率等影响砂砾岩地震响应的因素，明确了砂砾岩体的空间反射特征，提高了砂砾岩体内幕横纵向解释精度。

当泥岩隔层不发育时，地震上同相轴呈空白反射特征（模型 1），随泥岩隔层厚度的增加，同相轴能量变强，当泥岩隔层的厚度大于砂体的厚度时（模型 3 中粉色箭头标示），反射波表现出现了复波现象（图 3-107）。当泥岩夹层速度与上下砂体速度相差较多时，反射波能量较强，分辨率高；当泥岩夹层速度与砂体速度相近时，反射波能量较弱，分辨率较低（图 3-108）。随砂砾岩体横向主频增加，同相轴分辨率提高，但当主频提高到 40Hz 以上后，地震剖面的分辨率几乎不发生变化（图 3-109）。李琴等（2020）认为，随着子波主频的增加，地震剖面的分辨率明显提高，但分辨率并不随着频率的提高而无限增加，主频为30～35Hz时识别效果最好。正演结果支持该认识——砂砾岩有利储层以较高主频的薄互层为主要特征。

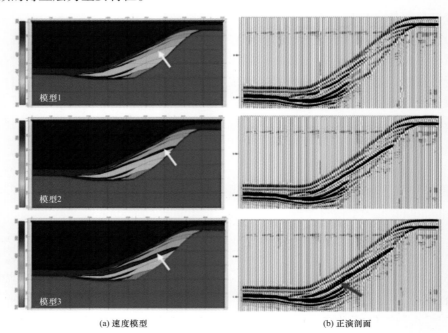

(a) 速度模型　　　　　　　　　　　　　(b) 正演剖面

图 3-107　不同泥岩夹层厚度砂砾岩体纵向地震响应

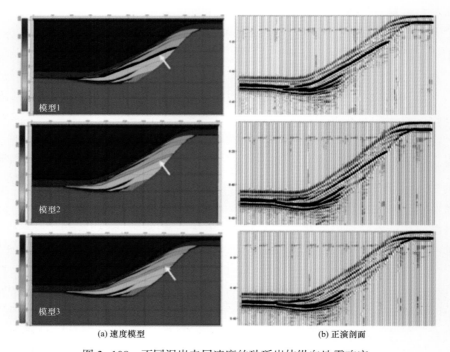

(a) 速度模型　　　　　　　　　　　　　(b) 正演剖面

图 3-108　不同泥岩夹层速度的砂砾岩体纵向地震响应

通过三维正演模拟，可以建立近岸水下扇多物源、沿相带变化的沉积样式及地震响应特征量版（图3-116）。总体来说，砂砾岩体由于横向、纵向相互叠置且非均质性强，地震反射特征十分复杂。一般扇根部位横向地震剖面中扇体呈独立反射同相轴，纵向剖面中扇体存在强泥岩隔层时表现为强反射振幅直达基岩面；泥岩隔层不发育时表现为空白反射。扇中部位一般泥岩隔层相对较厚，整体表现为强振幅。纵向剖面中，坡积朵叶体地震响应表现为与前一扇体独立的反射同相轴，分辨率较低时可能与前一扇体合为同一反射同相轴。横向剖面中稳定发育的扇体表现为稳定反射同相轴；同一期扇体被前期扇体分隔两侧时，反射同相轴也被分割在前一期次两侧；层界面或强反射轴下的砂体反射波会被屏蔽。扇端一般砂岩厚度较薄，常表现为弱反射特征。纵向剖面中滑塌浊积体表现为纺锤式反射；横向剖面中扇端叠合连片，常叠置成一个波形。

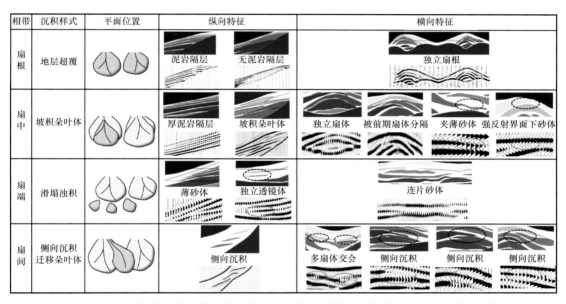

图3-116　多物源、沿相带变化的近岸水下扇砂砾岩沉积样式及地震响应特征量版
纵向、横向特征栏中，上为正演模型（速度），下为正演地震反射剖面

（三）河流相储层砂体内部构型解剖

河流作为陆相沉积的主要搬运营力，在河流搬运过程中，从物源区搬运大量物质沉积下来，形成了不同规模大小、不同复杂程度的河流沉积体系（何幼斌等，2007）。河流相是陆相沉积环境中的一种重要沉积类型，其中，曲流河和辫状河沉积砂体是油气储集的良好场所（裴亦楠等，1992）。河流相沉积主要特征是：纵向上厚薄不均，砂泥互层，具有旋回多阶性，剖面上多呈透镜状形态；横向上连续性强弱不定，岩性变化非常快，由于河道纵横向迁移和加积作用，导致沉积砂体内部非均质性复杂多变（何幼斌等，2007）。河流相沉积自身独有的特征，为油气田勘探和开发带来了巨大挑战。

何康等（2019）在井间单一曲流河带期次划分基础上，开展剖面相分析工作，结合曲流河沉积模式，根据河道发育规模、切叠情况等，总结出目标砂体内部共存在5种单一曲流河带切叠模式（图3-117），包括相似规模的末期河道切叠早期废弃点坝、相似规模的末期点坝切叠早期废弃点坝、不同规模的末期河道切叠早期废弃点坝、相似规模的末期河道切叠末期废弃河道、同一河道内不同点坝间的切叠。

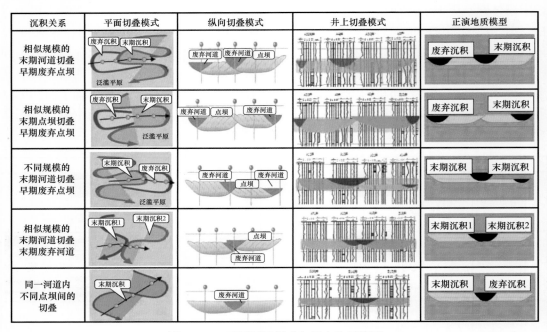

图3-117　不同切叠模式与相应地质模型

　　根据正演模拟结果，不同的切叠模式地震响应有较大差异（图3-118）：（1）相似规模的末期河道切叠早期废弃点坝。砂体顶面存在高程差 h（$h>3m$），地震波形特征对高程差有响应，波形产状变化，两边点坝砂振幅较强，受废弃河道细粒沉积影响，切叠处振幅明显变弱，出现复波。（2）不同规模的末期河道切叠早期废弃点坝。两边砂体沉积厚度差异大（$a>4m$），砂体顶面存在高程差（$h>3m$），地震波形特征对砂厚、高程差有响应，波形产状变化，两边砂体波形厚度有差异，受废弃河道细粒沉积影响，切叠处振幅明显变弱，出现复波。（3）相似规模的末期点坝切叠早期废弃点坝。砂体顶面高程差不明显（$h<3m$），地震波形特征对高程差响应不明显，切叠处地震波形变弱，地震资料上能有效识别两边点坝砂体强振幅波形。（4）相似规模的末期河道切叠末期废弃河道。砂体顶面高程差不明显（$h<3m$），地震波形特征对高程差响应不明显，受双向废弃河道细粒沉积影响，切叠处振幅明显变弱且横向波及范围较大，地震资料上能有效识别两边点坝砂体强振幅波形。（5）同一河道内不同点坝间的切叠。砂体顶面高程差不明显（$h<3m$），地震波形特征对高程差响应不明显，受废弃河道细粒沉积影响，切叠处振幅明显变弱，横向波及范围较小，地震资料上能有效识别两边点坝砂体强振幅波形。

　　正演模拟均表明不同的切叠模式地震响应特征不同，但在切叠处受相变、岩性、高程差的影响，均表现出地震波形扭动、产状明显变化、振幅变弱的特征，可以作为单一曲流河带内构型边界的识别标志；而对于非切叠界面，由于该处属于点坝边界或发育废弃河道，沉积砂岩厚度（小于 3m）明显小于主体点坝厚度，且逐渐尖灭，在地震波形上表现为侧向尖灭特征，测井曲线表现为指状，较易识别。

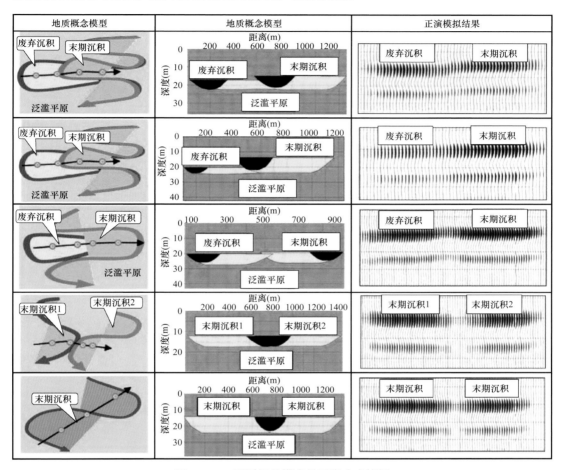

图 3-118　不同切叠模式的正演响应特征

　　王俊等（2018）根据密井网区测井资料建立 6 类识别标志的实际地质模型，并进一步通过正演模拟建立 6 种单一河道组合正演模型，各种单一河道组合连接部位的地震响应特征分别为"能量不变、波峰错动、波谷错位""能量不变、波形下错""能量减弱、波形拉长、上移""能量不变、单峰上移""能量减弱、视厚度增加、边界错动""能量很弱、出现复波"；由密井网区单一河道砂体划分结果拟合得到研究区单一水下分流河道砂体宽/厚比经验公式，在此指导下，通过寻找与已建立正演模型特征相符的井间地震响应，完成了稀疏井网区水下分流复合河道内单一河道砂体的识别。

　　此外，仲伟军等（2020）通过钻井、测井等资料，确定了单一河道边界的 4 种识别标志并分别建立了地质模型。综合正演模拟、井震标定确定了车排子油田 CH89 井区新近系沙湾组储层地震响应特征，建立了砂体识别模式及含油气识别模式，深化了"亮点"圈闭目标勘探。

（四）滩坝砂储层地震响应特征

张明秀（2019）利用某地区滩坝砂储层钻井、测井等统计地质信息建立了地震正演模型，通过叠后正演模拟技术分析了不同砂组岩性组合特征、速度特征对地震剖面的影响。利用钻井、测井等统计结果设计了两个典型的地层超剥带模型，模型参数见图3-119。

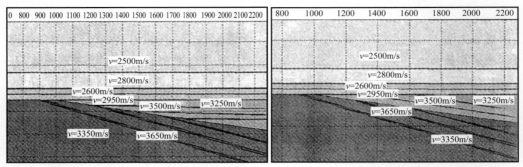

(a) 超覆地质模型   (b) 削截地质模型

图3-119 沙二段滩坝砂储层地质模型

在正演模拟中，分别选择主频20Hz、30Hz、40Hz、50Hz雷克子波进行模拟，图3-120为不同子波主频下超覆模型对应的正演模拟结果，图3-121为不同子波主频下削截模型对应的正演模拟结果。通过正演结果，可以看出由于地层较薄，当子波主频低时，地层超剥特征不清晰，砂层组内部反射基本为空白反射，并且尖灭点的位置刻画也不准确。随着正演子波主频的提高，地震正演模拟的分辨率越来越高，地层超剥特征越来越明确，砂层组内部也开始有反射，尖灭点的位置也越来越接近真实位置。

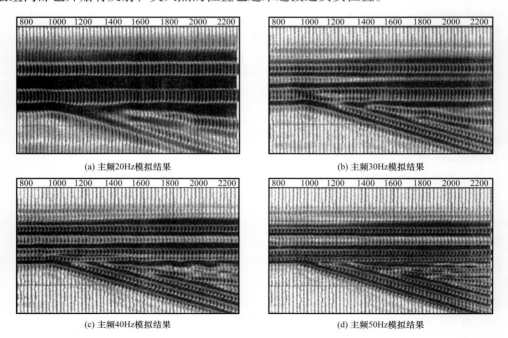

(a) 主频20Hz模拟结果   (b) 主频30Hz模拟结果

(c) 主频40Hz模拟结果   (d) 主频50Hz模拟结果

图3-120 超覆模型波动方程正演记录

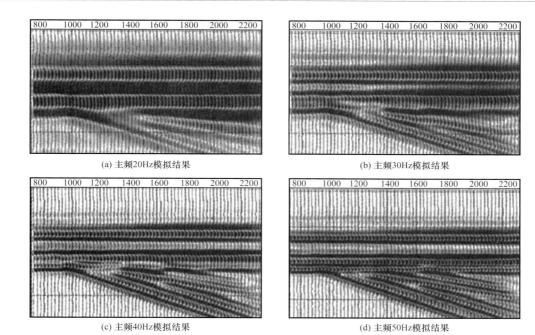

(a) 主频20Hz模拟结果　　　　　　　　(b) 主频30Hz模拟结果

(c) 主频40Hz模拟结果　　　　　　　　(d) 主频50Hz模拟结果

图 3-121　削截模型波动方程正演记录

（五）深水扇体及页岩地震响应特征

1. 海底扇地震响应特征

海底扇朵叶体是海平面快速下降的产物。齐宇等（2018）以西非某深水油田海底扇朵叶体为研究对象，将朵叶体亚相划分为单一朵叶体、复合朵叶体、朵叶体边缘和朵叶体—水道复合体4种沉积微相，通过正演模拟方法确定不同微相的地震响应特征，结合井震标定结果，建立了海底扇朵叶体三种不同沉积微相的地震微相模式。

1）单一朵叶体正演模拟

朵叶体是浊积水道携带的重力流沉积物由于地形坡度变缓导致能量释放卸载堆积而成的。通过统计单井岩石物理参数及对朵叶体形态的研究，发现单井上单一朵叶体沉积厚度范围为 15～45m，砂体累计厚度为 10～35m，地震上所识别的单一朵叶体宽度变化较大，变化范围为 200～1200m。朵叶体换算速度为 3000m/s，密度为 2.3g/cm³，陆坡泥岩速度为 2600m/s，密度为 2.4g/cm³。地震上朵叶体形态既有"顶凸底平"型，又有"透镜体"型。基于单井上朵叶体厚度的识别及地震上单一朵叶体形态、延伸范围的确定，设计 3 种不同的单一朵叶体地质模型：（1）模型 Ⅰ，朵叶体形态为"顶凸底平"型，砂体最大累计厚度约为 20m，宽度为 1200m，由中间向左右两侧逐渐减薄，横向每 100m 厚度减薄 3.3m；（2）模型 Ⅱ，朵叶体形态为"顶凸底平"型，砂体最大累计厚度约为 25m，宽度为 400m，由中间向两侧逐渐减薄，横向每 100m 厚度减薄 6.1m；（3）模型 Ⅲ，朵叶体形态为"透镜体"型，砂体累计厚度约为 20m，宽度为 400m，由中间向两侧逐渐减薄，横向每 100m 厚度减薄 5m。在对实际地震资料频谱分析的基础上，采用波长为100ms，主频为30Hz的雷克子波，以3ms的采样率进行地震正演模拟（图3-122）。结果显示，3种模型的地震正演响应均表现为单峰波形强振幅。通过正演分析发现，决定单一朵叶体地震响应特征的是朵叶体内部砂体厚度及砂泥岩阻抗差，朵叶体的宽度和形态并不影响其地震响应特征。

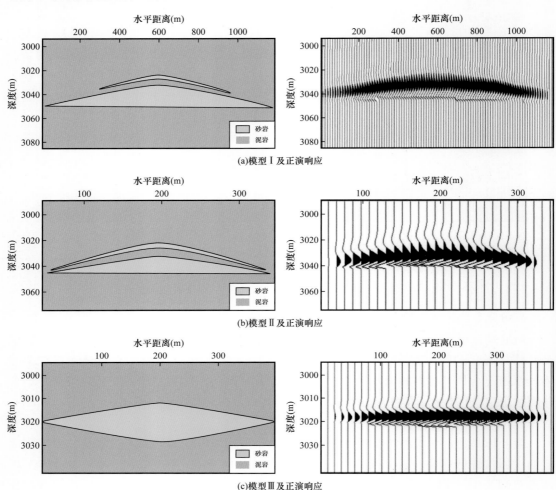

(a)模型 I 及正演响应

(b)模型 II 及正演响应

(c)模型 III 及正演响应

图3-122　单一朵叶体地质模型及正演响应

2）复合朵叶体正演模拟

复合朵叶体是由单一朵叶体在侧相上彼此叠置而形成，沉积厚度比单一朵叶体更厚，延伸范围更宽，设计出3种不同类型的复合朵叶体地质模型：（1）模型 I，复合朵叶体中各单一朵叶体砂体最大累计厚度达20m，单一朵叶体厚度由中间向两侧逐渐减薄，但在叠置处复合朵叶体厚度基本不变。单一朵叶体宽度为800m，叠置区域横向上约200m；（2）模型 II，复合朵叶体中各单一朵叶体砂体最大累计厚度为30m，单一朵叶体宽度为1000m，叠置区域横向上约250m；（3）模型 III，单一朵叶体砂体累计厚度达60m，单一朵叶体宽度为1000m，叠置区域横向上约250m。通过正演模拟发现：模型 I 朵叶体复合处表现为弯曲单峰波形强振幅，连续性好；而模型Ⅱ和模型Ⅲ朵叶体复合处表现为双峰分离波形中强振幅地震响应特征，单一朵叶体累计砂体厚度越大或者叠置程度越高，双峰分离程度越大（图3-123）。

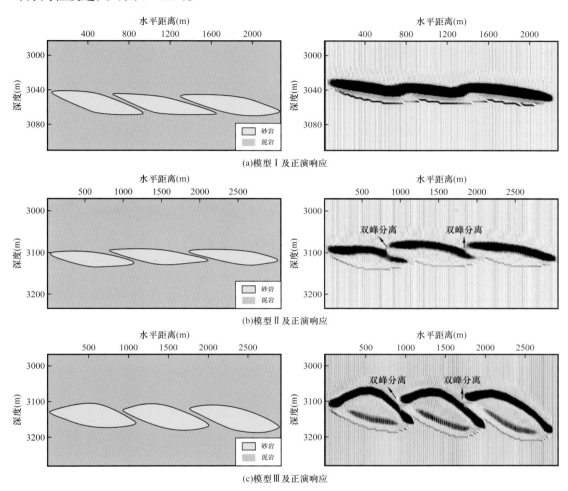

图3-123　复合朵叶体地质模型及正演响应

3）朵叶体边缘正演模拟

朵叶体边缘是指朵叶体主体的两侧边缘部位，沉积厚度薄，砂体累计厚度也薄。设计朵叶体边缘地质模型：沉积厚度为10m，砂体累计厚度在5m左右。通过模型正演发现该模型表现为弱振幅—空白地震响应特征（图3-124）。

4）朵叶体—水道复合体正演模拟

朵叶体—水道复合体是早期形成的朵叶体被晚期浊积水道切割而成的。设计如下地质模型：早期复合朵叶体最大沉积厚度为60m，累计砂体厚度为40m，朵叶体宽度为1800m；晚期浊积水道沉积最大厚度为35m，累计砂体厚度为25m，水道宽度为200m；且浊积水道切割朵叶体核部。经过模型正演发现朵叶体—水道复合处表现为双峰分离波形中强振幅（图3-125）。

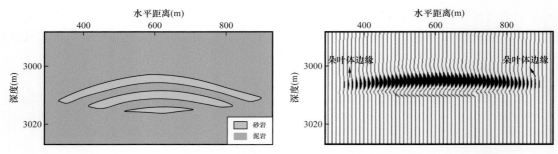

图 3-124　朵叶体边缘地质模型及正演响应

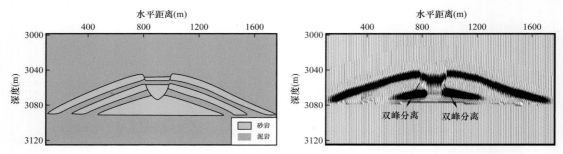

图 3-125　朵叶体—水道复合体地质模型及正演响应

2. 深湖浊积扇地震响应特征

王治瑞等（2017）以鄂尔多斯盆地南部三叠系延长组长 7 油层组为例，通过建立地震正演模型，分析了不同浊积岩储层在地震剖面上的反射特征及储层边界刻画的影响因素。发现深湖浊积扇中岩体（厚度＞50m）在地震剖面上体现为与其沉积形态一致的地震波反射特征，地震波纵向地层分辨率与震源主频相关，在研究区常规频率（35Hz）下纵向分辨率约为30m。地震勘探中遇到含油气层及富水层时，剖面上会出现亮点，油气储层下方的岩层形成的地震反射同向轴产生向下的时移，同规模下时移为：富水层＞含气层＞含油层；形成的地震反射波频率为：富水层＜含气层＜含油层。

3. 页岩储层地震响应特征

页岩气是一种以游离态和吸附态存在于具有生烃能力的泥岩和页岩地层中的连续性较好的非常规天然气（乔诚等，2015），其储量十分巨大，相当于煤层气和致密砂岩气的储量总和。中国页岩气的储量虽大，但勘探开发的难度也很大。与北美页岩气开发情况相比，目前中国页岩气的勘探开发还没有完善的理论体系（刘磊等，2017）。四川盆地及其周缘地区是中国页岩气最早被发现的地区，同时也被认为是页岩气勘探潜力最大的地区（陈勇等，2016），该地区下志留统龙马溪组—上奥陶统五峰组广泛发育优质页岩地层（潘涛等，2016）。由于页岩气在成藏机制、储层和气藏特征等方面都与常规油气有所不同（郝建飞等，2012），所以页岩气的储层预测与常规油气藏的储层预测之间存在一定区别。

为了研究页岩气储层的地震响应特征，毕臣臣等（2020）选取具有代表性的四川盆地某气田为研究区，首先通过实测的页岩地层参数来设计楔状体理论模型，并进行声学介质波动方程正演，进而研究页岩储层厚度、地震子波主频及含气性变化对页岩储层地震响应特征产生的影响。根据实际测井数据和连井叠后地震资料，建立了二维地质模型，并对其进行声学介质波动方程正演模拟。

1）页岩厚度变化响应特征

图 3-126 中楔形体长 2000m，页岩厚度由 0 变化到 300m，模型的各层弹性参数按表 3-1 中的地层参数进行填充。其中，上部充填顶板石牛栏组石灰岩，中部充填目的层龙马溪组—五峰组泥页岩，下部充填底板涧草沟组泥灰岩。

从图 3-127 中可以看出，随着地层厚度由大变小，振幅的响应特征也逐渐发生变化。当 $\Delta h > \lambda/2 \approx 81.4m$ 时，地层的顶底界面可以清晰识别；$\Delta h = \lambda/2 \sim \lambda/4$ 时，地层顶界面振幅增大；当 $\lambda/4 \approx 40.7m$ 时，根据经典调谐理论，顶底界面反射波长干涉，顶界面振幅增至最大，底界面振幅减小至消失，此时，已不能用时差来确定地层厚度。因此，研究区主频为 25Hz 的地震反射波数据只能识别厚度大于 40.7m 的泥页岩地层。

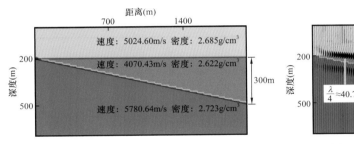

图 3-126　页岩楔状体模型

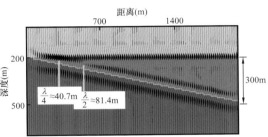

图 3-127　声学波动方程正演结果
（波形显示）与纵波速度模型（彩色显示）对比

2）地震子波主频变化响应特征

为了研究子波主频变化对地震响应特征的影响，分别选取主频为 20Hz、25Hz、30Hz、40Hz 的雷克子波对上述页岩楔状体模型进行声学介质波动方程正演模拟，得到如图 3-128 所示的结果。可以看出，当地层速度一定时，正演地震子波主频增加，会使波长减小，从而使地震波场能够识别出更薄的页岩地层，提高了分辨率。因此，在实际正演过程中应在合理范围内选取较大的子波主频，以得到较高的储层分辨率。经地震资料频谱统计分析，研究区地震资料的主频为 20～25Hz，因此，正演模拟选择主频为 25Hz 的雷克子波最为合理。

3）页岩含气量（速度、密度）变化响应特征

为了研究含气量不同时页岩的地震响应特征，根据实际测井资料设计了四个含气量不同的页岩地层，其参数如表 3-3 所示，地层的速度和密度随含气量的增加而减小。将表 3-5 中的速度和密度参数分别替换图 3-126 模型中相应页岩地层的速度和密度，得到 4 个含气量不同的页岩楔状体模型，如图 3-129 所示，然后分别对四个模型利用主频为 25Hz 的雷克子波进行声学介质波动方程正演模拟和叠后深度偏移，得到如图 3-130 所示含气量不同的正演叠后地震剖面。

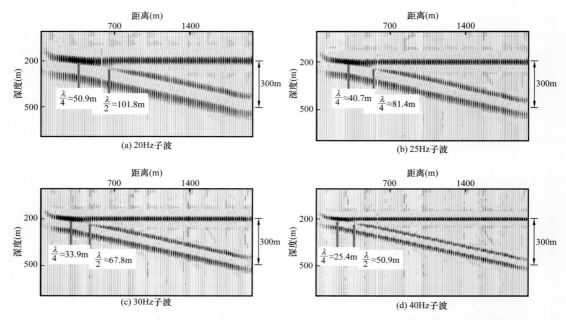

图 3-128 不同子波主频声学介质波动方程正演结果

表 3-5 不同含气量的页岩地层模型参数

含气量（m³/t）	速度（m/s）	密度（g/cm³）
3.00	3658.85	2.569
2.34	3853.26	2.604
1.31	4044.80	2.635
0.65	4251.74	2.651

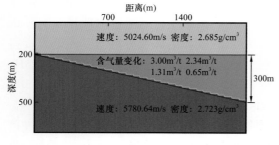

图 3-129 含气量变化页岩楔状体模型

从图 3-129 中可以看出，当正演模拟的地震子波主频一定时，含气量减小会使子波波长增大，从而使地震波场能够识别出的页岩地层的最小厚度增大，导致分辨率下降；同时页岩地层速度和密度的增加，使其与顶底板之间的速度和密度差异变小，导致地层界面两侧波阻抗差异减小，波形振幅变弱。

三、火山岩储层地震波场响应模式及特征

火山岩岩性复杂，种类多，岩性、岩相空间变化快，纵向和横向上都具有极强的非均质性（张子枢等，1994；陈建文等，2002）。火山岩储集空间类型多为孔隙、裂缝、孔

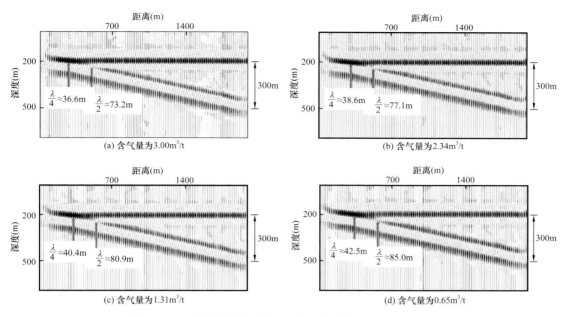

图3-130 不同含气量页岩地层声学介质波动方程正演结果

洞构成的双（多）孔隙介质（朱如凯等，2010）。火山岩岩石矿物组合、孔隙结构组合和物理性质等方面都具有特殊性和复杂性。由于火山岩具有与其他种类岩石不同的岩石物性特征及成因地质背景（王璞珺等，2003），因而具有特殊的地震响应特征。火山岩储层地震波场模拟能将地质模型和地震响应有机联系起来，使地震反射特征既有地球物理意义，又有明确的地质意义（张永刚等，2003）。由于火山岩储层的复杂性及特殊性，在研究火山岩储层波场特征时，需要从单因素出发建立地质模型，以剖析不同的火山机构、岩相、储集空间类型对地震波响应的影响（姜传金等，2007），从本质上揭示火山岩及其储层的地震响应特征，可减少地震解释多解性，更好地指导和校正地震解释与储层预测结果。

（一）不同外形的火山机构

1.地质模型

火山岩由于喷发环境和喷发方式的差异，会形成形态各异的火山机构，图3-131为典型的火山机构外形。从赋存的古火山机构来看，与现今地表的火山具有相似的外部形态，其物质组成也是基本一致的。火山岩外部起伏的形态对地震波场的成像影响究竟有多大，还没有初步的认识和结论，为了模拟火山机构外部形态差异的影响，搞清波场传播路径和方式。因此首先考虑不同火山机构外部形态对地震成像的影响（唐华风等，2007）。从几何学特征来考虑，将火山机构的外形设计成三种：丘形火山机构（图3-132）、破火山口火山机构（图3-133）和台地状火山机构（图3-134）。

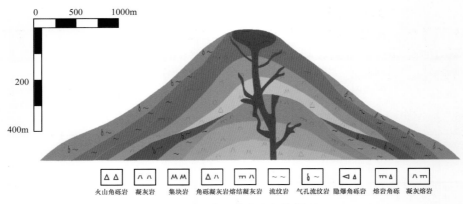

火山角砾岩　凝灰岩　集块岩　角砾凝灰岩熔结凝灰岩　流纹岩　气孔流纹岩　隐爆角砾岩　熔岩角砾　凝灰熔岩

图3-131　典型的火山机构模型

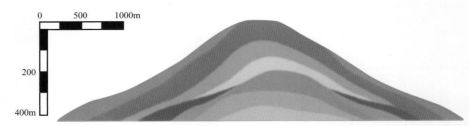

图3-132　丘形火山机构模型

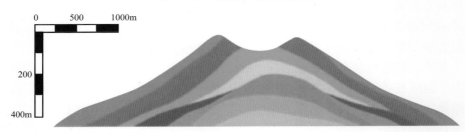

图3-133　破火山口火山机构模型

图3-134　台地状火山机构模型

2. 地震波场特征

根据所建立的不同外形的火山机构，通过地震波数值模拟方法对比分析丘形火山机构、破火山口火山机构、台地状火山机构的地震波场特征和成像模式（陈树民等，2011）。

从零偏移距剖面及成像剖面（图3-135、图3-136、图3-137）可以看出：第一，火山机构外形不同，其地震波场特征不同，波场的复杂程度不同；第二，顶部起伏界面的尖点、弯点部位将产生散射波场；第三，火山机构的不同外形对顶界面反射波的形态、振幅大小影响明显；第四，火山机构内部结构清晰，与模型特征完全相符。

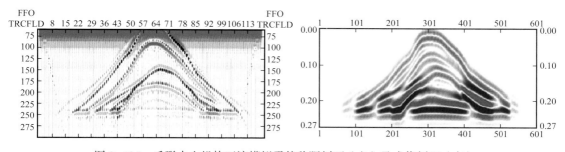

图3-135　丘形火山机构正演模拟零偏移距剖面（左）及成像剖面（右）

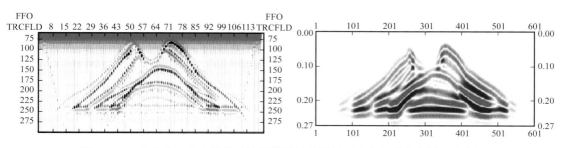

图3-136　破火山口火山机构正演模拟零偏移距剖面（左）及成像剖面（右）

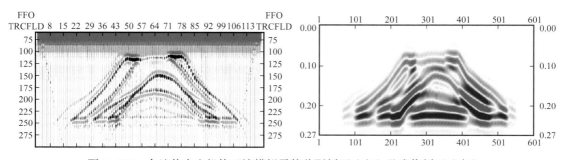

图3-137　台地状火山机构正演模拟零偏移距剖面（左）及成像剖面（右）

地震波场正演模拟分析表明，在内部结构相同的情况下，不同外形火山机构引起反射波的能量聚焦和发散是不同的。从成像剖面可以看到，现有地震处理技术可以很好地对散射波进行归位，得到内幕清晰的火山机构剖面，顶部不同形状的反射波同相轴差异明显。火山机构体顶部起伏的界面产生散射波，形成干扰波。火山机构体顶部起伏的界面引起反射波的能量聚焦和发散，由于速度差小，散射波能量弱，对成像剖面效果影响很小（姜传金等，2010）。

（二）不同岩相的火山机构

1. 地质模型

火山的多次喷发形成规模不等的熔岩流和碎屑流，从而形成了由大套熔岩流或火山碎屑岩堆积而成的火山机构，也可能是由熔岩与粒度小的火山碎屑岩交互构成（陈建文等，2000）。单期火山作用具有岩性单一的特征，多期叠置形成的碎屑流与熔岩流的互层是火山机构的原始物质组成。然而，后期的火山作用对早期先存火山具有明显的改造作用，使火山口附近岩性复杂多变，主要由大小不等、粒径一般大于10cm的火山集块、火山角砾组成（王璞珺等，2003）。从火山口向两翼，火山碎屑粒度逐渐变小，即粗碎屑靠近火山口，细碎屑依次远离，直至完全变为火山灰并混合于陆源碎屑沉积中，地层的倾角变小直至变平。根据地质—地球物理建模原则和方法，通过模型概化，将火山口处地层的横向延伸尺度和产状进行了改变，从喷口向两侧地层连续性逐渐增强。火山喷出岩一般可划分为火山通道相、爆发相、溢流相、火山—沉积相。

火山通道相是指从岩浆房到火山口顶部的整个岩浆导运系统。火山通道相位于整个火山机构的下部，是岩浆向上运移到达地表过程中滞流和回填在火山管道中的火山岩类组合。火山通道相可以划分为火山颈亚相、次火山岩亚相和隐爆角砾岩亚相，它们可形成于火山旋回的整个过程中，但保留下来的主要是后期活动的产物。火山通道相位于火山锥体顶端的正下方，产状近于直立，呈柱状，其内部为空白或断续、杂乱反射。

爆发相是火山爆发作用所产生的各种火山碎屑物在不同的环境下经成岩作用形成的熔岩质火山碎屑岩，主要是中酸性火山碎屑岩，岩性主要为火山角砾岩、凝灰岩、熔结火山角砾岩、熔结凝灰岩或角砾熔岩、凝灰熔岩等。爆发相可见于火山喷发的不同阶段，但以火山喷发的早期和高潮期最发育。地震剖面上常呈丘状外形，内部多为杂乱状反射，顶部为强反射，内部为弱反射。

溢流相是岩浆因火山喷溢作用流出火山口，沿地表层状流动，由基性、中性和酸性熔岩、角砾熔岩组成，根据岩浆的成分不同，岩石类型主要包括玄武岩、玄武安山岩、安山岩、英安岩、流纹岩等，一般发育气孔、杏仁构造（可出现于火山作用的不同阶段，但常见于火山强烈喷发之后）。在地震剖面上表现为中—强反射，呈间断性连续。

火山—沉积相是经常与火山岩共生的一种沉积岩相，可出现在火山活动的各个时期，与其他火山岩相侧向相变或互层，分布范围广、远大于其他火山岩相。火山喷发过程中，尤其在火山活动的间歇期，于火山岩隆起之间的凹陷带主要形成火山—沉积相组合。在地震剖面上表现为中—强反射，连续稳定。

根据前文建立了火山岩不同岩相的地质模型，早期中心式喷发，存在一个明显的火山机构，是由中心的火山通道相及其喷出的爆发相（杂乱弱反射地震相）和溢流相（较连续强振幅地震相）构成的丘状火山岩复合体。在火山活动的间歇期，沉积了一套火山—沉积相，表现出较连续、中—弱振幅反射特征。后期火山再次活动，岩浆沿断裂喷发，形成了一套熔结角砾凝灰岩，地震上表现出层状、强振幅、连续反射特征（图3-138；潘建国等，2008）。

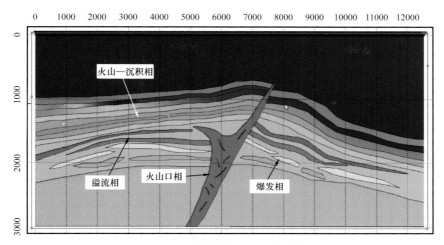

图 3-138　不同岩相的火山机构模型

2. 地震波场特征

从零偏移距剖面、正演成像剖面（图 3-139）可以看出，火山爆发相和火山通道相产生强的一次散射波和多次散射波场，这些散射波场与反射波场叠加、干涉，形成了断断续续的反射波波前面，即反射波连续性差、杂乱。在火山通道中传播时，由于反射波场的多次叠加、干涉，易形成低频波，即通常所说的"槽波"。火山通道相一般接近垂直分布，在成像剖面上表现为弱振幅，使得地层反射不连续或错断。爆发相在成像剖面上表现为丘状外形，呈底平顶凸状，底部为连续性好的强反射，内部为杂乱弱反射，连续性差。溢流相在成像剖面上表现为中强振幅、连续性较好，平行—亚平行反射特征。火山—沉积相在成像剖面上表现为中弱振幅，频率较高，连续性较好，具有平行反射特征。区别爆发相和溢流相的标志是地震反射的连续性及振幅的变化，溢流相地震反射连续性

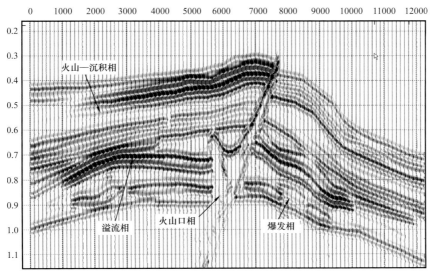

图 3-139　不同岩相的火山岩正演模拟零偏移距剖面

好于爆发相，振幅强度比爆发相强。而火山—沉积相与前两者的区别是振幅和频率，其振幅弱，频率较高。这些不同岩相的成像特征与岩相特征、地质模型及实际地震剖面特征一致。

（三）气孔发育的火山岩储层

气孔是火山岩重要的油气储集空间，富气孔火山岩往往构成高产油气储层。富挥发成分的岩浆活动产生了富气孔的火山岩体。在漫长的地史时期，部分气孔遭受充填，但亦有部分气孔未完全充填而具备储集空间，多发育于离开火山中心的热液不活动带。后期断裂活动即使导致地下水气孔充填，也往往是不完全充填或遭溶蚀，从而造就了气孔储集空间。

1. 地质模型

以准噶尔盆地乌夏地区二叠系风城组火山岩储层为例（许多年等，2014），建立气孔发育及充填程度不同的地质模型，火山岩正演模型的设计来源于实际地质体的地震资料解释与刻画，参数的设计来源于已钻井的资料。研究区有 8 口井钻遇了火山岩，火山岩的测井响应特征比较明显，具有"三高一低"（高电阻率、高自然伽马、高声波时差、低密度）的特征，通过测井资料容易识别。区内火山岩储层比较复杂，可分为三类：第一类是气孔发育且未被充填；第二类是气孔发育少或部分被充填；第三类是气孔不发育或完全被充填。以第一类储层为例建立地质模型，典型井是 X72 井，层速度为 4300m/s，密度为 2.3g/cm³，为了便于比较，建立了 X72—X202—X40 井地质模型（图 3-140a）。模型设计的排列长度为 1200m，与实际井间距离一致，模型深度设为 4300m，炮点、检波点排列方式及采集参数引用野外地震施工资料。第二类、第三类储层的地质模型与第一类类似，第二类储层的典型井是 X88 井，其地质模型在 X72 井点处所用的参数是 X88 井的层速度和密度，层速度为 4490m/s，密度为 2.45g/cm³。第三类储层的典型井是 Q8 井，其

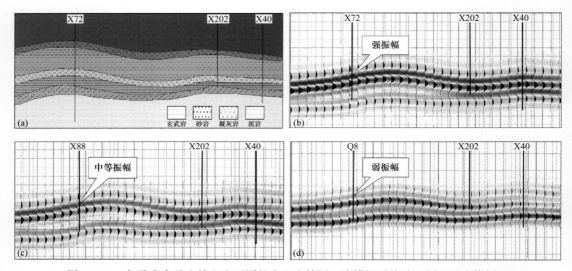

图 3-140　气孔发育及充填程度不同的火山岩储层正演模拟零偏移距剖面及成像剖面

地质模型在 X72 井点处所用的参数是 Q8 井的层速度和密度，层速度为 4590m/s，密度为 2.5g/cm³。

2. 地震波场特征

在建立地质模型的基础上，利用地震波场正演模拟方法对气孔的发育及充填程度进行正演。从偏移剖面可以看出：第一个模型是气孔发育且未被充填，其地震反射特征为高能量、强振幅（图 3-140b），振幅值为 114；第二个模型是气孔发育少或部分被充填，地震反射特征为中等能量、中等振幅（图 3-140c），振幅值为 62；第三个模型是气孔不发育或完全被充填，其地震反射特征为低能量、弱振幅（图 3-140d），振幅值为 53。从上面的分析结果可以看出，随着气孔充填程度的增加，层速度增大，振幅值变小。

（四）裂缝发育的火山岩储层

1. 地质模型

火山岩地层中裂缝十分发育，尤其是火山岩的柱状节理，在现今的露头剖面上更是广泛存在。这种高密度的裂缝发育带将会引起地震波在传播过程中的能量消耗和散射，影响地层横向的地震成像效果。而在地质模型设计中如果要表述火山岩地层中的裂缝特征，用于地震波场正演分析，就需要采用等效介质理论（姜传金等，2014）。各向异性介质等效弹性系数计算方法有两类：一类是 Hudson 的扰动理论，一类是 Schoenberg 的线性滑动理论。根据 Hudson 的理论，裂缝型介质以各向同性介质为背景岩石，不同走向的垂直裂缝镶嵌在背景岩石中。Schoenberg 模型把裂缝看成一个连续的等效界面。基于等效介质理论，本书采用直接刻画裂缝、孔隙（带）方式来表征火山岩裂缝（带）。通过非均匀混合弹性介质模型研究裂缝发育的火山机构模型的地震响应，建立了一个含两组裂缝的丘形火山机构弹性介质模型（图 3-141）。

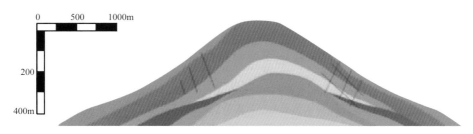

图 3-141　裂缝发育的火山岩储层模型

2. 地震波场特征

根据前面所建的裂缝发育的火山机构模型，通过声波方程和弹性波方程数值模拟方法对比分析火山岩储层模型的地震波场特征。结果显示：第一，火山岩裂缝（带）产生强散射波场；第二，散射波场与其他波场（如反射波场、透射波场等）叠加、干涉相互作用，造成波前面出现断断续续的现象；第三，裂缝散射波能量大小与其距离震源远近有关，离震源近的裂缝散射波能量比较强。从波场特征可以看出：第一，与声波场相比，裂缝模型的弹性波场波形丰富又复杂，且存在模式转换和能量转换，换言之，弹性波场携带着与裂缝形状有关的更丰富、更复杂的信息，因此，全弹性波波场能够更加全面地表征裂缝储层及其储集体；第二，声波地震记录与全弹性波场分离后的纵波记录基本相同，明显区别在于裂缝弹性波场存在模式转换和能量转换。从成像剖面特征来看，当裂缝成带发育时，地震剖面上会形成同相轴断续反射（图3-142）。

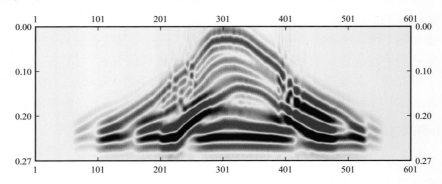

图 3-142　裂缝发育的火山机构模型成像剖面

参 考 文 献

Adam L，Batzle M，Brevik I，2006. Gassmann's fluid substitution and shear modulus variability in carbonates at laboratory seismic and ultrasonic frequencies［J］. Geophysics，71（6）：F173-F183.

Adam L，Batzle M，Brevik I，2005. Gassmann's fluid substitution paradox on carbonates：seismic and ultrasonic frequencies［C］//2005 SEG Annual Meeting. OnePetro.

Adam L，Batzle M，Lewallen K T，et al，2009. Seismic wave attenuation in carbonates［J］. Journal of Geophysical Research，114（B6）.

Adam L，Ou F，Strachan L，et al，2014. Mudstone P-wave anisotropy measurements with non-contacting lasers under confining pressure［C］// Seg Technical Program Expanded.

Adler P M，Jacquin C G，Quiblier J A，1990. Flow in simulated porous media［J］. International Journal of Multiphase Flow，16（4）：691-712.

Alford R M，Kelly K R，Booer D M，1974. Accuracy of finite-difference modeling of the acoustic wave equation［J］. Geophysics，39（6）：834-842.

Alterman Z，Karal F C，1968. Propagation of elastic waves in layered media by finite difference methods［J］. Bulletin of the Seismological Society of America，58（1）：367-398.

Arns C H，Bauget F，Limaye A，et al，2005. Accuracy of finite-difference modeling of the acoustic wave-Ray Microtomography［J］. SPE Journal，10（4）：475-484.

Arns C H，2002. The Influence of Morphology on Physical Properties of Reservoir Rocks［D］. Sydney：The University of New South Wales，1-100.

Ba J，Carcione J M，Sun W，2015. Seismic attenuation due to heterogeneities of rock fabric and fluid distribution［J］. Geophysical Journal International，202（3）：1843-1847.

Ba J，Xu W H，Fu L Y，et al，2017. Rock anelasticity due to patchy saturation and fabric heterogeneity：a double double-porosity model of wave propagation. Journal of Geophysical Research：Solid Earth，122（3）：1949-1976.

Ba J，Zhao J G，Carcione J M，et al，2016. Compressional wave dispersion due to rock matrix stiffening by clay squirt flow. Geophysical Research Letters，43（12）：6186−6195.

Bakke S，Øren P E，1997. 3−D pore−scale modelling of sandstones and flow simulations in the pore networks ［J］. Spe Journal，2（2）：136−149.

Batzle M L，Han D H，Hofmann R，2006. Fluid mobility and frequency−dependent seismic velocity—Direct measurements［J］. Geophysics，71（1）：N1−N9.

Batzle M L，Kumar G，Hofmann R，et al，2014. Seismic−frequency loss mechanisms：Direct observation［J］. The Leading Edge，33（6）：656−662.

Batzle M，Hofmann R，Han D H，et al，2001. Fluids and frequency dependent seismic velocity of rocks［J］. The Leading Edge，20（2）：168−171.

Belytschko T，Guo Y，Kam L W，et al，2000. A unified stability analysis of meshless particle methods［J］. International Journal for Numerical Methods in Engineering，48（9）：1359−1400.

Benz W，Asphaug E，1995. Simulations of brittle solids using smooth particle hydrodynamics［J］. Computer physics communications，87（1−2）：253−265.

Biot M A，1962. Mechanics Of Deformation And Acoustic propagation in porous media［J］. Journal of Applied Physics，33（4）：1482−1498.

Blunt M J，Bijeljic B，Dong H，et al，2013. Pore−scale imaging and modelling［J］. Advances in Water resources，51：197−216.

Born W T，1941. The attenuation constant of earth materials［J］. Geophysics，6（2）：132−148.

Bryant S，Blunt M，1992. Prediction of relative permeability in simple porous media［J］. Physical review A，46（4）：2004−2012.

Carcione J M，Dan K，Kosloff R，1988. Wave Propagation Simulation in a linear viscoacoustic medium［J］. Geophysical Journal International，93（2）：393−401.

Castro C E，Käser M，Brietzke G B，2010. Seismic waves in heterogeneous material：subcell resolution of the discontinuous Galerkin method［J］. Geophysical Journal International，182（1）：250−264.

Chapman S，Quintal B，Holliger K，et al，2018. Laboratory measurements of seismic attenuation and Young's modulus dispersion in a partially and fully water−saturated porous sample made of sintered borosilicate glass［J］. Geophysical Prospecting，66（7）：1384−1401.

Chapman S，Quintal B，Tisato N，et al，2017. Frequency scaling of seismic attenuation in rocks saturated with two fluid phases［J］. Geophysical Journal International，208（1）：221−225.

Chapman S，Tisato N，Quintal B，et al，2016. Seismic attenuation in partially saturated Berea sandstone submitted to a range of confining pressures［J］. Journal of Geophysical Research：Solid Earth，121（3）：1664−1676.

Coelho D，Thovert J F，Adler P M，1997. Geometrical and transport properties of random packings of spheres and aspherical particles［J］. Physical Review E.，55（2）：1959.

Coenen J，Tchouparova E，Jing X，2004. Measurement parameters and resolution aspects of micro X−ray tomography for advanced core analysis［C］//proceedings of International Symposium of the Society of Core Analysts.

Dablain M A，1986. The application of high−order differencing to the scalar wave equation［J］. Geophysics，51（1）：4−66.

David E C，Fortin J，Schubnel A，et al，2013. Laboratory measurements of low−and high−frequency elastic moduli in Fontainebleau sandstone［J］. Geophysics，78（5）：D369−D379.

Delcourte S，Fezoui L，Glinsky−Olivier N，2009. A high−order discontinuous Galerkin method for the seismic wave propagation［C］//Esaim：Proceedings. EDP Sciences，27：70−89.

Dumbser M，Käser M，Toro E F，2007. An arbitrary high-order Discontinuous Galerkin method for elastic waves on unstructured meshes-V. Local time stepping and padaptivity [J]. Geophysical Journal International，171（2）：695-717.

Dumbser M，Käser M，2006. An arbitrary high-order discontinuous Galerkin method for elastic waves on unstructured meshes—II. The three-dimensional isotropic case [J]. Geophysical Journal International，167（1）：319-336.

Dunsmuir J H，Ferguson S R，D'Amico K L，et al，1991. X-ray microtomography : a new tool for the characterization of porous media [C] //SPE annual technical conference and exhibition. OnePetro.

Elliott J C，Dover S D，1982. X-ray Micro-tomography [J]. Journal of Microscopy，126：211-213.

Emmerich H，Korn M，1987. Incorporation of attenuation into time-do-main computations of seismic wave fields [J]. Geophysics，52（9）：1252-1264.

Étienne V，Chaljub E，Virieux J，et al，2010. An hp-adaptive discontinuous Galerkin finite-element method for 3-D elastic wave modelling [J]. Geophysical Journal International，183（2）：941-962.

Fatt I，1956. The network model of porous media [J]. Transactions of the AIME，207（1）：144-181.

Finney J L，1970. Random packings and the structure of simple liquids. I. The geometry of random close packing [J]. Proceedings of the Royal Society of London. A. Mathematical and Physical Sciences，319（1539）：479-493.

Fomel S，Ying L X，Song X L，2013. Seismic wave extrapolation using lowrank symbol approximation [J]. Geophysical Prospecting，61（3）：526-536.

Fornberg B，Flyer N，2015. A primer on radial basis functions with applications to the geosciences [M]. Society for Industrial and Applied Mathematics.

Fredrich J T，Menéndez B，Wong T F，1995. Imaging the pore structure of geomaterials [J]. Science，268（5208）：276-279.

French W S，1974. Two-dimensional and three-dimensional migration of model-experiment reflection profiles [J]. Geophysics，39（3）：265-277.

Gardner G H F，Wyllie M R J，Droschak D M，1964. Effects of pressure and fluid saturation on the attenuation of elastic waves in sands [J]. Journal of Petroleum Technology，16（2）：189-198.

Gingold R A，Monaghan J J，1977. Smoothed particle hydrodynamics : theory and application to non-spherical stars [J]. Monthly notices of the royal astronomical society，181（3）：375-389.

Graves R W，1996. Simulating seismic wave propagation in 3D elastic media using staggered-grid finite differences [J]. Bulletin of the Seismological Society of America，86（4）：1091-1106.

Harris J M，1998. Differential acoustic resonance spectroscopy [J]. STP Report，Paper F. California : Stanford University，18.

Hazlett R D，1997. Statistical characterization and stochastic modeling of pore networks in relation to fluid flow [J]. Mathematical geology，29（6）：801-822.

Hidajat I，Rastogi A，Singh M，et al，2001. Transport properties of porous media from thin-sections [C] // SPE Latin American and Caribbean Petroleum Engineering Conference. OnePetro.

Huang Q，Han D H，Yuan H，et al，2017. Velocity dispersion and wave attenuation of Berea sandstone at different saturations and pressures in seismic frequency band [C] //2017 SEG International Exposition and Annual Meeting. OnePetro.

Huang Q，Han D，Li H，2015. Laboratory measurement of dispersion and attenuation in the seismic frequency [C] //2015 SEG Annual Meeting. OnePetro.

Ioannidis M，Kwiecien M，Chatzis I，1995. Computer generation and application of 3-D model porous media：from pore-level geostatistics to the estimation of formation factor［C］//Petroleum computer conference. OnePetro.

J. de la Puente J，Ampuero J P，Käser M，2009. Dynamic rupture modeling on unstructured meshes using a discontinuous Galerkin method［J］. Journal of Geophysical Research：Solid Earth，114（B10）.

J. de la Puente J，Dumbser M，Käser M，et al，2008. Discontinuous Galerkin methods for wave propagation in poroelastic media［J］. Geophysics，73（5）：T77-T97.

J. de la Puente J，Käser M，Dumbser M，et al，2007. An arbitrary high-order discontinuous Galerkin method for elastic waves on unstructured meshes-IV. Anisotropy［J］. Geophysical Journal International，169（3）：1210-1228.

Jones T，Nur A，1983. Velocity and attenuation in sandstone at elevated temperatures and pressures［J］. Geophysical Research Letters，10（2）：140-143.

Joshi M Y，1974. A class of stochastic models for porous media［M］. University of Kansas.

Käser M，Castro C E，Puente J，et al，2008. Improved modeling of seismic waves using the discontinuous Galerkin scheme on different mesh types［J］Geophysical Research Abstracts，10.

Käser M，Dumbser M，De La Puente J，et al，2007. An arbitrary high-order discontinuous Galerkin method for elastic waves on unstructured meshes—III. Viscoelastic attenuation［J］. Geophysical Journal International，168（1）：224-242.

Käser M，Hermann V，Puente J，2008. Quantitative accuracy analysis of the discontinuous Galerkin method for seismic wave propagation［J］. Geophysical Journal International，173（3）：990-999.

Kelly K R，Ward R W，Treitel S，et al，1976. Synthetic seismograms：a finite-difference approach［J］. Geophysics，41（1）：2-27.

Komatitsch D，Erlebacher G，Göddeke D，et al，2010. High-order finite-element seismic wave propagation modeling with MPI on a large GPU cluster［J］. Journal of computational physics，229（20）：7692-7714.

Komatitsch D，Göddeke D，Erlebacher G，et al，2010. Modeling the propagation of elastic waves using spectral elements on a cluster of 192 GPUs［J］. Computer Science-Research and Development，25（1）：75-82.

Liu G R，Gu Y T，2005. An introduction to meshfree methods and their programming［M］. Springer Science & Business Media.

Liu X，Sun J，Wang H，2009. Reconstruction of 3-D digital cores using a hybrid method［J］. Applied Geophysics，6（2）：105-112.

Liu Y，Sen M K，2009. A new time-space domain high-order finite-difference method for the acoustic wave equation［J］. Journal of Computational Physics，228（23）：8779-8806.

Lucy L B，1977. A numerical approach to the testing of the fission hypothesis［J］. The astronomical journal，82：1013-1024.

Lymberopoulos D P，Payatakes A C，1992. Derivation of topological，geometrical，and correlational properties of porous media from pore-chart analysis of serial section data［J］. Journal of colloid and interface science，150（1）：61-80.

Madonna C，Quintal B，Frehner M，et al，2013. Synchrotron-based X-ray tomographic microscopy for rock physics investigationsSynchrotron-based rock images［J］. Geophysics，78（1）：D53-D64.

Madonna C，Tisato N，Artman B，et al，2011. Laboratory measurements of seismic attenuation from 0. 01 to 100 Hz［C］//73rd EAGE Conference and Exhibition incorporating SPE EUROPEC 2011. European Association of Geoscientists & Engineers，cp-238-00481.

Madonna C, Tisato N, Boutareaud S, et al, 2010. A new laboratory system for the measurement of low frequency seismic attenuation [C] //2010 SEG Annual Meeting. OnePetro.

Madonna C, Tisato N, 2013. A new seismic wave attenuation module to experimentally measure low-frequency attenuation in extensional mode [J]. Geophysical Prospecting, 61 (2-Rock Physics for Reservoir Exploration, Characterisation and Monitoring): 302-314.

Man H N, Jing X D, 2001. Network modelling of strong and intermediate wettability on electrical resistivity and capillary pressure [J]. Advances in Water Resources, 24 (3-4): 345-363.

Mavko G, Mukerji T, Dvorkin J, 2009. The Rock physics Handbook. 2nd ed. Cambridge: Cambridge University Press.

McCann C, Sothcott J, 2009. Sonic to ultrasonic Q of sandstones and limestones: Laboratory measurements at in situ pressures [J]. Geophysics, 74 (2): A93-A101.

Mercerat E D, Vilotte J P, Sánchez-Sesma F J, 2006. Triangular spectral element simulation of two-dimensional elastic wave propagation using unstructured triangular grids [J]. Geophysical Journal International, 166 (2): 679-698.

Mikhaltsevitch V, Lebedev M, Gurevich B, 2014. A laboratory study of low-frequency wave dispersion and attenuation in water-saturated sandstones [J]. The Leading Edge, 33 (6): 616-622.

Mikhaltsevitch V, Lebedev M, Gurevich B, 2011. A low-frequency laboratory apparatus for measuring elastic and anelastic properties of rocks [M] //SEG Technical Program Expanded Abstracts 2011. Society of Exploration Geophysicists, 2256-2260.

Mikhaltsevitch V, Lebedev M, Gurevich B, 2011. A low-frequency laboratory apparatus for measuring elastic and anelastic properties of rocks [M] //SEG Technical Program Expanded Abstracts 2011. Society of Exploration Geophysicists, 2256-2260.

Mikhaltsevitch V, Lebedev M, Gurevich B, 2013. An experimental study of low-frequency wave dispersion and attenuation in water saturated sandstones [C] //Poromechanics V: Proceedings of the Fifth Biot Conference on Poromechanics, 135-144.

Mikhaltsevitch V, Lebedev M, Gurevich B, 2013. Laboratory measurements of the elastic and anelastic parameters of limestone at seismic frequencies [M] //SEG Technical Program Expanded Abstracts 2013. Society of Exploration Geophysicists, 2974-2978.

Mikhaltsevitch V, Lebedev M, Gurevich B, 2012. Low-frequency measurements of the mechanical parameters of sandstone with low permeability [J]. ASEG Extended Abstracts, 2012 (1): 1-4.

Minisini S, Zhebel E, Kononov A, et al, 2013. Local time stepping with the discontinuous Galerkin method for wave propagation in 3D heterogeneous media [J]. Geophysics, 78 (3): T67-T77.

Mu D, Chen P, Wang L, 2013. Accelerating the discontinuous Galerkin method for seismic wave propagation simulations using multiple GPUs with CUDA and MPI [J]. Earthquake Science, 26 (6): 377-393.

Murphy III W F, 1982. Effects of partial water saturation on attenuation in Massilon sandstone and Vycor porous glass [J]. The Journal of the Acoustical Society of America, 71 (6): 1458-1468.

Nakagawa S, Kneafsey T J, Daley T M, et al, 2013. Laboratory seismic monitoring of supercritical CO_2 flooding in sandstone cores using the Split Hopkinson Resonant Bar technique with concurrent x-ray Computed Tomography imaging [J]. Geophysical Prospecting, 61 (2): 254-269.

O'Connell R J, Budiansky B, 1977. Viscoelastic properties of fluid-saturated cracked solids [J]. Journal of Geophysical Research, 82 (36): 5719-5735.

Okabe H, Blunt M J, 2005. Pore space reconstruction using multiple-point statistics [J]. Journal of petroleum science and engineering, 46 (1-2): 121-137.

Okabe H，Blunt M J，2004. Prediction of permeability for porous media reconstructed using multiple-point statistics［J］. Physical Review E，70（6）：066135.

Øren P E，Bakke S，Arntzen O J，1998. Extending predictive capabilities to network models［J］. SPE Journal，3（4）：324-336.

Øren P E，Bakke S，2002. Process based reconstruction of sandstones and prediction of transport properties［J］. Transport in porous media，46（2）：311-343.

Pasquetti R，Rapetti F，2006. Spectral element methods on unstructured meshes：comparisons and recent advances［J］. Journal of Scientific Computing，27（1）：377-387.

Pelties C，De la Puente J，Ampuero J P，et al，2012. Three-dimensional dynamic rupture simulation with a high-order discontinuous Galerkin method on unstructured tetrahedral meshes［J］. Journal of Geophysical Research：Solid Earth，117（B2）.

Petrovitch C L，Pyrak-Nolte L J，De Hoop M V，2011. Modeling of seismic wave scattering from rough fracture surfaces［J］. Proceedings of the Project Review，Geo-Mathematical Imaging Group，243-252.

Pilotti M，2000. Reconstruction of clastic porous media［J］. Transport in Porous Media，41（3）：359-364.

Quiblier J A，1984. A New Three-Dimensional Modeling Technique for Studying Porous Media［J］. Journal of Colloid and Interface Science，98（1）：84-102.

Quintal B，Tisato N，2013. Modeling Seismic Attenuation Due to Wave-Induced Fluid Flow in the Mesoscopic Scale to Interpret Laboratory Measurements［C］//Fifth Biot Conference on Poromechanics.

Randles P W，Libersky L D，2000. Normalized SPH with stress points［J］. International Journal for Numerical Methods in Engineering，48（10）：1445-1462.

Roberts J N，Schwartz L M，1985. Grain consolidation and electrical conductivity in porous media［J］. Physical review B，31（9）：5990.

Rosenberg E，Lynch J，Gueroult P，et al，1999. High resolution 3D reconstructions of rocks and composites［J］. Oil & Gas Science and Technology，54（4）：497-511.

Saltiel S，Selvadurai P A，Bonner B P，et al，2017. Experimental development of low-frequency shear modulus and attenuation measurements in mated rock fractures：Shear mechanics due to asperity contact area changes with normal stress［J］. Geophysics，82（2）：M19-M36.

Schopper J R. A，1966. Theoretical Investigation on The Formation Factor/Permeability/Porosity Relationship using A Network Model［J］. Geophysical Prospecting，14（5）：301-341.

Smith L B，2006. Origin and reservoir characteristics of Upper Ordovician Trenton-Black River hydrothermal dolomite reservoirs in New York［J］. AAPG bulletin，90（11）：1691-1718.

Spencer J W，Shine J，2016. Seismic wave attenuation and modulus dispersion in sandstones Seismic wave attenuation in sandstones［J］. Geophysics，81（3）：D211-D231.

Subramaniyan S，Quintal B，Madonna C，et al，2015. Laboratory-based seismic attenuation in Fontainebleau sandstone：Evidence of squirt flow［J］. Journal of Geophysical Research：Solid Earth，120（11）：7526-7535.

Subramaniyan S，Quintal B，Tisato N，et al，2014. An overview of laboratory apparatuses to measure seismic attenuation in reservoir rocks［J］. Geophysical Prospecting，62（6）：1211-1223.

Sun C，Tang G，Zhao J，et al，2018. An enhanced broad-frequency-band apparatus for dynamic measurement of elastic moduli and Poisson's ratio of rock samples［J］. Review of Scientific Instruments，89（6）：064503.

Sun H F，Tao G，Vega S，2015. Simulation of shale gas flow in nano pores with parallel lattice Boltzmann method［C］//77th EAGE Conference and Exhibition 2015. European Association of Geoscientists &

Engineers, (1): 1−5.

Sun Y F, 2004. Pore structure effects on elastic wave propagation in rocks : AVO modelling [J]. Journal of Geophysics and Engineering, 1 (4): 268−276.

Takekawa J, Mikada H, Imamura N, 2015. A mesh −free method with arbitrary−order accuracy for acoustic wave propagation [J]. Computers & Geosciences, 78: 15−25.

Takekawa J, Mikada H, 2018. A mesh−free finite−difference method for elastic wave propagation in the frequency −domain [J]. Computers & Geosciences, 118: 65−78.

Takekawa J, Mikada H, 2016. An absorbing boundary condition for acoustic −wave propagation using a mesh −free methodAbsorbing boundary for mesh−free method [J]. Geophysics, 81 (4): T145−T154.

Takekawa J, Mikada H, 2018. Frequency−domain acoustic−wave modeling using a mesh−free finite− difference method with optimal coefficients of the acceleration term [M] //SEG Technical Program Expanded Abstracts 2018. Society of Exploration Geophysicists, 4030 −4034.

Tao G, King M S, Nabi−Bidhendi M, 1995. Ultrasonic wave propagation in dry and brine−saturated sandstones as a function of effective stress : laboratory measurements and modelling 1 [J]. Geophysical Prospecting, 43 (3): 299−327.

Tisato N, Madonna C, 2012. Attenuation at low seismic frequencies in partially saturated rocks : Measurements and description of a new apparatus [J]. Journal of Applied Geophysics, 86: 44−53.

Tisato N, Quintal B, 2013. Measurements of seismic attenuation and transient fluid pressure in partially saturated Berea sandstone : evidence of fluid flow on the mesoscopic scale [J]. Geophysical Journal International, 195 (1): 342−351.

Tittmann B R, Bulau J R, Abdel−Gawad M, 1984. Dissipation of elastic waves in fluid saturated rocks [C] //AIP Conference Proceedings. American Institute of Physics, 107 (1): 131−143.

Tomutsa L, Radmilovic V, 2003. Focused ion beam assisted three−dimensional rock imaging at submicron scale [R]. Lawrence Berkeley National Lab.(LBNL), Berkeley, CA(United States).

Tomutsa L, Silin D, Radmilovic V, 2007. Analysis of chalk petrophysical properties by means of submicron− scale pore imaging and modeling [J]. SPE Reservoir Evaluation & Engineering, 10 (3): 285−293.

Tomutsa L, Silin D, 2004. Nanoscale pore imaging and pore scale fluid flow modeling in chalk [R]. Lawrence Berkeley National Lab.(LBNL), Berkeley, CA(United States).

Virieux J, 1986. P−SV wave propagation in heterogeneous media : Velocity−stress finite−difference method [J]. Geophysics, 51 (4): 889−901.

Vogel H J, Roth K, 2001. Quantitative morphology and network representation of soil pore structure [J]. Advances in water resources, 24 (3—4): 233−242.

Vogelaar B B S A, Smeulders D M J, Harris J M, 2015. Theory and experiment of differential acoustic resonance spectroscopy [J]. Journal of Geophysical Research : Solid Earth, 120 (11): 7425−7439.

Vo−Thanh D, 1991. Effects of fluid viscosity on shear−wave attenuation in partially saturated sandstone [J]. Geophysics, 56 (8): 1252−1258.

Vo−Thanh D, 1990. Effects of fluid viscosity on shear−wave attenuation in saturated sandstones [J]. Geophysics, 55 (6): 712−722.

Wang K, Sun J, Guan J, et al, 2005. Percolation network modeling of electrical properties of reservoir rock [J]. Applied Geophysics, 2 (4): 223−229.

Wang S, Zhao J, Li Z, et al, 2012. Differential Acoustic Resonance Spectroscopy for the acoustic measurement of small and irregular samples in the low frequency range [J]. Journal of Geophysical Research : Solid Earth, 117 (B6).

Wang X, Liu X, 2007. 3-D acoustic wave equation forward modeling with topography [J]. Applied Geophysics, 4 (1): 8-15.

Wei Q, Han D H, Huang Q, et al, 2017. Laboratory measurements of velocity dispersion and wave attenuation in water-saturated sandstones at low frequency [M] //SEG Technical Program Expanded Abstracts. Society of Exploration Geophysicists, 3569-3573.

Wei X, Wang S X, Zhao J G, et al, 2015. Laboratory investigation of influence factors on V_p and V_s in tight sandstones [J] GeophysicalProspecting for Petroleum (In Chinese), 54 (1): 9-16.

Wenterodt C, von Estorff O, 2009. Dispersion analysis of the meshfree radial point interpolation method for the Helmholtz equation [J]. International Journal for Numerical Methods in Engineering, 77 (12): 1670-1689.

Wenterodt C, Von Estorff O, 2011. Optimized meshfree methods for acoustics [J]. Computer Methods in Applied Mechanics and Engineering, 200 (25-28): 2223-2236.

Winkler K, Nur A, 1979. Friction and seismic attenuation in rocks [J]. Nature, 277: 528-531.

Wittke J, Tezkan B, 2014. Meshfree magnetotelluric modelling [J]. Geophysical Journal International, 198 (2): 1255-1268.

Wong P, Koplik J, Tomanic J P, 1984. Conductivity and permeability of rocks [J]. Physical Review B, 30 (11): 6606.

Wu K, Nunan N, Crawford J W, et al, 2004. An efficient Markov chain model for the simulation of heterogeneous soil structure [J]. Soil Science Society of America Journal, 68 (2): 346-351.

Xu C, Di B, Wei J, 2016. A physical modeling study of seismic features of karst cave reservoirs in the Tarim Basin, China [J]. Geophysics, 81 (1): B31-B41.

Xu C, 2007. Estimation of effective compressibility and permeability of porous materials with differential acoustic resonance spectroscopy [D]. San Francisco: Stanford University.

Yale D P, Nur A, 1985. Network modeling of flow, storage, and deformation in porous rocks [M] //SEG Technical Program Expanded Abstracts 1985. Society of Exploration Geophysicists, 91-94.

Yao Q, Han D H, 2013. Progresses on velocity dispersion and wave attenuation measurements at seismic frequency [M] //SEG Technical Program Expanded Abstracts 2013. Society of Exploration Geophysicists, 2883-2888.

Yeong C L Y, Torquato S, 1998. Reconstructing random media [J]. Physical Review E, 57 (1): 495.

Yin C, Batzle M L, Smith B J, 1992. Effects of partial liquid/gas saturation on extensional wave attenuation in Berea sandstone [J]. Geophysical Research Letters, 19 (13): 1399-1402.

Yin H, Zhao J, Tang G, et al, 2016. Numerical and experimental investigation of a low-frequency measurement technique: differential acoustic resonance spectroscopy [J]. Journal of Geophysics and Engineering, 13 (3): 342-353.

Yin H, Zhao J, Tang G, et al, 2017. Pressure and Fluid Effect on Frequency-Dependent Elastic Moduli in Fully Saturated Tight Sandstone [J]. Journal of Geophysical Research: Solid Earth, 122 (11): 8925-8942.

Yue W Z, Tao G, Zhu K Q, 2004. Investigation of Resistivity of Saturated Porous Media with Lattice Boltzmann Method[J]. Chinese Physics Letters, 21 (10): 2059-2062.

Zhao J, Tang G, Deng J, et al, 2013. Determination of rock acoustic properties at low frequency: A differential acoustical resonance spectroscopy device and its estimation technique [J]. Geophysical Research Letters, 40 (12): 2975-2982.

Zhao J, Wang S, Tong X, et al, 2015. Differential acoustic resonance spectroscopy: improved theory and application in the low frequency range [J]. Geophysical Journal International，202（3）：1775-1791.

巴晶，2010. 双重孔隙介质波传播理论与地震响应实验分析 [J]. 中国科学：物理学力学天文学，40（11）：1398-1409.

毕臣臣，谢玮，王彦春，等，2020. 四川盆地页岩储层正演模拟地震响应特征 [J]. 科学技术与工程，20（16）：6350-6356.

常晓伟，曹丹平，梁锴，等，2019. 基于高阶广义标准线性体模型的三维黏弹性介质弹性波正演模拟 [J]. 地球物理学进展，34（3）：1010-1016.

陈德华，王秀明，丛健生，等，2007. 圆柱形共振腔体内岩石小样品引起的共振声谱偏移的实验研究 [J]. 中国科学 G 辑，37（5）：636-648.

陈广坡，潘建国，管文胜，等，2005. 碳酸盐岩岩溶型储层的地球物理响应特征分析 [J]. 天然气勘探与开发，28（3）：43-46.

陈建文，王德发，张晓东，等，2000. 松辽盆地徐家围子断陷营城组火山岩相和火山机构分析 [J]. 地学前沿，7（4）：371-379.

陈建文，2002. 一门新兴的边缘科学：火山岩储层地质学 [J]. 海洋地质动态，18（4）：19-22.

陈景山，李忠，王振宇，等，2007. 塔里木盆地奥陶系碳酸盐岩古岩溶作用与储层分布 [J]. 沉积学报，25（6）：858-868.

陈树民，张元高，姜传金，2011. 徐家围子断陷火山机构叠置关系解析及其数字化模型参数建立 [J]. 地球物理学报，54（2）：499-507.

陈学华，贺振华，黄德济，等，2009. 时频域油气储层低频阴影检测 [J]. 地球物理学报，52（1）：215-221.

陈勇，2016. 川东南焦石坝及丁山地区五峰—龙马溪组页岩气储层特征及"甜点"预测技术研究 [D]. 成都：成都理工大学.

代宗仰，周翼，陈景山，等，2001. 塔中中上奥陶统礁、滩相储层的特征及评价 [J]. 西南石油大学学报（自然科学版），23（4）：1-4.

董良国，郭晓玲，吴晓丰，等，2007. 起伏地表弹性波传播有限差分法数值模拟 [J]. 天然气工业，27（10）：38-41.

董良国，马在田，曹景忠，等，2000. 一阶弹性波方程交错网格高阶差分解法 [J]. 地球物理学报，43（3）：411-419.

顾家裕，1999. 塔里木盆地轮南地区下奥陶统碳酸盐岩岩溶储层特征及形成模式 [J]. 古地理学报，1（1）：54-60.

郝建飞，周灿灿，李霞，等，2012. 页岩气地球物理测井评价综述 [J]. 地球物理学进展，27（4）：1624-1632.

何康，胡勇，甘立琴，等，2019. 基于正演模拟的复合曲流带砂体内部构型解剖研究及应用 [J]. 地质找矿丛，34（1）：84-91.

何幼斌，王文广，2007. 沉积岩与沉积相 [M]. 北京：石油工业出版社.169-181.

侯志强，尹文笋，李键，等，2020. 基于纵横波保幅分离的黏滞介质弹性波正演模拟 [J]. 中国海洋大学学报（自然科学版），50（1）：82-92.

胡明毅，付晓树，蔡全升，等，2014. 塔北哈拉哈塘地区奥陶系鹰山组—一间房组岩溶储层特征及成因模式 [J]. 中国地质，41（5）：1476-1486.

胡再元，孙东，胡圆圆，等，2015. 断裂系统对碳酸盐岩储层的控制作用——以塔里木盆地塔中Ⅲ区奥陶系为例 [J]. 天然气地球科学，26（增刊1）：97-107.

胡自多，刘威，雍学善，等，2021. 三维波动方程时空域混合网格有限差分数值模拟方法 [J]. 地球物理学报，64（8）：2809-28.

黄诚，杨飞，李鹏飞，2013. 利用正演模拟识别各类地震假象［J］. 工程地球物理学报，10（4）：493-496.

姜传金，冯肖宇，詹怡捷，等，2007. 松辽盆地北部徐家围子断陷火山岩气藏勘探新技术［J］. 大庆石油地质与开发，26（4）：133-137.

姜传金，卢双舫，张元高，2010. 火山岩气藏三维地震描述：以徐家围子断陷营城组火山岩勘探为例［J］. 吉林大学学报（地球科学版），40（1）：203-208.

姜传金，裴明波，张广颖，等，2014. 盆地火山岩地震波场特征正演模拟研究［C］. CPS/SEG2014 北京国际地球物理会议，536-539.

焦伟伟，吕修祥，周园园，等，2011. 塔里木盆地塔中地区奥陶系碳酸盐岩储层主控因素［J］. 石油与天然气地质，32（2）：199-206.

雷德文，唐建华，邵雨，2002. 准噶尔盆地莫北地区小断裂的正演模拟与识别［J］. 新疆石油地质，23（2）：111-113.

雷蕾，韩宏伟，于景强，2019. 近岸水下扇沉积样式及地震响应特征新认识［J］. 石油地球物理勘探，54（5）：1151-1158.

黎平，陈景山，王振宇，2003. 塔中地区奥陶系碳酸盐岩储层形成控制因素及储层类型研究［J］. 天然气勘探与开发，26（1）：37-42.

李琴，张军华，王静，等，2020. 砂砾岩储层正演模拟及机理分析：以利 567 井区为例［C］. SPG/SEG南京 2020 年国际地球物理会议论文集.

李闯，赵建国，王宏斌，等，2020. 致密碳酸盐岩跨频段岩石物理实验及频散分析［J］. 地球物理学报，63（2）：627-637.

李凡异，魏建新，狄帮让，等，2016. 碳酸盐岩孔洞储层地震物理模型研究［J］. 石油地球物理勘探，51（2）：272-280.

李凡异，魏建新，狄帮让，等，2012. 碳酸盐岩溶洞的"串珠"状地震反射特征形成机理研究［J］. 石油地球物理勘探，47（3）：385-391.

李信富，李小凡，张美根，2007. 伪谱法弹性波场数值模拟中的边界条件［J］. 地球物理学进展，22（5）：1375-1379.

李雨生，吴国忱，2015. 一种三维正交方位各向异性介质岩石物理建模及弹性波正演模拟方法［J］. 地震学报，37（4）：678-689.

李展辉，黄清华，王彦宾，2009. 三维错格时域伪谱法在频散介质井中雷达模拟中的应用［J］. 地球物理学报，52（7）：1915-1922.

李智，欧阳芳，肖增佳，等，2022. 流体黏度对砂岩弹性模量频散与衰减影响规律的实验及理论验证［J］. 地球物理学报，65（6）：2179-2197.

廉西猛，张睿璇，2013. 地震波动方程的局部间断有限元方法数值模拟［J］. 地球物理学报，56（10）：3507-3513.

刘财，张智，邵志刚，等，2005. 线性粘弹体中地震波场伪谱法模拟技术［J］. 地球物理学进展，20（3）：640-644.

刘军，任丽丹，李宗杰，等，2017. 塔里木盆地顺南地区深层碳酸盐岩断裂和裂缝地震识别与评价［J］. 石油与天然气地质，38（4）：703-710.

刘磊，2017. 页岩气多属性分析与研究［D］. 北京：中国地质大学（北京）.

刘学锋，2010. 基于数字岩心的岩石声电特性微观数值模拟研究［D］. 青岛：中国石油大学（华东），1-80.

刘延莉，樊太亮，薛艳梅，等，2006. 塔里木盆地塔中地区中、上奥陶统生物礁滩特征及储集体预测［J］. 石油勘探与开发，33（5）：562-565.

刘有山，滕吉文，刘少林，等，2013. 稀疏存储的显式有限元三角网格地震波数值模拟及其 PML 吸收边界条件［J］.地球物理学报，56（9）：3085-3099.

龙腾，赵建国，刘欣泽，等，2020.碳酸盐岩跨频段岩石物理测量与理论建模：不同孔隙结构对碳酸盐岩
　　频散与衰减的影响研究［J］.地球物理学报，63（12）：4502-4516.

陆亚秋，龚一鸣，2007.海相油气区生物礁研究现状、问题与展望［J］.中国地质大学学报（地球科学），
　　32（6）：871-878.

罗平，张兴阳，顾家裕，等，2003.塔里木盆地奥陶系生物礁露头的地球物理特征［J］.沉积学报，21（3）：
　　423-427.

吕修祥，李建交，汪伟光，2009.海相碳酸盐岩储层对断裂活动的响应［J］.地质科技情报，28（3）：1-5.

马微，2014.基于岩石薄片图像的多孔介质三维重构研究［D］.西安：西安石油大学，1-60.

马文涛，2018.二维弹性力学问题的光滑无网格伽辽金法［J］.力学学报，50（5）：1115-1124.

马霄一，王尚旭，赵建国，等，2018.部分饱和条件下砂岩的速度频散实验室测量和 Gassmann 流体替换
　　［J］.Applied Geophysics，15（2）：42-50，215-216.

孟凡顺，郭海燕，和转，等，2000.复杂地质体黏弹性波正演模拟的有限差分法［J］.青岛海洋大学学
　　报（自然科学版），30（2）：315-320.

牟永光，2003.三维复杂介质地震物理属性模拟［M］.北京：石油工业出版社.

牟永光，裴正林，2005.三维复杂介质地震数值模拟［M］.北京：石油工业出版社.

倪新锋，张丽娟，沈安江，等，2011.塔里木盆地英买力—哈拉哈塘地区奥陶系碳酸盐岩岩溶型储层特征
　　及成因［J］.沉积学报，29（3）：465-474.

聂昕，2014.页岩气储层岩石数字岩心建模及导电性数值模拟研究［D］.北京：中国地质大学（北京），
　　1-70.

欧阳芳，赵建国，李智，等，2021.基于微观孔隙结构特征的速度频散和衰减模拟［J］.地球物理学报，
　　64（3）：1034-1047.

欧阳睿，焦存礼，白利华，等，2003.塔里木盆地塔中地区生物礁特征及分布［J］.石油勘探与开发，30
　　（2）：33-36.

潘建国，陈永波，许多年，等，2008.夏72井区风城组火山喷发模式及其分布［J］.新疆石油地质，29
　　（5）：551-552.

潘涛，杨宝刚，高铁成，等，2016.海相页岩有利储集条件分析：以四川盆地长宁区块龙马溪组为例［J］.
　　科学技术与工程，16（20）：37-45.

裴正林，何光明，谢芳，2010.复杂地表复杂构造模型的弹性波方程正演模拟［J］.石油地球物理勘探，
　　45（6）：807-818.

裴正林，2004.任意起伏地表弹性波方程交错网格高阶有限差分法数值模拟［J］.石油地球物理勘探，39
　　（6）：629-634.

齐宇，彭俊，刘鹏，等，2018.地震微相分析技术：以某深水油田海底扇朵叶体为例［J］.物探与化探，
　　42（1）：154-160.

乔诚，石文睿，袁少阳，等，2015.四川盆地J区块五峰组页岩储层及吸附气特征研究［J］.科学技术与
　　工程，15（18）：151-157.

邱燕，王英民，2001.南海第三纪生物礁分布与古构造和古环境［J］.海洋地质与第四纪地质，21（1）：
　　65-73.

裘亦楠，1992.中国陆相碎屑岩储层沉积学的进展［J］.沉积学报，10（3）：16-24.

沈安江，王招明，杨海军，等，2006.塔里木盆地塔中地区奥陶系碳酸盐岩储层成因类型、特征及油气勘
　　探潜力［J］.海相油气地质，11（4）：1-12.

孙成禹，印兴耀，2007.三参数常 Q 粘弹性模型构造方法研究［J］.地震学报，29（4）：348-357.

孙东，潘建国，潘文庆，等，2010a.塔中地区碳酸盐岩溶洞储层体积定量化正演模拟［J］.石油与天然

气地质，31（6）：1-9.

孙东，潘建国，雍学善，等，2010b. 碳酸盐岩储层垂向长串珠形成机制［J］. 石油地球物理勘探，45（增刊1）：101-104.

孙东，杨丽莎，王宏斌，等，2015. 塔里木盆地哈拉哈塘地区走滑断裂体系对奥陶系海相碳酸盐岩储层的控制作用［J］. 天然气地球科学，26（增刊1）：80-87.

孙东，张虎权，潘文庆，等，2010. 塔中地区碳酸盐岩洞穴型储集层波动方程正演模拟［J］. 新疆石油地质，31（1）：44-46.

孙林洁，刘春成，张世鑫，2015. PML边界条件下孔隙介质弹性波可变网格正演模拟方法研究［J］. 石油物探，54（6）：652-664.

孙林洁，印兴耀，2011. 基于PML边界条件的高倍可变网格有限差分数值模拟方法［J］. 地球物理学报，54（6）：1614-1623.

孙萌思，刘池洋，杨阳，等，2017. 塔里木盆地塔中地区鹰山组碳酸盐岩缝洞型储层地震正演模拟研究［J］. 地学前缘，24（5）：339-349.

唐华风，王璞珺，姜传金，等，2007. 松辽盆地白垩系营城组隐伏火山机构物理模型和地震识别［J］. 地球物理学进展，22（2）：530-536.

汪文帅，李小凡，鲁明文，等，2012. 基于多辛结构谱元法的保结构地震波场模拟［J］. 地球物理学报，55（10）：3427-3439.

汪文帅，张怀，李小凡，2013. 间断的Galerkin方法在地震波场数值模拟中的应用概述［J］. 地球物理学进展，28（1）：171-179.

王海洋，孙赞东，2012. 岩石中波传播速度频散与衰减［J］. 石油学报，33（2）：332-342.

王静，张军华，谭明友，等，2018. 利567井区砂砾岩体正演模拟研究［C］. 中国地球科学联合学术年会论文集，918-921.

王俊，高银山，王洪君，等，2018. 基于正演模拟的水下分流复合河道内单一河道划分［J］. 天然气地球科学，29（9）：1310-1322.

王璞珺，陈树民，刘万洙，等，2003. 松辽盆地火山岩相及其与火山岩储层的关系［J］. 石油与天然气地质，24（1）：18-23.

王璞珺，迟元林，刘万洙，等，2003. 松辽盆地火山岩相：类型、特征和储层意义［J］. 吉林大学学报（地球科学版），33（4）：449-456.

王祥春，刘学伟，2007. 起伏地表二维声波方程地震波场模拟与分析［J］. 石油地球物理勘探，42（3）：268-276.

王雪秋，孙建国，2008. 地震波有限差分数值模拟框架下的起伏地表处理方法综述［J］. 地球物理学进展，23（1）：40-48.

王月英，孙成禹，2006. 弹性波动方程数值解的有限元并行算法模拟研究［J］. 中国石油大学学报（自然科学版），30（5）：27-30.

王振宇，李宇平，陈景山，等，2002. 塔中地区中—晚奥陶世碳酸盐陆棚边缘大气成岩透镜体的发育特征［J］. 地质科学，37（增刊1）：152-160.

王治瑞，吕古贤，张旭阳，等，2017. 额尔多斯延长组深湖浊积扇地震正演模型分析［C］. 中国地球科学联合学术年会2017论文集，577-578.

未眴，王尚旭，赵建国，等，2015. 含流体砂岩地震波频散实验研究［J］. 地球物理学报，58（9）：3380-3388.

未眴，王尚旭，赵建国，等，2015. 致密砂岩纵、横波速度影响因素的实验研究［J］. 石油物探，54（1）：9-16.

魏喜，贾承造，孟卫工，等，2008. 西沙海域新近纪以来生物礁分布规律及油气勘探方向探讨［J］. 石油地球物理勘探，43（3）：308-312.

邬光辉，陈志勇，屈泰来，等，2012.塔里木盆地走滑带碳酸盐岩断裂相特征及其与油气关系［J］.地质学报，86（2）：219-227.

邬光辉，琚岩，杨仓，等，2010.构造对塔中奥陶系礁滩型储集层的控制作用［J］.新疆石油地质，31（5）：467-470.

邬光辉，杨海军，屈泰来，等，2012.塔里木盆地塔中隆起断裂系统特征及其对海相碳酸盐岩油气的控制作用［J］.岩石学报，28（3）：793-805.

吴中海，赵希涛，吴珍汉，等，2006.西藏当雄—羊八井盆地的第四纪地质与断裂活动研究［J］.地质力学学报，12（3）：305-316.

肖开宇，胡祥云，2009.正演模拟技术在地震解释中的应用［J］.工程地球物理学报，6（4）：459-464.

谢桂生，刘洪，赵连功，2005.伪谱法地震波正演模拟的多线程并行计算［J］.地球物理学进展，20（1）：17-23.

熊晓军，贺振华，黄德济，2009.生物礁地震响应特征的数值模拟［J］.石油学报，30（1）：75-79.

徐德龙，王秀明，宋延杰，等，2005.柱状扰动体引起圆柱谐振腔共振频率偏移的数值模拟［J］.地球物理学报，48（2）：445-451.

许多年，潘建国，蒋春玲，等，2014.准噶尔盆地乌夏地区二叠系火山岩储层气孔充填机理及定量化预测方法［J］.天然气地球与科学，25（11）：1746-1751.

薛东川，王尚旭，焦淑静，2007.起伏地表复杂介质波动方程有限元数值模拟方法［J］.地球物理学进展，22（2）：522-529.

薛昭，董良国，李晓波，等，2014.起伏地表弹性波传播的间断 Galerkin 有限元数值模拟方法［J］.地球物理学报，57（4）：1209-1223.

严健，2011.基于多点统计的孔隙介质建模研究［D］.北京：中国石油大学（北京），1-80.

杨顶辉，2002.双相各向异性介质中弹性波方程的有限元解法及波场模拟［J］.地球物理学报，45（4）：575-583.

杨仁虎，常旭，刘伊克，2009.基于非均匀各向同性介质的黏弹性波正演数值模拟［J］.地球物理学报，52（9）：2321-2327.

杨旭明，裴正林，2007.复杂近地表弹性波波场特征研究［J］.石油地球物理勘探，42（6）：658-664.

杨志芳，曹宏，姚逢昌，等，2014.复杂孔隙结构储层地震岩石物理分析及应用［J］.中国石油勘探，19（3）：50-56.

姚姚，唐文榜，2003.深层碳酸盐岩岩溶风化壳洞缝型油气藏可检测性的理论研究［J］.石油地球物理勘探，38（6）：623-629.

袁雨欣，胡婷，王之洋，等，2018.求解二阶解耦弹性波方程的低秩分解法和低秩有限差分法［J］.地球物理学报，61（8）：3324-3333.

岳文正，陶果，朱克勤，2004.饱和多相流体岩石电性的格子气模拟［J］.地球物理学报，47（5）：905-910.

张美根，王妙月，李小凡，等，2002.各向异性弹性波场的有限元数值模拟［J］.地球物理学进展，17（3）：384-389.

张明秀，2019.叠后正演模拟技术在某地区滩坝砂储层中的应用［J］.内蒙古石油化工，（5）：99-101.

张永刚，2003.地震波场数值模拟方法［J］.石油物探，42（2）：143-148.

张子枢，吴邦辉，1994.国内外火山岩油气藏研究现状及勘探技术调研［J］.天然气勘探与开发，（1）：1-26.

赵海波，王秀明，王东，等，2007.完全匹配层吸收边界在孔隙介质弹性波模拟中的应用［J］.地球物理学报，50（2）：581-591.

赵建国，潘建国，胡洋铭，等，2021a.基于数字岩心的碳酸盐岩孔隙结构对弹性性质的影响研究（上篇）：图像处理与弹性模拟［J］.地球物理学报，64（2）：656−669.

赵建国，潘建国，胡洋铭，等，2021b.基于数字岩心的碳酸盐岩孔隙结构对弹性性质的影响研究（下篇）：储层孔隙结构因子表征与反演［J］.地球物理学报，64（2）：670−683.

赵秀才，姚军，陶军，等，2007.基于模拟退火算法的数字岩心建模方法［J］.高等应用数学学报，22（2）：127−133.

赵秀才，姚军，衣艳静，2006.模拟退火法数字岩心建模的方法改进［C］.高含水期油藏提高采收率国际会议论文集，174−182.

仲伟军，何明杰，徐乔南，等，2020.单砂体地质模型及地震正演模拟响应特征［C］.SPG/SEG南京2020年国际地球物理会议论文集.

朱东亚，金之钧，胡文瑄，等，2008.塔里木盆地深部流体对碳酸盐岩储层影响［J］.地质论评，54（3）：348−354.

朱如凯，毛治国，郭宏莉，等，2010.火山岩油气储层地质学：思考与建议［J］.岩性油气藏，22（2）：7−14.

朱益华，2009.多孔介质多相渗流特性的3D格子Boltzmann模拟研究［D］.北京：中国石油大学（北京），1−100.

第四章 地震储层学评价方法与技术研究新进展

地震储层学具有三类关键方法和技术，分别是地震储层信息提取技术（Information Extraction）、地震储层信息解译技术（Information Interpretation）及储层建模技术。其中，地震储层信息提取技术是基础，主要实现波场特征向地震弹性参数的传递；地震储层信息解译技术是关键，主要实现地震弹性参数与储层参数之间的转换；地震储层建模技术是最终体现，主要实现储层在三维空间的精细表征。本章将结合实例阐述地震储层学三类关键方法和技术的研究新进展。

第一节 地震储层信息提取技术研究新进展

一、高分辨率地震层序解释新技术

（一）研究现状及存在问题

传统地质解释技术的思路是"由点到面，由面再到体，最后再由体确定点"，是一种"单向式"解释模式。从技术理念或者是思维方式上，传统的地质思想大多是遵循"由局部到整体"的认识规律，这种解释方式存在潜在的风险。传统的地质解释技术犹如"盲人摸象"，尽管地质家一直强调要带着观点来进行地质解释，但这些观点大都是先前研究者的片面认知，因此，以往的地质解释从点、线、面到体的过程，实际上有很大片面性和盲目性（邓宏文等，1995、1996）。

随着计算机三维可视化技术的提高，层序地层三维解释技术越来越引起地质解释工作人员的重视。研究年代地层学框架内岩石之间的关系，其中岩石继承顺序是周期性的，且由相关成因的地层组成，为沉积系统和沉积相解释提供了框架。层序地层学地震解释是建立在层序地震地质模型基础上的，结合岩心、测井等多种资料的层序界面及体系域界面的全三维层序地层解释（覃建雄等，1997）。在油气勘探实践中，层序地层三维解释技术主要包括以下几方面的含义：一是以层序界面、体系域界面识别为目的，钻井、地震层序界面相互标定、相互印证，从三维空间对层序界面进行精确的识别与划分，建立区域的层序地层格架；二是在区域层序地层格架基础上，进行沉积体系分析，精确刻画古地貌，明确构造对沉积的控制作用，建立具有预测功能的层序地层构成模式；三是在不同层序地层构成模式下，总结砂体分布规律、油气成藏规律，确定有利勘探目标。

三维地震技术给地震解释带来了巨大的变革，地震解释一般利用地震反射的振幅、连续性、内部结构和外部形态来进行地震相的研究工作，但这些参数受人为影响较大，同一个地震体不同的解释人员会有不同的解释方案，同一个人在不同的时间也有可能做出不同的解释，因此这种解释是很困难的，并且具有不确定性。

在等时层序格架建立的基础上利用各项新的地震综合解释技术进一步验证并划分地震层序边界、准层序组的边界及各体系域相对应的沉积相带的演化过程，进而落实各体系域中砂体的分布模式，最终落实地层岩性圈闭，是目前地震综合解释技术最大化应用的体现。

（二）研究方法及研究思路

在高分辨率地震采集、处理取得较大进展的今天，系统研究数据解释方法就成了紧迫的课题。研究如何直接从地震数据到地层模型，从烦琐的单层面解释到用地质思维从全局模型中进行选择与修改，是高分辨率层序地层解释技术的关键之一（林畅松等，2000）。传统层序地层学解释应用于各种陆相环境中相构型变化及其组合特征时，突出的成果是把有关海相地层的沉积相序列和不整合面所指示的相对海平面变化概念，与同期海相地层中相构型相变化及组合特征相联系的研究方法，较为成功地应用于基准面变化与同期陆相地层中相构型组合及变化过程的分析（郑荣才等，2001），但对冲积扇、河流、三角洲或扇三角洲、湖泊和湖底扇等沉积体系中各类砂体的时空展布和演化规律的解释难度仍较大。

全局自动地震层序地层学解释新技术在地震解释一开始就建立地震地层模型，极大提升了对地质的认识能力，对各种假设进行快速试验和验证。已初步证明其可有效提高地层对比、砂体几何形态和展布规律的描述精度，从而提高各类储集砂体的预测成功率（Lomask等，2003；Bates等，2008）。该技术的核心是应用基于地震数据相似性及地质一致性的价值函数，用最优化分析的思想对地震数据体进行空间解构，直接从整个地震数据体中计算得到地质模型，然后从模型中提取层位，并进行地层学及层序结构划分（Groot等，2006；Gupta等，2008；Verney等，2008）。实现了基于层序地层格架下的快捷方便的自动化解释，将地质人员从繁重的地震层位追踪解释中释放出来，实现了地震解释领域的创新性突破。大大提高地震解释效率，缩短解释周期，可将解释周期压缩50%～90%。

其主要技术原理是在地震波形数据的基础上建立三维网格模型，在波峰、波谷或过零点的极性处设置固定步长的网格节点，这些由局部道数据形成的面元被当作最基础的三维网格模型对象单元（图4-1），将这些面元连接起来可实现三维模型的建立（Rickett等，2008；Pauget等，2009）。

面元的连接根据两段数据的同相轴波形反射

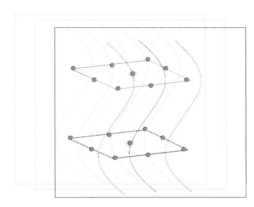

图4-1　全局自动地震层序地层学解释中的
面元示意图

具有"相似"的特征，这个"相似"并非简单的相关度，而需参考相邻波组的反射特征、地层的反射趋势等信息的判断，应用成本价值函数（式4-1）综合多种因素做出面元连接的依据。成本价值函数是从全局的角度进行计算，当某一个节点的连接方式改变后，函数会进行全局计算，通过对比将价值函数最小的那个整体节点连接结果输出（图4-2），在大量可能的地质框架中选取最优的地层模型，并在全局自动拾取所有可能的地层层面，建立地震地层框架模型。

$$\mathrm{cos}t = \sum_{i=1}^{N}\sum_{j=1}^{N}\left\{\frac{1}{\sigma\sqrt{2\pi}}\exp^{\frac{-\left[p(i)-p(j)\right]^2}{2\sigma^2}}\mathrm{Dst}\left(V_i,V_j\right)\right\} \tag{4-1}$$

式中，N 为数据体网格内的面无数；$p(i)$、$p(j)$ 为面元 i 和面元 j 的位置；$\mathrm{Dst}(V_i, V_j)$ 为面元之间的地震矢量距离；σ 为数据体中地震点之间的近似距离。

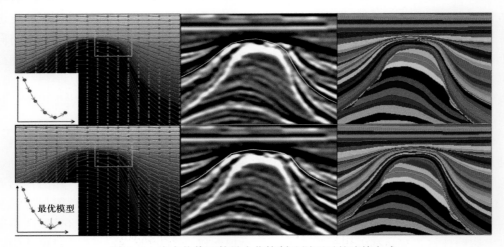

图4-2　成本价值函数最小化控制地层面元的连接方式

基于成本函数，综合考虑整个研究区块的地层沉积特征，当某一个节点的连接方式发生改变后，通过成本函数全局计算结果进行对比，将成本函数最小的整体节点连接结果作为输出二维模型

该方法快速、方便，大大节省层序地层学研究的时间，采用合理的算法避免了地震资料质量及地质环境因素等带来的局限性，也减少了解释人员的人为误差。同时，该方法改变了传统层序地层学研究的流程，对地震资料的应用更加充分。将已有解释数据、地质认识、井数据等约束条件与数学算法有效结合起来，缩短了层序地层学的研究过程，使整个研究工作更有效率。在模型计算等模块中，设有 TEST 功能，选取一个范围进行参数实验，效果合适后再进行整体运算，避免了重复运算和资源浪费。

（三）应用实例——准噶尔盆地玛湖凹陷高精度层序地层学解释

利用全局自动地震层序地层学解释方法，对准噶尔盆地玛湖凹陷三叠系百口泉组开展高精度层序解释。通过精细标定，确定了百口泉组顶界、底界，以百口泉组顶界、底界为约束，用最优化分析思想对地震数据体进行空间解构，得到三维地层模型；再从三维地层模型中抽取百口泉一段、二段、三段底界及百口泉组顶界层位，从提取的层位来看，比人工解释更精细，更符合地质情况，能够将细小的地层起伏刻画出来（图4-3）；在此基础上，完成了百口泉组三段沉积期古地貌的精细恢复（图4-4），相比较常规人工解释结果，全局自动层序解释结果更精细，能够反映更多古地貌细节，为精细评价奠定了良好的基础。

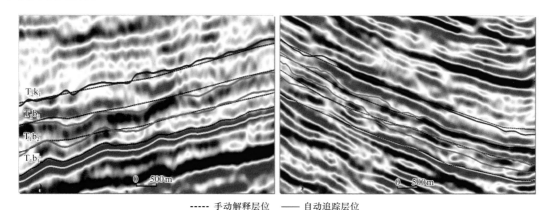

----- 手动解释层位　　—— 自动追踪层位

图4-3　全局自动层序解释与传统人工地层解释对比
对比结果表明，全局自动层序解释精度和效率更高，能够更准确反映地层起伏

二、古地貌恢复技术

（一）基于古坡度校正的古地貌恢复方法

古地貌是控制含油气盆地沉积的重要因素之一，精细、准确的古地貌对认识盆地沉积至关重要，是长期以来沉积学研究热点之一。古地貌图也是油气勘探中编制精细沉积相图、砂地比图和储层分布图等系列图件的重要基础。

1. 古地貌恢复技术历程及方法

国外古地貌研究工作始于20世纪50年代，把古地貌与油气勘探直接联系在一起的叙述首见于Thornpury（1954）所著的《石油勘探中地貌学的运用》一书中。书中主要从潜伏喀斯特地形、带状砂和角度不整合等方面，讨论了油气聚集中不整合面的重要作用。

国内的古地貌研究始于20世纪70年代中后期，研究发现储油构造和古地貌之间存在一定的关系，从而把古地貌研究和油气田勘探开发紧密联系起来。国内油气勘探在古地貌研究方面取得了一些成果，如华北油田古潜山油气田的发现、鄂尔多斯盆地大气田的发现等等。中国油气田古地貌恢复工作确立了研究的核心是恢复古地貌形态和划分古地貌单元，其次是分析古地貌与沉积体系、层序地层、储层及油气藏分布的关系，从而将油气富集区的预测与古地貌单元的研究联系起来，古地貌对层序的形成与发育及储层的分布起着重要的控制作用，古地貌恢复有助于识别储层发育与分布的特点（赵永刚，2017）。古地貌的研究丰富了中国的油气成藏模式。

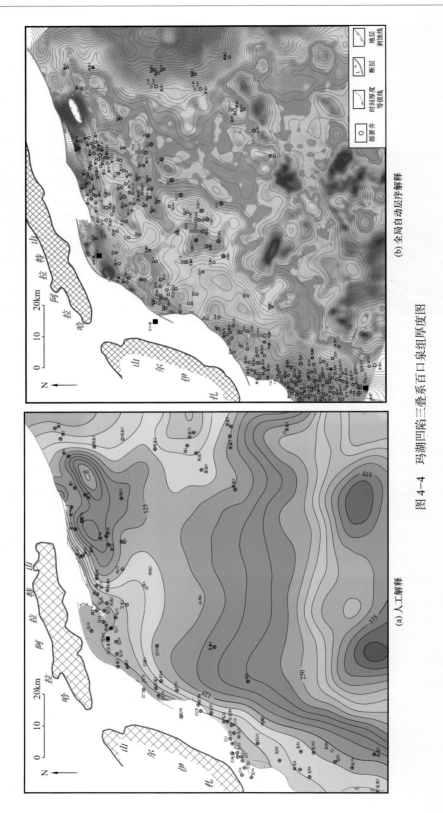

(a) 人工解释

(b) 全局自动层序解释

图 4-4　玛湖凹陷三叠系百口泉组厚度图

目前流行的古地貌恢复方法主要有：印模法、残余厚度法、填平补齐法、层拉平法、沉积学分析法（沉积学古地貌恢复法）、高分辨率层序地层学古地貌恢复法、回剥法、井震联合恢复法和碳酸盐岩沉积期微地貌恢复法等。研究人员往往根据实际情况将几种方法组合起来恢复古地貌。早期广泛应用的古地貌恢复方法都是比较传统和经典，例如残余厚度法、印模法和填平补齐法等。古地貌恢复实践中，研究人员往往重视残余厚度法和印模法，古地貌恢复简单且便于操作，但也带来了明显问题，如遇到地层剥蚀严重的情况时，基本没有好的解决办法。沉积学分析法、高分辨率层序地层学古地貌恢复法及碳酸盐岩沉积期微地貌恢复法是近年来兴起的古地貌恢复方法（吴丽艳，2005）。

目前对古地貌恢复技术大多停留在定性阶段，残厚法和印模法作为比较传统的古地貌恢复方法，得到了广泛的应用，但也存在缺陷。因为不同的沉积环境和构造运动导致各个盆地构造样式不尽相同。所以不同地区不能套用相同的古地貌恢复方法。

2. 古地貌恢复方法研究进展

近年来沉积学分析法和高分辨率层序地层学古地貌恢复法在实际应用中取得了明显的应用效果，从而受到广泛关注。通过分析这些主要古地貌恢复方法的理论基础和存在问题得出中国油气田古地貌恢复方法研究的具体进展。

沉积学是研究沉积物、沉积过程、沉积岩和沉积环境的科学。实践证明，沉积环境分析基本上就是古地貌学研究的核心内容之一，在传统的古地貌恢复中，研究人员往往忽略沉积学的综合性研究。目前，研究人员已经意识到从沉积学入手是恢复古地貌的一个重要途径（赵澄林，2001）。

沉积学古地貌恢复法是利用各种基本的地质图件（主要包括沉积前的古地质图、地层厚度等值线图、砂岩厚度等值线图、岩相古地理图等），通过开展古构造、古水系、古流向和沉积相等的综合性研究，达到认识沉积前古地貌形态的目的。该方法主要工作包括：利用古地质图件，从区域上了解研究区的古地形，明确各地区的剥蚀程度，确定古构造格局；在认识古构造格局及发育特点的基础上，判断构造沉降区和抬升区的分布位置；认识该地区地层发育和分布特点及沉积体系在时空的配置演化规律；根据该地区沉积相的研究成果恢复古环境，分析古地貌；古地形特征的研究主要借助古流向研究及物源综合分析；最终确定剥蚀区和沉积区在当时的分布位置及大致范围，并通过沉积体系背景及发育状况的了解，判别沉积体系的具体类型、特点与水动力特征（谢又予，2001）。

高分辨率层序地层学古地貌恢复法是利用层序地层学原理进行古地貌恢复的一种方法，高分辨率层序地层学分为传统高分辨率层序地层学和现代高分辨率层序地层学。"可容纳空间""相对海平面变化""强制性海退"等概念的提出，标志着传统高分辨率层序地层学的形成，层序和体系域划分精度的提高也缘于这些研究成果。但是，传统高分辨率层序地层学未能构成独立的理论体系，只是补充和完善了层序地层学理论体系。Cross提出了现代高分辨率层序地层学，吸收并发展完善了Wheelers提出的基准面概念，将基准面视作高分辨率层序地层学的核心，地层基准面原理、体积分配原理、相分异原理和旋回等时对比法共同构成了现代高分辨率层序地层学完整的理论体系。现代高分辨率层序地层学问世后立即受到油气地质工作者的广泛关注。以其理论和方法为指导，前人在油气勘探开发领域开展了多方面的研究工作，但总的来看，其应用大多局限于储层的精细对比方面。高分辨率层序地层学古地貌恢复法将基准面和最大洪泛面结合进行基准面旋回对比来反映沉积前古地貌形态，利用该方法恢复古地貌的研究工作目前处于起步阶段。

赵俊兴（2003）从理论基础、技术方法（分单一沉积体系和多种沉积体系组合两种情况）及基准面旋回级次的选择等方面论证认为，高分辨率层序地层学古地貌恢复法能够得到某一基准面旋回沉积前的原始古地貌形态，因此，该方法恢复古地貌是可行的。通常认为，盆地内沉积相的发育及分布常常受控于沉积前古地貌。对沉积地层进行高分辨率的等时地层对比是可以通过由基准面旋回变化所控制的地层单元结构类型、叠加式样及其在基准面旋回中所处的位置与沉积动力学关系等来进行的，因此，利用该方法进行沉积前古地貌恢复是建立在确定等时基准面（等时面）的基础上的。利用该方法恢复沉积前古地貌时，虽然基准面作为其参考界面，但是对比时所使用的基准面旋回级次应针对研究需要具体选择。沉积盆地中的等时基准面一般都是连续光滑的曲面，不同地方的曲率大小不同，这是因为其处于不同的沉积体系中。可以以基准面作为对比参照面恢复出下伏地层沉积前的原始古地貌形态；在实际的地层等时对比中，具有更好实际操作性的参照面通常是最大洪泛面，因此，该方法的关键是等时性基准面与最大洪泛面结合进行地层对比来反映沉积前古地貌形态；应用该方法恢复古地貌过程中，为了提高恢复精度，还应考虑压实作用影响。

基准面与最大洪泛面结合进行基准面旋回对比来反映沉积前古地貌是一个理想的研究思路，但在实际工作中的可操作性不尽如人意。将沉积学分析法与高分辨率层序地层学古地貌恢复法相结合恢复古地貌是发展的必然趋势。（张尚锋，2007）

3. 基于沉积期古坡度的古地貌恢复新方法及应用实例

为了提高古地貌恢复的精度，本次研究考虑等时面和沉积期古坡度的因素，利用层序地层学原理，选择区域性等时面作为参考面，在此基础上借助三维地震资料解释出目的层顶界面、底界面时间，利用等时面和顶界面、底界面的关系，计算出古坡度，最终恢复古地貌形态。实践证明，该方法恢复古地貌较常规方法具有更高的精度。

该方法考虑沉积期古坡度、利用地震资料来进行古坡度恢复（图4-5），从而提高古地貌恢复精度，技术流程主要包括如下4个方面（图4-6）：

（1）通过录井、测井高分辨率层序划分与对比及井震精细标定，确定最大湖泛面。

（2）基于高分辨率层序解释技术，利用三维地震资料精细解释追踪最大湖泛面和目的层的顶界面、底界面。

通过井震精细标定，确定出目的层百口泉组顶界面、底界面，采用高分辨率层序解释技术，用最优化的分析思想对地震数据体进行空间解构，得到三维地层模型；再从三维地层模型中抽取地震层位。高分辨率层序解释的层位比人工解释更精细，更符合地质情况。

（3）确定古坡度和目的层时间厚度。

沉积期的地层界面在三维空间是一个连续曲面，面上任一点的古坡度可由古坡度角

（θ）来表示，不同的坡度θ角不同，坡度角由相邻两地震道的时差来表征，时差越大，角度越陡，本次研究中古坡度角指最大湖泛面与目的层底界面的夹角。

将最大湖泛面垂向投影到目的层底界面最低点，目的层底界面到最大湖泛面垂向投影面之间的距离即为古地形高度（H）。目的层顶界面、底界面在空间插值后相减求得视时间厚度，再根据坡度角的大小通过倾角校正得到地层真厚度 h（图4-5、图4-6）。

（4）古地貌的精细计算及三维立体显示。

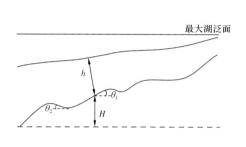

图4-5　基于沉积期古坡度的古地貌恢复
技术示意图
θ—沉积期古坡度角；H—沉积期古地形高度；
h—地层真厚度

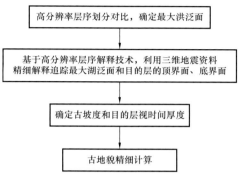

图4-6　基于沉积期古坡度的古地貌恢复
技术流程图

4. 应用实例

在准噶尔盆地某研究区结合钻井取心、测井、地震综合研究表明，三叠系百口泉组有利储层受沉积期古地形控制：扇三角洲沉积古沟槽水下沉积普遍泥质含量较低，储层厚、物性好，例如位于古沟槽水下沉积部分的 m18 井获高产富集区块，而古地形高部位是沉积期的分水岭，储层薄、物性差，泥质含量高，例如位于构造高部位的 m101 井、ah3 井、mx1 井、ah012 井等利用常规的残余厚度法恢复的古地貌图（图4-7）与实钻的砂体厚度进行了统计对比，35 口井中，26 口井吻合，9 口井（图4-7中黑色标注井）不吻合，吻合率为 74.3%，利用本次古地貌恢复技术得到的古地貌图能较好地解释已钻井的砂体分布规律，在古地貌沟槽内砂体厚度较大，在古地貌高部位砂体厚度较小，从古地貌图中可以看到，百口泉组沉积期发育三个古沟槽，两个分水岭，分别是 ah11 井 -ah9 井 -m604 井古沟槽、ah4 井 -ah7 井 -m18 井古沟槽、m20 井 -mz1 井古沟槽，ah10 井 -mx1 井分水岭、m003 井 -m101 井 -ah012 井分水岭，这些沉积期的古沟槽、分水岭控制了玛西斜坡区沉积体系的分布，其中 m18 井区优质储层发育区是 ah4 井 -ah7 井 -m18 井古水系的水下延伸部分，m18 井区优质储层的分布受 ah4 井 -ah7 井 -m18 井古沟槽的控制。新古地貌图上统计 35 口井的砂岩厚度，有 34 口井吻合，吻合率达到 97.1%。

（二）趋势异常微地貌恢复方法及应用实例

微地貌是规模较小的地貌形态，其成因存在差异，有沉积型、剥蚀型和构造型等。

根据成因的差异，研究内容存在差异。谭秀成（2011）、王振宇（2011）、宋广增（2013）等利用微地貌开展沉积相方面的研究；章典（1994）、张庆玉（2012）等利用微地貌开展了地下岩溶地貌研究。本次主要介绍趋势异常微地貌研究方法及其与油气成藏研究的关系。

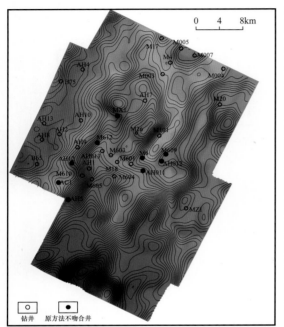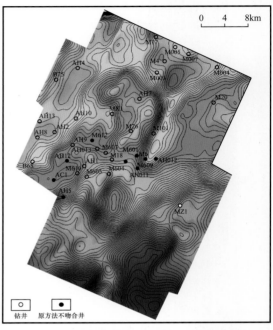

图4-7　常规方法（左）与新方法（右）古地貌恢复图对比

1. 方法原理

趋势面分析是利用数学曲面模拟地理系统要素在空间上的分布及变化趋势的一种数学方法，它将原始数据表达为趋势部分和剩余部分。其实质是运用回归分析原理，将显著的地质变量（特征）分成区域性变化分量（趋势部分）、局部性变化分量和随机性变化分量（剩余部分），即地质变量的观测值 = 区域性变化分量 + 局部性变化分量 + 随机性变化分量，从而研究地质变量（特征）的空间分布及其变化规律（宋广增，2013）。

重要的基本概念如下：区域性变化分量是指变化比较缓慢、影响遍及整个研究区的区域分量，反映地理要素的宏观分布规律，是区域性变化的总特征，属于确定性因素作用的结果，在地质上往往由区域构造、区域岩相等大区域因素决定。局部性变化分量是指受局部因素支配，是事物发展的特殊部分，反映微观局部因素影响的结果。随机性变化分量是由随机因素形成的偏差，包括取样和分析误差。其中局部性变化分量和随机性变化分量两者主要反映局部的异常，帮助了解局部情况（宋广增，2013；张庆玉，2012）。研究中往往需要忽略随机性变化分量，简化为区域性变化分量和局部性变化分量。

研究中实际曲面属于已知量，研究目标主要集中在区域性变化分量和局部性变化分量。目前区域性变化分量主要采用趋势面分析法，通过实际曲面与区域性变化分量的残差获得局部性变化分量。

趋势面分析技术较多，其中基本的计算方法主要有以下 3 种（章典，1994）。

简单趋势面模型

$$f(x, y) = a_0 + a_1 x + a_2 y \qquad (4-2)$$

二次趋势面模型

$$f(x, y) = a_0 + a_1 x + a_2 y + a_3 x^2 + a_4 xy + a_5 y^2 \qquad (4-3)$$

复杂趋势面模型

$$f(x, y) = a_0 + a_1 x + a_2 y + a_3 x^2 + a_4 xy + a_5 y^2 + a_6 x^3 \\ + a_7 x^2 y + a_8 xy^2 + a_9 y^3 \qquad (4-4)$$

式中，$f(x, y)$ 为趋势面拟合值；a_i 为权系数；x，y 为实际采样数据点。

局部性变化分量则通过原始曲面与趋势面的残差求得，实际面与趋势面的残差代表了微地貌（图 4-8）。

图 4-8　趋势面异常分析法

2. 实际应用

研究区位于塔里木盆地塔北隆起哈拉哈塘地区，目的层为奥陶系一间房组，整体表现为北高南低的单斜构造背景。其顶面受地表岩溶作用、走滑断裂等影响，表现出高低起伏特征。研究区储层类型为碳酸盐岩缝洞型储层，前期研究表明，局部构造高部位发育的岩溶储层有利于油气聚集，是井位部署的重要靶点。因此识别局部构造高点非常重要。

图 4-9 为利用趋势异常技术恢复的哈拉哈塘某井区微地貌平面图，其中红色点代表高产高效井，蓝色点代表水井，从平面图可以看出，大部分高产高效井位于微地貌高部位，水井多位于微地貌低部位。

对微地貌与实际钻井情况进行了统计，结果如图 4-10 所示，图 4-10a 为高产高效井与微地貌间的关系，有高产高效井 29 口，其中 20 口位于微地貌高部位，9 口井位于微地貌相对低部位；图 4-10b 为水井与微地貌的关系，共有水井 18 口，其中 6 口井位于微地貌高部位，12 口井位于微地貌低部位。

以上实际分析说明本方法恢复的微地貌与实际钻井吻合程度高，实用性相对较高，但在微地貌恢复中存在着随机变量，影响微地貌恢复的精度。此外微地貌高部位仅仅是控制油气富集的重要因素之一，在井位部署中还需要考虑其他因素的影响，如储层发育位置的高低等因素。也就是说，虽然处于微地貌高部位，但储层发育位置较低，也可能导致钻井出水。

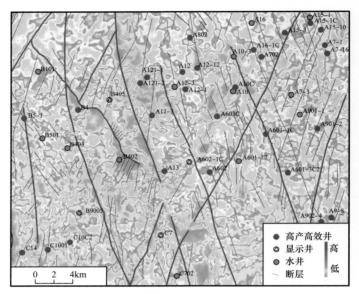

图4-9　哈拉哈塘某井区微地貌平面图

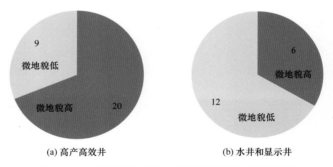

(a) 高产高效井　　　　　　　　　(b) 水井和显示井

图4-10　高产高效井及水井与微地貌关系统计图

三、地震结构张量小断裂识别技术

（一）研究现状及存在问题

随着油气藏勘探开发的不断深入，中国油气勘探逐渐转向复杂隐蔽油气藏，面临问题日趋复杂。在众多油气田中，断裂是控储控藏的主要因素之一，针对地震资料的断裂识别方法则成为识别断裂的重要技术手段，人们从中获得断裂的空间展布方式，辅助判断油气有利聚集区带。而针对断裂的识别，尤其是地震资料的小断裂识别一直是勘探难题，严重制约着油气藏勘探目标评价。

地震资料的断裂识别方法在不断发展和更新，识别断裂的相干算法从第一代发展到第三代。第一代相干算法是基于互相关的相干技术，根据随机过程的互相关分析，计算相邻地震道的互相关函数来反映同相轴的不连续性。这种算法只有三道数据参与计算，速度相对较快，但由于参与计算的地震道数少，对于有相干噪声的资料，确定视倾角会有很大误差，且相干体数据的垂向分辨率低。第二代相干算法是基于多道相似的相干体技术，能够较精确地计算有噪声数据的相干性、倾角和方位角，具有较好的适用性和分辨率。第三代本征算法是通过多道本征分解处理来计算波形相似性的一种方法，虽然该算法计算速度较低，但具有比相似系数算法更高的分辨率，断裂刻画愈加精细。

相干算法取得了一系列进展，获得了业界广泛应用，并在很多商业软件中集成相干模块。但随着勘探开发技术的进步，精度需求的提升，相干算法所能解决的问题越来越局限，尤其对于小断裂的地震特征识别还存在很多问题，严重制约了储层预测的发展。

断裂是碳酸盐岩缝洞型油气藏控储控藏的主要因素之一，小断裂地震识别技术是其精细勘探开发的关键。但由于小断裂在地震资料上表现为"层断波不断"（雷德文，2002），具有识别难度大的特点，常用的曲率属性（Al-Dossary，2006；印兴耀，2014）、相干属性（Bahorich，1995；Marfurt，1998；Marfurt，1999；Dorigo，1991）和蚂蚁追踪（Dorigo，1991）等方法对小断裂识别等均有局限性，因此本书使用结构张量方法（Bakker，2003；Hocker，2003；Randen，2000；李一，2011）提高地震数据空间表征精度，进而利用小断裂的空间特征，开发了地震结构张量小断裂识别方法，明显提高小断裂识别精度。

（二）结构张量断裂识别方法研究思路

1. 利用地震数据平整性与其延续性双标准识别断裂

通过对比断裂处与非断裂处地震数据特征，发现当断裂存在时，地震数据平整性会降低，而且这种平整性降低的情况会沿着断裂走向方向延伸，如图 4-11 两图所示。因此，对断裂的识别从简单的地震道相关相似发展到对地震数据同相轴平整性及其不平整处的延续性评价上来。

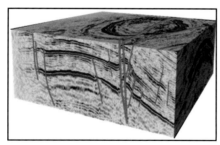 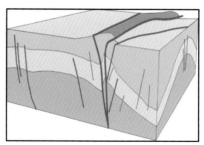

(a) 地震数据　　　　　　　　　　　　　(b) 地质构造模型

图 4-11　断裂特征分析

依据本思路，当地震尺度的小断裂存在时，地震数据也会发生不平整现象而且有着断裂方向延续，地震数据中由于叠加或偏移造成的扰动及资料处理中的噪声，由于缺乏不平整及断裂方向延续同时满足的条件而被过滤掉，进而使断裂识别中背景干扰减少。相对的，一些有一定走向，引起地震数据不平整的小断裂，在地震数据上呈规律的方向性，这部分特征被放大，从而有效增加该方法对小断裂的敏感性。

2. 断裂与非断裂地震数据地质模式简化分类策略

为了增加方法的可实施性，对地震数据地质模式进行简化，将地震数据简单分为 3

类（图4-12）：第一类，平整结构单元，这类地震数据地震同相轴连续平整，无各向异性或者各向异性低，是无断裂的模式；第二类，不平整—长延续结构单元，此类单元同相轴错断或挠曲，且这种错断沿某方向有着延续性，断裂存在时，常常伴有该类地震数据结构；第三类，不平整短延续或不延续结构单元，该类不平整基本非断裂因素所致。

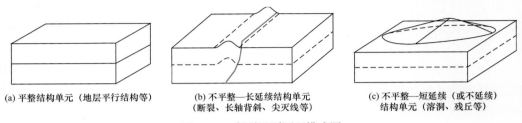

(a) 平整结构单元（地层平行结构等）　　(b) 不平整—长延续结构单元　　(c) 不平整—短延续（或不延续）
　　　　　　　　　　　　　　　　　　（断裂、长轴背斜、尖灭线等）　　结构单元（溶洞、残丘等）

图4-12　断裂识别原理模式图

3. 建立基于梯度结构张量的地震数据空间结构定量表征方法

梯度结构张量（结构张量）方法具有定量表征结构的优势，通过求解结构张量矩阵的特征值与特征向量，建立3种模式与特征值特征向量的对应关系，可有效实现3种模式的数学分类，如图4-13所示。

为明确3种模式与其特征值之间的对应关系，把图4-13中的（b）与（c）归为一类，因为它们都具有不平整特性。因此，可以把地震数据局部特征分为两类，一类是平整的模式，一类是不平整的模式。当平整时梯度结构张量最大特征值λ_1与第二特征值λ_2之间差异较大，与最大特征值相比，其余特征值几乎可以忽略不计，即三个特征值归一化后，第二特征值与第三特征值约等于零。因此，可以依据归一化后非最大特征值来判别地震数据平整性程度。而不平整的模式中，还可以分为两类，一类是不平整延续模式，

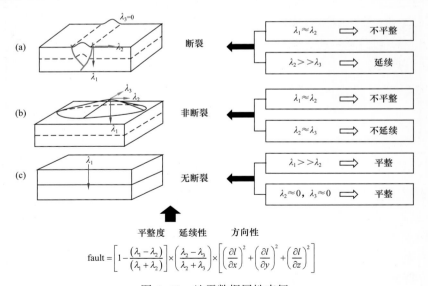

图4-13　地震数据属性表征

λ_1—最大特征值；λ_2—第二特征值；λ_3—第三特征值；$\dfrac{\partial l}{\partial x}$、$\dfrac{\partial l}{\partial y}$、$\dfrac{\partial l}{\partial z}$—特征向量在笛卡尔坐标系中的三个正交方向的偏导

（四）断裂识别方法发展展望

梯度结构张量断裂识别方法本质上属于一种人工建模的识别方法，对地震资料进行了简化分类，并进行模式优选。在模式优选方面，以深度学习技术为代表的人工智能化方法具有明显的优势。随着人工智能技术的崛起，智能化断裂识别方法拥有广阔的前景。1959 年，艾伦·麦席森·图灵发表了一篇划时代的论文，预言了创造出具有真正智能的机器的可能性（Turing，1959）。艾伦·麦席森·图灵创造了图灵测试来判定计算机是否智能。人工智能之父 Marvin Minsky 则指出了感知机无法处理线性不可分的问题，机械学习进入低谷（Minsky，1988）。随后，人工神经网络、支持向量机（Support-vector networks）、逻辑回归等一系列基于样本统计的理论使机器学习再次成为研究热点。

20 世纪 80 年代至 90 年代流行的 BP 神经网络将残差反向传播，解决了线性不可分问题（Gori，1992），机器学习进入了快速发展时期。但在发展中遇到了很大的问题，BP 算法随着层数的加深，参数无法向前传递，很容易陷入局部极值，也存在过拟合的问题（Werbos，1990）。为解决这些问题，深度学习算法逐步出现，引起广泛关注。深度学习的实质是多层表示学习的非线性组合，将原始数据的特征逐层转换为更高维度空间的特征，并使其易被可分。深度学习发展历程较快。Lecun（1998）提出卷积神经网络（CNN），使得全连接变成部分连接，极大地减少了训练参数。

Hinton（1998）提出了深层网络训练中梯度消失问题的解决方案：无监督对权值进行初始化加上有监督的训练微调。2012 年，Hinton 课题组首次参加 Image Net 图像识别比赛，通过其构建的 CNN 网络 Alex Net 一举夺冠，碾压第二名 SVM 方法的分类性能。Lecun（2015）在《Nature》发表论文，论证了局部极值问题对深度学习的影响，认为损失函数的局部极值对深层网络来说，影响可以忽略不计，这极大增强了人们对深度学习的信心。

深度学习在图形领域的迅速发展得益于互联网的广泛应用，在互联网上，海量的图像及标签可作为训练样本，对深层的深度神经网络进行训练，极大丰富和完善了深度学习的应用途径。在石油勘探领域，人工智能的发展为地震断裂识别打开了新的思路，但相比图形领域存在许多技术难点。比如，如何建立合理的标签库，如何对地震数据进行预处理，如何结合传统技术与深度学习的优势，如何提高三维地震数据训练速度，如何在模型训练结果迁移学习到实际资料等问题，这些都对其实际应用影响巨大，也是研究的重点。

以深度神经网络为代表的机械学习算法，理论上具有拟合任何复杂函数模型的能力，如 Wu（2019）将 Unet 卷积神经网络（Ronneberger，2015）引入地球物理解释中，使断裂检测效果超越传统方法。通过大量数据特征的训练，不需要人工建立简化模型，深度学习算法便可以自动学习更加接近真实特征的模型，并获得更优的效果。总之，将地震数据看成是对地下构造的非全息影像，人工智能技术具有预测其全息特征的潜力，也必将成为断裂识别发展的主流趋势。图 4-18 为深度学习断裂识别立体图，其可有效刻画断裂特征，并被钻井证实。

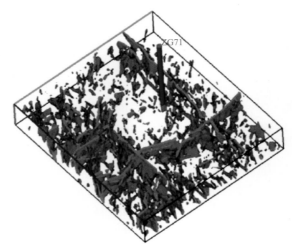

图 4-18　深度学习断裂识别图

第二节　地震储层信息解译技术研究新进展

一、致密砂砾岩甜点储层预测技术

"甜点"储层是一个相对的概念，指在普遍低孔隙度、低渗透率储层中发育的物性相对较好的有效储层（杨晓萍等，2007）。准噶尔盆地玛湖凹陷斜坡区三叠系百口泉组砾岩储层具有低孔低渗的特征（谭开俊，2014），后期由于有机酸性水对其中长石、岩屑等颗粒的溶蚀，产生了大量的次生孔隙，形成了"甜点"储层，而且大部分油气都储集在这些"甜点"储层中。因此，"甜点"储层预测是砾岩成岩圈闭油气藏评价的关键技术之一。

（一）技术发展现状及存在问题

自 1999 年美国地质调查局提出"甜点"储层的概念以来，随着测井和地震技术的飞速发展，国内外利用测井和地震等地球物理资料对"甜点"储层的预测取得了很大进展。宋子齐等（2008）选用多个参数建立了岩石物理相"甜点"综合评价指标体系。刘力辉等（2016）提出了地震物相的概念，通过预测地震物相达到"甜点"预测的目的。潘光超等（2016）立足测井岩石物理分析结果，利用基于测井曲线重构的叠前反演技术预测"甜点"储层。曹冰等（2018）通过岩石物理分析优选低孔低渗储层的岩性、物性敏感参数；利用地震正演模拟分析"甜点"储层的地震反射特征，并进行孔隙度及含气性预测的可行性分析；运用相控—叠前同步反演技术得到高精度的敏感参数体，进行目的层砂体厚度、孔隙度、含气性及脆性指数展布特征的刻画，从而得到"甜点"储层的分布。从这些技术和方法来看，"甜点"储层预测的关键是储层物性（孔隙度）预测。

目前，储层物性（孔隙度）预测主要方法有以 Wyllie 时间平均方程为基础的地震速度求取孔隙度方法、利用孔隙度与声波速度线性回归关系求取孔隙度的方法、建立地震属性与各井孔隙度的多元线性关系和非线性关系计算孔隙度、岩石物理与多属性相结合求取孔隙度的方法、基于地震相分析的孔隙度计算方法等（李忠，2006）。这些方法的本质都是从统计学的观点出发，建立各种属性与孔隙度的线性关系或者非线性关系，然后应用建立的关系式将地震属性数据映射为孔隙度属性，计算孔隙度的精确度不稳定，且其物理意义不明确。

从技术研究现状分析，"甜点"储层预测的关键是储层物性（孔隙度）预测，对于储层孔隙度预测一般都需要建立速度—孔隙度关系，这种关系无论是线性或非线性，都随着纵向压实和横向沉积的变化而产生时变和空变，因此，采用现有技术很难建立一个准确的低渗透碎屑岩储层的岩石物理模型，从而导致由地震参数转化为孔隙度时预测准确度不高（蔡涵鹏，2013）。特别是在西部地区，由于受地表条件和地层埋深的影响，地震资料品质较差，"甜点"储层与非"甜点"储层的地震响应差异小。利用地震资料识别"甜点"储层难度大，进行孔隙度预测多解性强、准确度不高。

（二）方法与技术流程

为了降低"甜点"储层预测的多解性，提高准确度，需要地质研究和地震预测技术紧密结合，在储层成因的基础上，采用"相带、河道，物性 + 裂缝"逐级控制的新思路，综合预测"甜点"储层的分布。首先，利用高分辨率地震层序地层解释技术得到等时的地质界面，恢复沉积期古地貌，井—震结合，精细刻画相带边界；其次，在有利相带内，采用基于模型正演的地震属性定量分析技术，预测主河道砂体的展布；再次，在主河道砂体分布范围内，在叠前共反射点道集优化处理的基础上，利用射线弹性阻抗反演技术，预测储层物性的分布；最后，采用高分辨率相干加强技术预测裂缝的分布。预测流程见图 4-19。

"甜点"储层的成因分析明确了其控制因素，为地震预测指明了方向，同时也为其地震预测结果提供地质解译依据。

1."甜点"储层成因分析

大量岩心观察和岩石薄片鉴定结果表明，玛湖凹陷北斜坡三叠系百口泉组储层岩性以砂砾岩和岩屑砂岩为主，其次为砾岩。岩石成分成熟度和结构成熟度较低。储集空间类型主要是剩余粒间孔、粒间溶孔、粒内溶孔及微裂缝。根据玛北斜坡区三叠系百口泉组 508 块样品分析，储层孔隙度一般为 1.17%～16.40%，平均为 7.69%；渗透率一般为 0.01～337.00mD，平均为 3.70mD，表现为低孔低渗的特征，局部发育"甜点"储层（孔隙度大于 10%）。

1）沉积相控作用

从储层物性分析结果可以看出，扇三角洲前缘亚相好于扇三角洲平原亚相，扇三角洲前缘亚相中河道微相好于其他微相，而河道微相中储层物性也存在较大差异。通过岩心观察，把河道微相又进一步分为两类：一类是水下分流主河道，砂砾岩厚度大，砾石间充填砂质颗粒，胶结疏松，物性好；另一类是水下分支河道，砂砾岩厚度小，砾石间充填泥，胶结致密，物性差。因此，从沉积作用的角度来看，"甜点"储层主要分布在扇三角洲前缘水下分流主河道发育的地区。

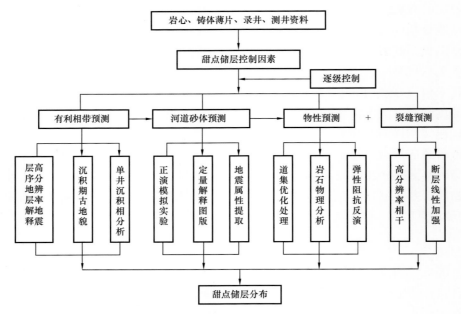

图 4-19 "甜点"储层预测流程图

2）成岩相控作用

研究区主要的成岩作用是压实和溶蚀作用，从孔隙的演化史看，埋深小于3000m时，随着深度的增大，孔隙度逐渐减小，主要是正常压实作用造成的，储集空间主要是粒间孔和剩余粒间孔，在这个阶段，水下分流主河道砂砾岩由于厚度大，泥质含量少，有利于抗压，保留了原生孔隙；埋深大于3000m时，随着深度的增大，孔隙度逐渐增大，主要是溶蚀作用造成的，储集空间主要是粒间溶孔和粒内溶孔，由于水下分流主河道水动力强，泥质含量低，压实压溶作用弱，只是在成岩早期形成了部分硅质胶结，后期由于有机酸性水对其中长石、岩屑等颗粒的溶蚀，形成了大量的次生孔隙，大大改善了低渗透砂砾岩储层的物性。

3）裂缝改造作用

裂缝的发育不仅可以改善低渗透砂砾岩储层的渗透能力，而且可以作为有效的储集空间，增加低渗透砂砾岩储层的非均质性。裂缝分为宏观裂缝和微观裂缝，其中宏观裂缝主要是构造作用形成的压碎缝，微观裂缝主要是成岩作用形成的溶蚀缝和收缩缝。在玛北地区储层中，裂缝的发育主要与构造作用有关，具有一定的方向性，主要发育在构造应力比较集中的地区。

通过对储层基本特征的研究及控制因素的分析，认为研究区"甜点"储层是指受溶蚀作用和构造作用改造导致物性变好的储层，主要发育在扇三角洲前缘水下分流主河道，孔隙度一般大于10%，且裂缝发育。即"甜点"储层的分布主要受沉积相带、砂体、物性及裂缝的控制。

2."甜点"储层地震预测

在储层成因分析的基础上，采用"相带、河道，物性 + 裂缝"逐级控制的新思路，综合预测"甜点"储层的分布。

1）有利相带预测

有利相带预测主要是利用高分辨率地震层序地层解释技术得到等时的地质界面，恢复沉积期古地貌，结合单井沉积相分析，精细刻画相带边界。具体的做法是：通过精细标定，确定了三叠系百口泉组的顶界面、底界面，以百口泉组顶界面、底界面为约束层，用最优化的分析思想对地震数据体进行空间解构，得到三维地层模型，从三维地层模型中抽取目的层（百口泉组二段）的顶界、底界，用厚度法恢复沉积期古地貌，井—震结合，对古地貌进行合理的地震地质解译。如图 4-20 所示，物源来自研究区北部，扇体的边界及河道的展布受古地貌的控制，其中低隆控制了扇体的边界，沟谷控制了河道的展布，MA13—MA2 井区为水下低洼区，为扇三角洲前缘砂体沉积卸载提供了空间。

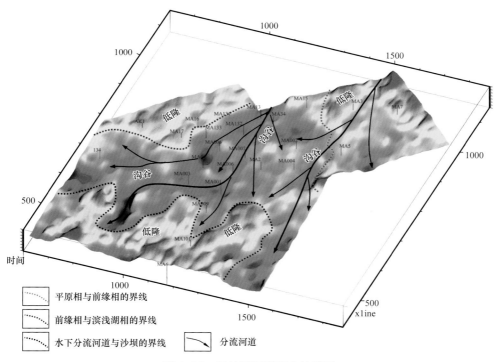

图 4-20　目的层沉积期古地貌图

2）主河道砂体预测

主河道具有砂体厚度大的特点，可以通过砂体厚度来预测主河道的展布。为了确定砂体厚度与地震响应特征之间的关系，建立了砂体楔状体地质模型。

图 4-21a 为地质模型，楔状体砂体厚度从零渐变到 22m，砂体厚度的设计来自实际井资料，正演模拟的参数来源于实际野外采集参数，采用波动方程正演模拟的方法进行正演。从正演偏移剖面可以看出，在调谐厚度内，随着砂体厚度的增大，振幅值增强。因

此，地震振幅的大小及形态可以反映河道砂体的厚度及分布。如图 4-22 所示红色区域代表河道砂体厚度大的地区，即为主河道发育的地区。结合沉积期古地貌图可以看出，研究区发育两条主河道：一条是沿 M131—MA132—MA007—MA006—MA001 井一线，另一条是在 MA002 井区及 MA004 井南部地区，这两个地区地震振幅较强，砂体厚度较大。

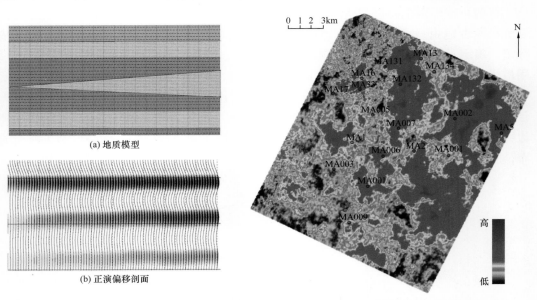

图 4-21　砂体楔状体地质模型及正演偏移剖面图　　　图 4-22　最大波峰振幅属性平面图

3）物性预测

为了提高孔隙度的预测精度，本次采用的方法如下：首先，对叠前 CRP 道集进行优化处理（刘力辉，2013）；然后通过岩石物理分析，优选敏感参数；最后，进行叠前弹性参数反演。其中，对叠前 CRP 道集进行优化处理的目的是在前期资料处理的基础上做进一步的补偿性处理，达到真振幅恢复；同时尽可能挖掘宽角度信息，使实际记录的 AVO 曲线具有稳定的抛物线特征，为叠前弹性参数反演打下良好的资料基础。图 4-23 为叠前 CRP 道集优化处理前后的对比图，从图中可以看出，原始道集资料（图 4-23a）存在随机噪声比较强，近偏移距振幅弱、同相轴分叉，中、远偏移距频率低，同相轴弯曲等问题，经过滤波处理，振幅、相位的补偿，以及道集拉平后，可以清楚地看到随机噪声得到了压制，近偏移距能量得到补偿，同相轴弯曲的现象被消除（图 4-23b），而且也保持了振幅随着偏移距变化的规律。处理后道集的 AVO 规律（图 4-23e）相比原始道集（图 4-23d）更加接近正演道集的 AVO 规律（图 4-23c、f），由此佐证了处理结果的可靠性。

岩石物理分析是连接储层参数与地震弹性参数之间的桥梁，利用核磁孔隙度测井资料及不同角度弹性波阻抗进行交会分析，认为近角度弹性波阻抗反映孔隙度比较敏感，孔隙度大于 10% 的储层其近角度弹性波阻抗值小于 10000（m/s）·（g/cm³）。最后，在道集优化处理及岩石物理分析的基础上，选用 0°～13° 的部分角度叠加数据，进行射线弹性波阻抗反演（刘力辉，2011），进而预测孔隙度大于 10% 的储层分布范围。图 4-24 为近角度叠前弹性阻抗反演平面图，图中红黄色区域是波阻抗小于 10000（m/s）·（g/cm³）的分布范围，也就是孔隙度大于 10% 的分布范围。可以明显看出物性的分布范围与主河道砂体的分布相吻合，沿 MA13—MA132—MA007—MA006—MA001 井一线、MA002 井区及 MA004 井南部地区，主河道发育的地区，储层孔隙度较高，这也说明了物性预测的合理性。

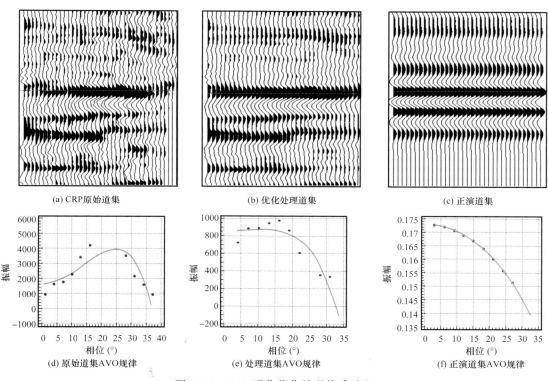

图 4-23　CRP 道集优化处理前后对比

4）裂缝预测

目前，裂缝预测的方法很多（周新桂，2007），根据研究区实际地震资料情况，在叠前 CRP 道集优化处理的基础上，选用全角度叠加数据，采用高分辨率相干加强技术预测裂缝。第一步，利用高分辨率本征值算法得到相干数据体；第二步，对相干体数据在时间切片上进行图像处理来消除由于采集原因形成的条带状噪声，第三步，对消除噪声的数据体在时间切片进行断层的线性增强处理；第四步，对经过线性增强的数据体进行平面增强处理，平面参数通过输入方位角和倾角来确定。经过前面 4 步的处理，留下来的线性增强条带或轮廓就是裂缝的反映。图 4-25 是由该方法得到的裂缝平面分布图，图中红黄色区域代表裂缝发育区，裂缝发育区呈北东—南西向展布。从裂缝发育区的展布可以看出，裂缝的发育主要受断裂控制。晚海西期，研究区西北部受南东方向的挤压，形成了两条断裂带，在断裂带附近地层压裂破碎，形成了裂缝发育带。由上面的分析可知，裂缝预测的结果与地质认识一致。同时，预测结果与钻井的成像测井解释结果吻合较好。

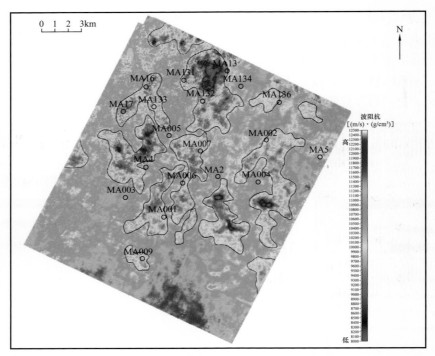

图 4-24 近角度叠前弹性波阻抗反演平面图

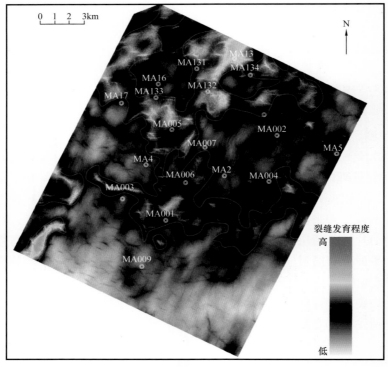

图 4-25 裂缝预测平面图

（三）应用实例

在准噶尔盆地玛北地区，采用"相带、河道，物性＋裂缝"逐级控制的思路，预测"甜点"储层面积为 41.2km²，图 4-26 中橘色的区域为前缘相带、主河道砂体、孔隙度及裂缝叠合的范围，即为"甜点"储层的分布范围。为了验证这种方法的合理性及可行性，统计了研究区 17 口井的实测孔隙度，并与预测孔隙度进行了对比，发现预测结果与实测结果吻合率达 94%。另外，在预测的"甜点"储层发育区部署的 MA132 井，砂体有效厚度达到 12.1m，实测孔隙度为 11.1%，裂缝也较发育。因此，无论钻前统计结果，还是钻后实测结果，都证实这种新思路和新方法预测"甜点"储层是有效可行的。

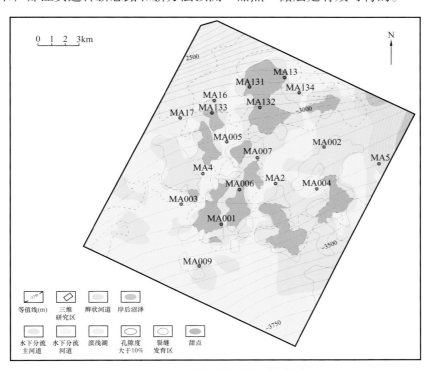

图 4-26　"甜点"储层平面分布图

二、砾岩成岩圈闭油气充注储层临界物性识别方法

（一）技术发展现状及存在问题

构成成岩圈闭的储层与致密遮挡层如何判定和量化评价是成岩圈闭有效识别的关键，从油气充注和保存的角度考虑，储层与遮挡层的差别就是油气能否进入其内，因此在这里引入"储层临界物性"作为判识两者的量化评价参数。油气充注储层临界物性是指排烃期油气由烃源岩向储层充注过程中，在特定的流体动力条件下，油气进入储层必须满足的物性下限标准，其存在已被模拟实验所证实（刘震等，2006，2012）。储层临界物性可用于评价油气能否充注到储层中，进而有效刻画储层的边界。

前人求取储层临界物性的方法主要包括经验统计法（Wardlaw 和 Kroll，1976；侯雨庭等，2003；张安达，2014）、泥质含量法（王永平等，2016）、孔渗交会法（金博等，2012）、含油产状法（李文科，2015）等。国内比较常用的有孔渗交会法、含油产状法和钻井液侵入法；国外常用的是经验统计法和泥质含量法（表 4-1）。

表 4-1　国内外储层临界物性求取方法总结简表

划分依据	具体方法	国内外常用
根据含油性与储层物性（孔隙度、渗透率）的统计关系	测试法	
	经验统计法	国外
	含油产状法	国内
	钻井液侵入法	国内
	分布函数曲线法	
	物性试油法	
	束缚水饱和度法	
根据储层本身不同物性参数之间的相关性关系	最小有效孔喉法	
	孔隙度—渗透率交会法	国内
	孔喉分布法	
	相对渗透率曲线和毛细管力曲线叠合法	
	Purcell 法	
根据储层物性变化的影响因素	泥质含量法	国外

本书参照前人研究方法，对玛湖凹陷百口泉组砾岩储层进行了临界物性的求取，基本思路如下：

$$\phi_{储层临界} = (\phi_{成藏期} - \phi_{现今}) + \phi_{现今油层物性下限}$$

其中现今含油物性下限的求取如图 4-27 所示。

由于考虑到成藏期的问题，该方法在前期应用中计算出百口泉组轻质油充注储层临界孔隙度为 7.7%。但是，按照这个数值进行成岩圈闭的刻画带来了问题，首先，在勘探过程中低于储层临界物性的地区见油（夏 89 井，夏 90 井，夏 94 井），同时发现高于储层临界物性的地区出水（艾湖 7 井、艾湖 11 井、艾湖 012 井、玛中 1 井、玛 603 井），这些井都是成岩圈闭刻画完之后部署的探井。在正常情况下，低于储层临界物性的圈闭，油应该无法充注进去，但勘探实效却相反；高于储层临界物性的圈闭，油应该能够充进去，但结果测试出水。其次，从成藏机理上，不同地区油气充注强度不同（玛西为近源，玛东为远源）；不同层系，油气充注阻力不同（纵向上与烃源岩距离不同）。所以储层临界物性只取一个固定值是不合适的，基于前期的研究，本次制订了以下新的研究思路。

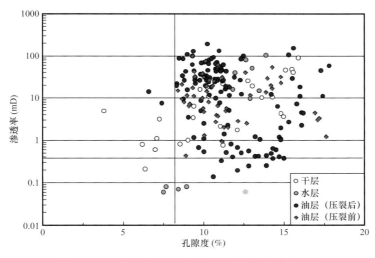

图 4-27　玛湖凹陷百口泉组含油物性下限交会图版

（二）思路及流程

如前所述，不同地区不同深度储层临界物性可能表现出不一样的值域范围，考虑到研究区烃源岩及圈闭的分布情况，要分区、分深度进行研究，初步将研究区分为 3 个区带（图 4-28）。具体研究思路及流程如图 4-29 所示。

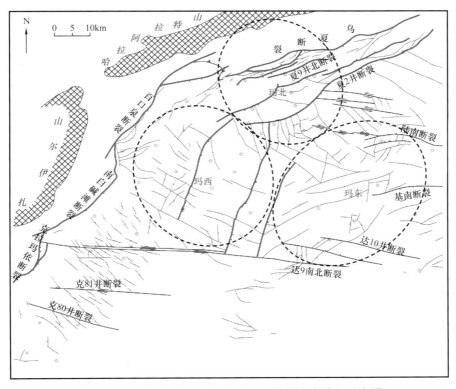

图 4-28　玛湖凹陷油气充注储层临界物性研究分区示意图

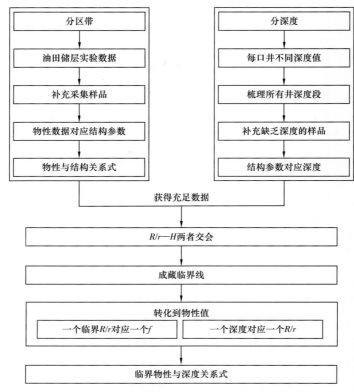

图 4-29　油气充注储层临界物性研究思路及流程

R—储层平均毛细管半径；r—围岩平均毛细管半径；H—地层埋深；f—储层临界物性

（三）方法实施

（1）统计近似深度下低渗透砂砾岩成岩圈闭含油气性并计算内外毛细管半径比值（R/r，其中，R 为外半径，r 为内半径），证实 R/r 控制成岩圈闭的有效性。

在近似深度下对钻井所在圈闭进行试油成果统计，并通过实验或已有数据，获取对应圈闭的储层毛细管半径值及围岩毛细管半径值。近似深度下围岩毛细管半径值取同一个值，如果围岩数据点较多，则取平均值。通过统计 R/r 是否存在某一值，当其小于该值时，试油成果为干层或水层，当其大于该值时，试油成果为含油水层、油水同层或油层，从而证实成岩圈闭的有效性，受储层与围岩孔隙结构特征控制，其可以用内外毛细管半径比值（R/r）量化表征。

（2）利用成岩圈闭内外毛细管半径比值（R/r）与深度交会图版，建立临界储层毛细管半径值与深度的关系。

通过实验或已有数据，获取研究区内所有已知圈闭的深度、储层毛细管半径值及围岩毛细管半径值，圈闭的试油成果必须为含油水层、油水同层或油层。在获取储层毛细管半径值的同时，记录该值对应的孔隙度值，为后续工作做准备。将成岩圈闭内外毛细管半径比值（R/r）与深度进行交会，得到成藏临界条件的线性函数（图 4-30a），建立临界储层毛细管半径值与深度的关系。

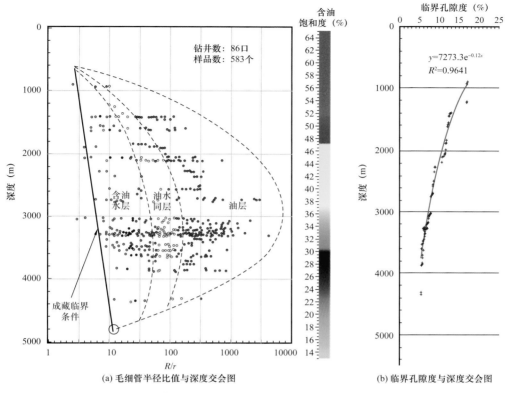

图4-30 砾岩成岩圈闭油藏储层与非储层毛细管半径比值—深度—含油饱和度解释图版

（3）基于储层毛细管半径与孔隙度相关性，求取临界孔隙度与深度的函数关系。

前人研究表明，大多数情况下储层毛细管半径与储层孔隙度存在正相关性。利用式（4-5）的储层毛细管半径值与孔隙度的相关关系，使每一个临界储层毛细管半径值对应一个临界孔隙度值，将临界孔隙度值与深度交会（图4-30b），获得式（4-6），完成砂砾岩成岩圈闭油气充注储层临界物性的识别。

$$\Delta p_c = p_r - p_R = 2\sigma\cos\theta\left(\frac{1}{r} - \frac{1}{R}\right) \tag{4-5}$$

$$\phi_c = -0.069^{-1}\ln\left(\frac{H}{6504.8}\right) \tag{4-6}$$

三、变换随机模拟缝洞储层定量化预测技术

（一）技术现状及问题

塔里木盆地奥陶系海相碳酸盐岩埋藏最深已超过7200m，主要储集类型为洞穴、裂缝—孔洞，储集空间受岩溶、断裂—裂缝控制，形态多样且复杂，非均质性强，储集体精细预测及量化难度大。经过多年联合攻关研究，逐步形成了针对缝洞型储层描述的技

术系列，并由定性发展到定量。常规的地震属性多用于描述缝洞体的轮廓，基于正演的体积校正方法能够一定程度的提高缝洞体积计算精度。但相比于常用振幅属性，纵波阻抗能较准确反映缝洞体的空间位置和形态，且与岩石物性有更加明确的相关性，是实现储层定量描述的最佳选择。李国会等（2015）提出的基于孔隙度反演的缝洞量化雕刻技术实现了由原来基于地震属性体的轮廓刻画向量化描述的转变，即先采用反演方法开展碳酸盐岩缝洞储层预测，然后利用波阻抗与孔隙度拟合关系，得到孔隙度数据体，在此基础上进行体积雕刻、储量计算等量化表征。这种基于波阻抗反演的缝洞储层量化思路与方法成为目前常用手段，取得了一定的应用效果，但存在的最大问题是波阻抗与孔隙度的拟合关系不能有效表征碳酸盐岩缝洞储层的强非均质性。李德毅院士1995年提出的定性定量不确定性转换模型，即云理论模型，能够有效提高波阻抗与孔隙度之间非线性关系的表征精度。据此提出了云变换随机模拟缝洞储层定量化预测技术。与线性拟合方法相比，该方法将整个孔隙度值范围作为一个概率分布来考虑，能更客观地描述缝洞储层非均质特性，更适用于非均质性较强的缝洞储层定量预测。具体研究思路是：先采用地质统计学反演方法开展缝洞储层波阻抗反演，然后利用云变换随机模拟方法将波阻抗转化为孔隙度，再根据测井解释结果确定有效孔隙度下限值，得到有效储层，最后完成三维空间体积雕刻及储量计算等缝洞储层量化表征。

（二）方法原理

1. 云变换

在人工智能领域，对知识和推理的不确定性主要分为模糊性和随机性两种研究。作为处理模糊性问题的主要工具，模糊集理论用隶属度来刻画模糊事物的亦此亦彼性。然而，一旦用一个精确的隶属函数来描述模糊集，模糊概念就被强行纳入精确数学的王国，从此以后，在概念的定义、定理的叙述及证明等数学思维环节中，就不再有丝毫的模糊性了。这正是传统模糊集理论的不彻底性。针对这一问题，李德毅教授在传统模糊集理论和概率统计的基础上提出了定性定量不确定性转换模型——云模型（孙东，2010；闫玲玲，2015；邸凯昌，1999；徐家润，2007）。

云变换是基于云模型的连续数据离散化方法，是一种非线性随机模拟方法，用来对具有一定有相关性的两个参数进行分析，通过概率场模拟等手段将一个数值模型变换为另一个数值模型，并保持两个模型内在的离散关系，能够用于储层预测、储量的不确定性评价及油藏数值模拟等。

云变换数学定义为：给定论域中某个数据属性 X 的频率分布统计函数 $f(X)$（根据属性值 X 的频率分布）自动生成若干个粒度不同的云 $C(E_{xi}, E_{ni}, H_{ei})$ 叠加，每个云代表一个离散的、定性的概念。其数学表达式为

$$f(X) \rightarrow \sum_{i=1}^{N} a_i C(E_{xi}, E_{ni}, H_{ei}) \tag{4-7}$$

式中，a_i 为幅度系数；C 为云模型函数；E_{xi} 为云模型函数 C 的期望值；E_{ni} 为 C 的熵；H_{ei} 为 C 的超熵；N 为变换后生成离散概念的个数。

云变换实施过程包括具体算法、实现步骤、分解方法等过程。

（1）具体算法：输入数据集合 X（原始数据，如通过波阻抗数据转换为孔隙度数据时，输入波阻抗数据）和误差阈值 ε（允许误差门槛值），通过云变换算法输出 N 个用正态云模型表示的概念。

（2）实现步骤：① 计算数据集合的频率分布函数 $f(x)$ $[f(x)$ 为 $f(X)$ 的一个解 $]$；② 将 $f(x)$ 分解为 N 个正态函数之和，N 由误差阈值 ε 决定；③ 根据分解出的正态函数计算出云模型的期望；④ 根据分解出的正态函数将原始数据划分为 N 个数据集，利用无需确定度信息的逆向云算法，计算出 N 个云模型的熵和超熵。

（3）分解方法：① 将 $f(x)$ 波峰所在的位置定义为云的期望 E_{xi}，估计以 E_{xi} 为期望的云模型的熵 E_{ni}，计算云模型的数据分布函数 $f_i(x)$，得到一个拟合云；② 从中减去得到的云模型的数据分布函数 $f_i(x)$，得到新数据的分布函数 $f'(x)$。根据此分解法，可以分解出多个云模型。

2. 地质统计学反演

波阻抗反演通过井震结合能够提高储层预测精度，但碳酸盐岩缝洞型储层非均质性很强，一般反演方法难以把井信息有效融入地震，使得反演结果精度较低。如稀疏脉冲反演结果忠实于地震，分辨率低；模型反演可以提高分辨率，但通过井插值补充高频信息时，缺乏横向约束，易模型化。相对稀疏脉冲和模型反演等常用方法，地质统计学反演更适用于非均质性储层预测，由井统计变差函数和概率密度函数（PDF）作为反映储集体发育规律的先验信息，根据变程大小优选相关样本对井间变量进行估计，获得同时满足地震数据与所输入的先验信息的储层预测结果，反演分辨率及精度更高。

地质统计学反演又称随机反演，它结合了地震反演储层预测方法和随机建模储层预测方法的优势，充分利用随机建模技术综合不同尺度的数据，目前该方法在国外已广泛应用于油气田开发阶段的储层预测，取得了较好效果。其主要包含两个过程。

1）随机性过程

随机地震反演的随机性过程运用序贯模拟的思想，其主要步骤为：第一步，随机选择一个待模拟的网格节点；第二步，估计该节点的 CCDF；第三步，随机地从 CCDF 中提取一个分位数作为该节点的模拟值；第四步，将新模拟值加到条件数据组中；重复第一步—第四步，直到所有节点都被模拟到为止，从而得到一个模拟实现。

2）地震反演过程

在每一个实现的每一个地震道上，将随机提取的反射系数与求取的地震子波进行褶积，生成合成地震道，将合成地震道与原始地震道对比，计算反演的剩余值，如果不满足精度要求，重新对该道网格节点值进行模拟，直到合成道与原始地震道有很好的匹配为止。选择合成地震记录最好的节点值作为反演的结果，然后对下一个随机选取的节点进行反演，直到完成一个随机实现的全部反演为止。

（三）应用实例

该技术在塔里木盆地英买 2 区块缝洞储层的定量化表征中应用效果显著。在曲线标准化、精细标定与子波提取、层位精细解释等工作的基础上，首先进行稀释脉冲反演，弄清楚研究区内缝洞储层的空间展布情况；然后通过大量参数实验，包括变差函数、岩性分类与比例等，得到比稀疏脉冲反演精度更高的地质统计学反演结果，不仅分辨率得到提高，更重要的是保留了缝洞储层的非均质性；然后分别采用线性拟合与云变换将波阻抗转化为孔隙度。

如图 4-31 所示，已知 Ym2-3 井一间房组顶部有漏失，且生产动态分析结果明确 Ym2-3-5 井与 Ym2-3 井连通，但裂缝预测结果显示两口井之间并没有裂缝发育，因此可确定 Ym2-3 井一间房组顶部发育一套表生岩溶缝洞储层，并延伸至 Ym2-3-5 井，云变换孔隙度预测结果与实钻井储层吻合。通过研究区内 45 口井对比分析，储层预测吻合率由 83% 提高到 92%，更精确地反映了碳酸盐岩缝洞储层的空间分布规律、内部结构及非均质性。云变换随机模拟缝洞储层定量化表征技术为英买 2 区块高产高效井部署及储量计算提供了有力支撑。

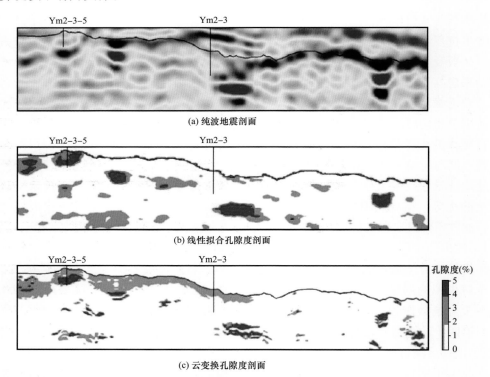

(a) 纯波地震剖面

(b) 线性拟合孔隙度剖面

(c) 云变换孔隙度剖面

图 4-31　云变换与线性拟合结果对比图

四、谱衰减油气检测方法

（一）技术发展现状及存在问题

地震烃类检测技术在碳酸盐岩储层油气勘探开发中发挥着越来越重要的作用。近些年，基于叠前和叠后地震资料的烃类检测技术都取得了迅速的发展。Goodway（1997）等提出了识别流体的 LMR 法，Russel（2003）等提出了识别流体组分的 Russel 法，高建虎、雍学善（2004）利用地震子波进行油气检测，刘洋（2005）等分别提出了利用纵、横波速度和密度信息进行油藏参数预测的方法。上述烃类检测技术是针对目的层的烃类检测技术，由于碳酸盐岩非均质性强，裂缝型储层呈"弱振幅"响应，与周边非储层的地震响应没有明显的差异，因此，用基于目的层的烃类检测技术对呈"弱振幅"响应的碳酸盐岩储层难以取得良好效果。

（二）方法实施

为了更敏感更直观地进行碳酸盐岩储层烃类检测，本书提出了一种基于叠后地震资料的碳酸盐岩裂缝型储层烃类检测方法。采用避开目的层，沿目的层顶、底各开一个等大的沿层时窗，通过估算上、下时窗内地震数据的地震子波衰减谱的方法进行烃类检测。

1. 基于复倒谱匹配法的地震子波估算

地震子波提取方法主要分为确定性子波提取方法、统计性子波提取方法两大类。确定性子波提取方法首先利用测井资料计算出反射系数序列，然后结合井旁地震道由褶积模型求出地震子波。统计性子波提取方法通过地震道自身来估计子波，由于进行全区的烃类检测，因此选择统计学子波提取方法进行子波估算。统计学子波提取方法较多，有自相关法、Z 变换法、四阶矩法、分形地震子波提取法等，这些方法基于一些假设前提：地震子波具有时不变及单一相位的特征（零相位、最小相位或最大相位），反射系数是具有白噪谱的随机序列。实际上，地震子波不是单一相位的，而是混合相位的，反射系数序列也不是具有白噪谱的随机序列（陆文凯，1998）。因此，采用同态滤波法进行地震子波估算较好，同态滤波法是可以估算混合相位地震子波的几种方法之一（杨培杰，2008）。该方法假设地震子波的振幅谱是光滑的，因而其复倒谱集中发布在原点附近；而反射系数的振幅谱是振荡的，其复倒谱分布在远离原点处。设计时间域低通滤波器分离地震子波序列的复倒谱，进而计算地震子波及其频谱。该方法所做的假设是：地震子波的振幅谱是光滑的及反射系数序列的振幅谱是震荡的，这一假设基本符合实际情况。

2. 衰减谱计算

首先对地震数据进行去噪处理，尽可能消除地震噪声影响，然后求取沿目的层的上、下时窗的地震子波衰减谱，再通过地震子波衰减谱来检测地层的含油气性。具体流程如下。

（1）去噪分析：采用独立成分分析方法对地震数据进行去噪处理，提高地震数据的信噪比，尽可能地消除地震噪声影响。

（2）目的层顶、底层位追踪：开展合成记录制作，将地震层位转换到时间域，并标定到地震剖面上，开展准确的目的层顶、底追踪。

（3）时窗选取及上、下时窗子波谱差值计算：选择一条串联已知井的联井剖面，沿目的层的顶、底开两个时窗（上、下时窗大小都为 t_0），应用基于复倒谱匹配法的地震子波估算方法计算地震子波谱。对上、下两个时窗内地震子波谱进行差值计算，得到上、下两个时窗内的地震子波衰减谱。对已知钻井情况和地震子波衰减谱进行对比分析，如果在油气井处地震子波衰减谱在高频段出现严重衰减（对地震数据进行频带分析，确定高频段频率），说明时窗大小 t_0 选择合适。如果已知钻井情况与地震子波衰减谱不匹配，则重新调整时窗大小 t_0，按照上述方法进行地震子波衰减谱的计算，直到所有已知钻井与地震子波衰减谱匹配，最终确定最合适的时窗大小。在确定最合适时窗大小的基础上，进行全区地震子波衰减谱的计算。

（三）应用实例

研究区位于塔里木盆地塔北地区 Y2 井区，主力含油气层为奥陶系鹰山组储层，岩性以亮晶砂屑灰岩为主，储层类型为碳酸盐岩裂缝—孔洞型储层，总孔隙度为 0.1%～6.2%，裂缝孔隙度为 0.001%～0.367%，含油饱和度为 1%～56%，油、气、水共存。目的层埋深约 5600m，地震资料主频约 26Hz。对目的层进行精细的顶、底层位标定解释，选取联井剖面，沿目的层顶以上和目的层底以下分别开等长的沿层初始时窗，运用基于复倒谱匹配法的地震子波估算方法计算地震子波谱及衰减谱。将地震子波衰减谱和已知钻井进行对比，不断调整时窗大小，最终确定合适的时窗，进而计算全区的地震子波衰减谱。

Y2 井为工业油气流井，储层类型属于裂缝型储层，上、下时窗子波谱在高频端 40～60Hz（地震资料主频约 26Hz，40～60Hz 属于地震频谱的高频）处存在明显差异，即有明显的衰减（图 4-32a）。Y1 井为水井，在井点处上、下时窗子波谱在高频段为 40～60Hz 处衰减不明显（图 4-32b）。

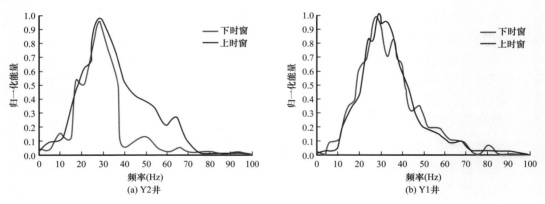

图 4-32　井点处上下时窗子波谱

储层赋存油气使得地震高频能量衰减，低频能量增强，吸收系数增大及平均频率降低。在该研究区，应用基于目的层的地震数据计算低频能量、平均频率及吸收系数进行烃类检测。以 Y12 井为例，该井是一口工业油气流井，储层类型为裂缝型，对该井点处含油气储层段进行地震波特征分析（图 4-33a），井点处低频能量低，平均频率高，吸收系数低，是一个非油气储层的响应。而利用上下时窗子波衰减谱的方法进行烃类检测，井点处的地震子波在高频段存在着明显的衰减（图 4-33b），说明在该地区利用子波衰减谱进行烃类检测的敏感性更高。

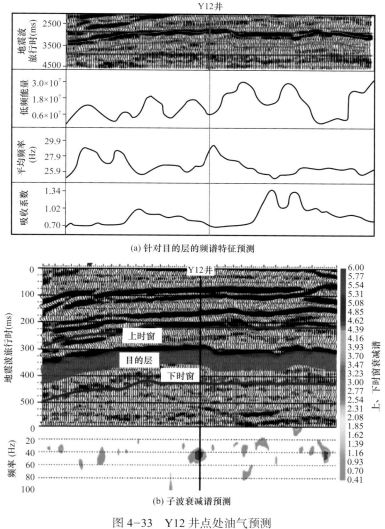

图 4-33　Y12 井点处油气预测

五、叠前储层预测及油气检测技术

（一）研究现状

不同岩石或同一种岩石含不同流体时的弹性性质不同，反映在地震剖面上则是振幅响应不同。通过叠前地震反演可以将叠前地震振幅转化为油气敏感参数，如截距、梯度及纵波、横波速度、拉梅参数、泊松比等。Zoeppritz 方程及其近似方程的提出，使岩石弹性参数与地震振幅发生了直接联系，是叠前储层预测与油气检测的理论基础，推动了叠前地震 AVO 反演、叠前地震弹性参数反演等经典的储层预测及油气检测技术的诞生。

由于 Zoeppritz 方程较为复杂，起初并未引起重视。直到 Bortfeld（1961）首次给出了 Zoeppritz 方程的近似方程，使得 Zoeppritz 方程中所暗含的振幅与岩石弹性性质间的关系才更加明确地显现出来。Aki 和 Richards（1980）在假设地层介质弹性参数变化较小的条件下近似得出了包含纵横波速度和密度项的 3 项式近似方程，这是目前叠前地震反演最常用的 Zoeppritz 近似式。AVO 是一项利用振幅随炮检距变化特征分析和识别岩性及油气藏的地震勘探技术。20 世纪 80 年代初，Ostrander 研究了纵波反射振幅随炮检距的变化规律，认为可以利用含气砂岩的反射振幅随炮检距的变化而变化这一现象直接寻找烃类，即"亮点"技术。Ostrander 的发现标志着 AVO 分析方法开始真正应用于流体识别领域。随着采集与处理技术的发展，更多的学者开始基于叠前地震资料对储层预测与油气检测技术进行更加全面、细致地研究。1985 年，Shuey 对各种近似进行重组，证明了反射系数随入射角的变化梯度主要由泊松比的变化决定，给出了用不同角度项表示的反射系数近似方程并首次提出了反射系数 AVO 截距和梯度的概念及反演方法，指出截距与梯度参数对流体极为敏感，可以用于油气检测。这种识别流体的方法开创了 AVO 属性检测油气的先河。截距与梯度的交会分析可以揭示不同的 AVO 现象，从而判断不同的含气砂岩类型。随后出现了突出流体异常的截距与梯度的各种组合属性。Hilterman 等（1989）在分析了 Shuey 近似方程的基础上，指出利用泊松比反射率作为指示油气异常的参数，有较好的流体识别效果。Fatti 等（1994）重新组合了 Aki-Richards 近似方程，利用加权叠加的方法提取出了纵波、横波阻抗反射率，并改进了 Smith-Gidlow 流体因子，使油气指示效果更稳定。

叠前 AVO 分析方法经过近 40 年的发展，因其对叠前地震道集振幅信息的充分利用，逐渐成为叠前储层预测及油气检测领域最具影响力的方法之一。但随着勘探的深入，目标地质体的厚度一般在 20m 左右甚至更小。通常情况下，地震子波的主频在 30Hz 左右，对于厚度在 1/4 波长（四川盆地约为 25m）以下的薄储层就很难区分开顶部和底部反射同相轴，常规 AVO 反演方法已不能满足薄储层勘探的要求。因此，高分辨率叠前 AVO 反演技术成为叠前地震反演未来主要发展方向之一。

另外一类叠前储层预测及油气检测常用技术是叠前地震弹性参数反演技术。叠前地震弹性参数反演的目标是获得岩石的密度、纵波速度、横波速度及泊松比等与流体关系密切的弹性参数。目前，叠前地震弹性参数反演的方法可分为两类：一类是基于波动方程的反演，这种方法计算复杂，精度高，但计算效率低；另一类是根据 Zoeppritz 方程或其近似方程进行反演，精度不如前者高，但简单、方便、效率高，更具有可操作性。

Goodway 等（1997）提出了流体识别领域具有重大意义的 LMR 法，根据 Fatti 等的研究成果首先提取出纵波、横波阻抗反射率，然后采用叠后反演的方法得到纵波、横波阻抗，通过转化计算得到拉梅参数和剪切模量与密度的乘积作为油气指示工具。Gray 等（1999）重新推导了 Zoeppritz 近似方程，提出了包含拉梅参数、剪切模量及体积模量的 Gray 近似方程。该方程采用 Goodway LMR 流体因子提取方法，可以直接提取出拉梅参数、剪切模量、密度等弹性参数。随着应用的深入，这种方法的不足逐渐显现，主要是叠前地震道集的信噪比不高且参与反演的子波形态单一，没有随角度变化，基于这种反演方法提取的弹性参数频带较窄、受噪声影响较大，只能定性反映储层流体特征。1999 年，Connolly 提出了具有划时代意义的弹性阻抗反演理论，弹性阻抗结合了叠前 AVO 地震反演与叠后波阻抗反演的优点，基于抗噪性更好的角度部分叠加道集、考虑到了子波随炮检距的变化，利用传统叠后反演的方法即可得到对岩性及流体更敏感的阻抗数据体。在弹性阻抗数据体本身作为油气检测敏感参数的同时，更多的是基于弹性阻抗数据体提取出纵波、横波速度及密度等弹性参数，进而通过组合关系式得到一系列油气敏感参数。大量实际应用表明，这种方法能够提供更为可靠的弹性参数。

常规叠前地震弹性参数反演方法将含流体储层等效为单一固体。然而，含油气储层并非完全固体的弹性介质，通常情况下为孔隙—裂缝型，表现为固体骨架与流体双相介质特征。由于流体的存在及固体与流体的相互作用会弱化岩石的力学性质，弹性波在双相介质中的传播比在单相介质中的传播更具复杂性，双相介质中不仅有第一类纵波，还有第二类纵波，地震波的反射与透射机理与单相介质存在着较大的差别。因此，传统基于单相介质理论的 Zoeppritz 方程难以准确描述地震波在双相介质中的传播过程和规律。

（二）高分辨率叠前 AVO 反演技术

常规叠前 AVO 反演技术认为地下介质是层状的，而反射系数应该是稀疏离散的，不考虑这一条件进行反演求解，会导致反演结果分辨率变差以及结果的不准确。Pérez 等（2011）介绍了一种利用模拟退火和最小平方约束求解联合求取稀疏反演结果的方法，但这种方法计算过于复杂，效率较差。随后 Pérez（2013）又提出了一种基于压缩感知的快速迭代软阈值算法加传统最小平方约束求解算法联合进行叠前稀疏反演的方法，取得了不错的效果。压缩感知方法意在用一特定信号对图像进行快速分解以节约存储空间，然后还要保证用这一信号能够对原图像进行快速、准确的重构。这个思路与稀疏反演是一致的，通过构建合适的目标函数，就可以借鉴压缩感知的一些求解算法，开展地球物理反演。

本书在 Pérez（2013）方法的基础之上进行了进一步研究，并做了一定改进，发现该方法能够高分辨率定位地下反射界面的位置，准确地对截距、梯度及曲率三个系数进行求解，且具有良好的抗噪性。

1. 基本原理

假设不含噪声的 N 道记录的角道集可以描述为：

$$s(\theta_i) = w * r(\theta_i) \tag{4-8}$$

式中，$s(\theta_i)$ 是入射角为 θ_i 的地震记录道；w 是震源子波；$r(\theta_i)$ 是反射系数序列；* 表示褶积运算。

根据 Zoeppritz 方程的近似式，t 时刻的反射系数能够描述成关于入射角的方程，其一般形式为：

$$r_t(\theta_i) = \sum_{k=1}^{n} x_{tk} g_k(\theta_i) \tag{4-9}$$

式中，系数 x_{tk} 取决于地下介质不同方向上的岩石 k 物理性质（速度、密度等）；n 是所选近似公式中项的个数（通常为 2 或 3）；$g_k(\theta_i)$ 是与入射角有关的函数，这里，入射角必须小于临界角。

本书选用的是三参数 Aki 近似公式，即：

$$r_t(\theta_i) = A_t + B_t \sin^2(\theta_i) + C_t \sin^2(\theta_i)\tan^2(\theta_i) \tag{4-10}$$

式中，A_t、B_t、C_t 为所求的截距、梯度及曲率反射系数，n 为 3。

结合式（4-8）和式（4-9），可以得到式（4-11）所示的角道集记录表示形式。

$$A(\theta_i) = s(\theta_i), i = 1, \cdots, N \tag{4-11}$$

式中，设地震记录的长度为 L；子波长度为 l。那么，矩阵 $A(\theta_i)$ 的维数为 $L \times nL$，可以描述为：

$$A(\theta_i) = \left[A_1(\theta_i) \big| \cdots \big| A_n(\theta_i) \right] \tag{4-12}$$

其中，$A(\theta_i)$ 是 $L \times L$ 维子矩阵，且 $k = 1$，$\cdots$，n，其构成元素为：

$$\left[A_k(\theta_i) \right]_{hj} = g_k(\theta_i) w_{h-j+1} \tag{4-13}$$

式中，$h = 1$，$\cdots$，L，$j = 1$，$\cdots$，l。那么，式（4-9）至式（4-11）表示的 N 维方程组可以简单地写成下述矩阵的形式：

$$Ax = s \tag{4-14}$$

式中，$A = \left[A(\theta_0), \cdots, A(\theta_N) \right]^{\mathrm{T}}$ 是多列矩阵 $A(\theta_i)$；s 是单列向量 $s(\theta_i)$，$i = 1$，$\cdots$，N；N 为总的入射角数。

式（4-14）是一超定线性方程组，采用 L2 范数（误差）和 L1 范数约束条件能够求得稳定的、稀疏的解。因此，反问题转化为求使下列成本函数最小的解 x。

$$J = \| Ax - s \|^2 + \lambda \| x \|_1 \tag{4-15}$$

式中，第一项是误差项，用于衡量模型和观测数据之间的差异；第二项则是为了得到稀疏的解；权系数 λ 用来调节两项所占的比重，即，λ 值越大，L1 范数所占比重越大，所得的解也就越稀疏。但需要注意的是，当 λ 值过大时，也会使解的大小不够准确，甚至缺失部分解。为了使式（4-15）所示的成本函数最小，计算其对未知量 x 的导数并令其为零，最终可以得到如式（4-16）所示的简化目标函数：

$$y = Ax + \lambda \mathrm{sign}(x) \tag{4-16}$$

对式（4-16）所示的目标函数的求解方法，现在已有很多。本研究采用的是计算效率及准确性都比较好的快速迭代软阈值算法（FISTA），其具体计算步骤如下：

（1）初始化 $z_1 = x_0$，$t_1 = 1$。

（2）计算 $x_k = \mathrm{soft}\left[z_k + \dfrac{1}{\alpha} A^{\mathrm{H}} (y - Az_k), \dfrac{\lambda}{\alpha} \right]$。

（3）计算 $t_{k+1} = \dfrac{1 + \sqrt{1 + 4t_k^2}}{2}$。

（4）计算 $z_k = x_k + \dfrac{t_k - 1}{t_{k+1}}\left(x_k - x_{k-1}\right)$。

（5）按步骤（2）计算 x_{k+1}，并计算其与 x_k 的误差；重复步骤（2）—（5）直到满足精度要求。

其中，参数 α 须大于矩阵 $\boldsymbol{A}$ 的最大特征值，soft 为迭代软阈值函数，定义为：

$$\text{soft}\left(u,a\right) = \text{sign}\left(u\right)\max\left(\left|u\right| - a, 0\right) \tag{4-17}$$

当地震记录中存在噪声时，可能得到数学上正确但实际却不稳定的解。一般来说，当地震记录中含噪声越多，就应该选取更大一些的参数 λ，但通过增大 λ 值来抑制噪声的作用是十分有限的，且 λ 值过大时，还可能会缺失部分有效解（下面模型试算中将证明这些）。

假设通过压缩感知求解得到了一个稀疏的解 x，那么根据非零解的位置，可以对矩阵 $\boldsymbol{A}$ 的行列进行筛选，得到一个新的、更小的求解稀疏反射系数的方程组：

$$\boldsymbol{B}\boldsymbol{y} = \boldsymbol{s} \tag{4-18}$$

式中，$\boldsymbol{y}$ 是未知反射系数列向量，即 FISTA 解 x 中的非零位置值。对于上述线性方程组，可以简单地采用逆矩阵方法进行求解，但直接的矩阵求逆计算是不稳定的，可以构造形如式（4-19）的误差函数，然后采用传统反演方法中的经典算法求取使得误差最小的解。

$$f\left(\boldsymbol{y}\right) = \left(\boldsymbol{s}_i - \boldsymbol{B}\boldsymbol{y}_i\right)^2 \tag{4-19}$$

选用拟牛顿方法求解使式（4-20）所示误差函数最小的解。这种方法实际上是先给定一个初始解（通常为 0 向量或者单位向量），然后通过构建 Hessian 矩阵确定搜索的步长及方向，对方程进行迭代求解。具体求解步骤如下：

（1）取初始点 y_0，允许误差 $\varepsilon > 0$。

（2）初始矩阵，置 $k = 0$。

（3）计算，求 λ_k 满足，$\boldsymbol{y}_{k+1} = \boldsymbol{y}_k + \lambda_k \boldsymbol{p}_k$。

（4）若 $\left\|\nabla f\left(\boldsymbol{y}_{k+1}\right)\right\| < \varepsilon$，则停止迭代，得到解 $\boldsymbol{y}_{k+1}$，否则转到下一步。

（5）若 k 小于设定最大迭代次数，计算 $\Delta\boldsymbol{g}_k = \nabla f\left(\boldsymbol{y}_{k+1}\right) - \nabla f\left(\boldsymbol{y}_k\right)$ 和 $\Delta\boldsymbol{y}_k = \boldsymbol{y}_{k+1} - \boldsymbol{y}_k$，并按公式计算 $\overline{\boldsymbol{H}_{k+1}}$，令 $k = k+1$ 转步骤（3）；否则，令 $\boldsymbol{y}_0 = \boldsymbol{y}_{k+1}$，转步骤（2）。

$$\bar{\boldsymbol{H}}_{k+1} = \bar{\boldsymbol{H}}_k + \left[1 + \frac{\left(\Delta\boldsymbol{g}_k\right)^{\mathrm{T}}\bar{\boldsymbol{H}}_k\Delta\boldsymbol{g}_k}{\left(\Delta\boldsymbol{y}_k\right)^{\mathrm{T}}\Delta\boldsymbol{g}_k}\right]\frac{\Delta\boldsymbol{y}_k\left(\Delta\boldsymbol{y}_k\right)^{\mathrm{T}}}{\left(\Delta\boldsymbol{y}_k\right)^{\mathrm{T}}\Delta\boldsymbol{g}_k} - \frac{\Delta\boldsymbol{y}_k\left(\Delta\boldsymbol{g}_k\right)^{\mathrm{T}}\bar{\boldsymbol{H}}_k + \bar{\boldsymbol{H}}_k\Delta\boldsymbol{g}_k\left(\Delta\boldsymbol{y}_k\right)^{\mathrm{T}}}{\left(\Delta\boldsymbol{y}_k\right)^{\mathrm{T}}\Delta\boldsymbol{g}_k} \tag{4-20}$$

通过上述步骤，可以很方便地求取最终的、高分辨率的反问题解 $\boldsymbol{y}$。

采用本方法进行反演是不需要初始模型的，采用拟牛顿法进行求解时，通常简单初始化迭代向量 $\boldsymbol{y}_0$ 为 0 向量或者单位向量。考虑到快速软阈值算法可以得到一个位置准确但值不精确的解，本方法也尝试将直接用压缩感知进行求解的反演结果作为初始迭代值进行求解。

2. 实际资料测试

数据源自加拿大艾伯塔地区，目标储层为含气砂岩（图 4-35 中圆圈所示位置）。从数据体中选取了一条过井线进行试算，分别用传统 AVO 属性分析、压缩感知直接反演方法、传统最小平方约束反演及修正的压缩感知反演方法对数据体进行了 Aki 三参数反演，结果如图 4-34 所示。

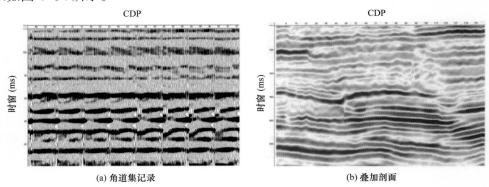

图 4-34　角道集记录及叠加剖面

分析可见，商业软件（HRS）传统 AVO 属性分析的分辨率较差（图 4-35a—c）；压缩感知直接反演结果不稳定、不准确（图 4-35d—f）；传统最小平方约束反演的结果分辨率也相对较差，且解的准确与否也有待进一步商榷（图 4-35g—i）；采用修正的压缩感知方法进行反演结果分辨率得到明显改善（图 4-35j—o）；但需要注意的是，直接采用矩阵求逆进行求解，结果也不太稳定，反演结果中出现很多噪声干扰（图 4-35j—l）；而采用拟牛顿法进行求解，结果则要稳定得多（图 4-35m—o）。

此外，本测试数据所在研究区发育一个大型气藏（图 4-35 中圆圈所示位置）；对比所有方法的反演结果，采用拟牛顿法进行最下平方约束求解的修正的压缩感知反演方法得到气藏特征最为突显，可以推测，本方法进行反演的结果是最为准确的。也就是说，采用修正的压缩感知方法进行反演，既能够提高反演结果的分辨率，又能提高其准确性，可以说这是一个较大的飞跃。

单纯用压缩感知的 FISTA 方法进行 AVO 三参数反演时，参数的选取比较困难，尤其当角道集记录中含有噪声时，不能得到令人满意的反演结果。在 FISTA 求解基础之上引入最小平方约束求解，对解的大小进行校正，既能保证解的稀疏性，又能保证解的稳定性，在很大的一个取值空间内都能得到较为准确的解，且该方法对噪声不敏感，抗噪效果良好。另外，这种方法求解过程中并不需要初始模型，这相比于传统算法是一较大进步，在实际应用过程中，可以很方便地用这种方法求取高分辨率的、准确的储层参数。再者，由于快速迭代软阈值方法大大减小了最小平方约束求解矩阵的维度，采用该方法进行反演还能大大提高求解效率，尤其是将快速迭代软阈值方法计算结果作为拟牛顿法迭代的初始值时，可以使求解效率变得更高。也就是说，采用修正的压缩感知方法进行叠前反演，既能够提高反演结果的分辨率及准确性，又可以提高反演的计算效率。

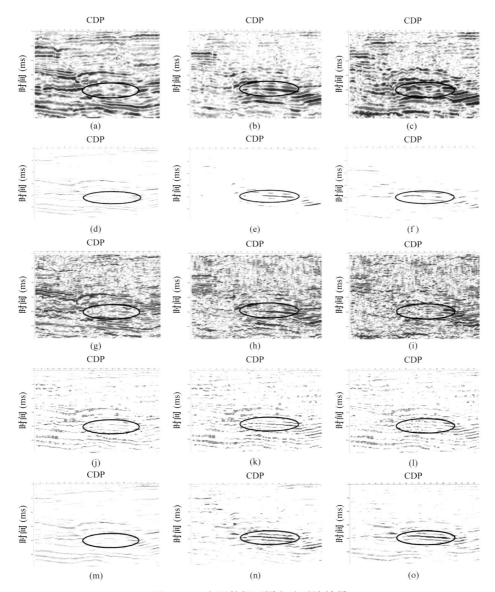

图 4-35　实际数据不同方法反演结果

（a）—（c）传统 AVO 属性分析结果；（d）—（f）压缩感知直接反演结果；（g）—（i）最小平方约束反演结果；（j）—（l）修正的压缩感知方法反演结果（矩阵求逆方法）；（m）—（o）修正的压缩感知方法反演结果（拟牛顿法）

（三）油气检测方法发展展望

Biot 理论的提出奠定了双相介质传播理论的基础。双相介质理论充分考虑了介质的岩石骨架结构和孔隙流体性质及局部特性与整体效应的关系，将含流体储层表述为固体相和流体相的复合体，且分别考虑了固体和流体及二者相互耦合对地震波传播的影响。Nur 等（1989，1999）总结了早期学者关于双相介质的理论、模型与实验的研究成果，较为详细地论述了流体饱和度、裂隙密度、孔隙度、孔隙流体压力与围压、裂隙与孔隙空间几何形态等因素对地震波传播的影响及孔隙性岩石地震波传播特点，并指出了双相介质理论在测井评价、强化回收率、断层检测、油气区域圈定等领域的应用前景。牟永光（1996）通过数值模拟实验，观测到了双相介质中慢速纵波和慢速横波的存在并给出了双相介质 AVO 方程的具体表达式。雍学善和高建虎等（2006，2007）对双相介质 AVO 方程进行了参数简化及反演研究，为双相介质地震波传播理论的实际应用开辟了新的途径。王华青等（2011）从岩土力学、地球物理勘探、声学研究等领域总结了双相介质弹性波传播问题在理论、动态参数的测量技术、动力响应分析方面的研究成果。这些成果为进一步研究双相介质叠前储层预测与油气检测提供了坚实的基础。

1. 基本原理

定义快纵波反射系数 $R_{P11}=A_{P11}/A_{Pi}$，慢纵波反射系数 $R_{P12}=A_{P12}/A_{Pi}$，横波反射系数 $R_{S1}=A_{S1}/A_{Pi}$，快纵波透射系数 $T_{P21}=A_{P21}/A_{Pi}$，慢纵波透射系数 $T_{P22}=A_{P22}/A_{Pi}$，横波透射系数 $T_{S2}=A_{S2}/A_{Pi}$。根据牟永光教授（1996）的研究结果，可推导出储层内部两种双相介质分界面的反射系数和透射系数方程：

$$
\begin{bmatrix}
\cos\alpha_{11} & \cos\alpha_{12} & -\sin\beta_1 & \cos\alpha_{21} & \cos\alpha_{22} & -\sin\beta_2 \\
\sin\alpha_{11} & \sin\alpha_{12} & \cos\beta_1 & -\sin\alpha_{21} & -\sin\alpha_{21} & \cos\beta_2 \\
\eta_{12} & \eta_{12} & -l_1 N_1 \cos 2\beta_1 & -\eta_{21} & -\eta_{22} & -l_2 N_2 \cos 2\beta_2 \\
N_1 l_{11}\sin 2\alpha_{11} & N_1 l_{12}\sin 2\alpha_{11} & N_1 l_1 \cos 2\beta_1 & N_2 l_{21}\sin 2\alpha_{21} & N_2 l_{22}\sin 2\alpha_{22} & N_2 l_{22}\sin 2\alpha_{22} \\
\delta_{11} & \delta_{12} & -\phi_1\left(1+\dfrac{\rho_{12}^{(1)}}{\rho_{22}^{(1)}}\right)\sin\beta_1 & \delta_{21} & \delta_{22} & -\phi_2\left(1+\dfrac{\rho_{12}^{(2)}}{\rho_{22}^{(2)}}\right)\sin\beta_2 \\
\kappa_{12} & \kappa_{12} & 0 & -\kappa_{21} & -\kappa_{22} & 0
\end{bmatrix}
\begin{bmatrix}
R_{P11} \\ R_{P12} \\ R_{S1} \\ T_{P21} \\ T_{P22} \\ T_{S2}
\end{bmatrix}
=
\begin{bmatrix}
\cos\alpha_i \\
\sin\alpha_i \\
l_i\left(A_1+2N_1\cos 2\alpha_i \atop +m_{11}Q_1+Q_1+m_{11}R_1\right) \\
N_1 l_i \sin 2\alpha_i \\
\phi_1(1-m_{11})\cos\alpha_i \\
\dfrac{-l_i(Q_1+R_1 m_{11})}{\phi_i}
\end{bmatrix}
$$

（4-21）

式（4-21）为储层内部双相介质分界面的反射系数和透射系数方程。式中：A_1、N_1、Q_1、R_1 为上层介质弹性参数；$\rho_{11}^{(1)}$、$\rho_{22}^{(1)}$、$\rho_{12}^{(1)}$ 为上层介质密度；A_2、N_2、Q_2、R_2 为下层介质弹性参数；$\rho_{11}^{(2)}$、$\rho_{22}^{(2)}$、$\rho_{12}^{(2)}$ 为下层介质密度；ϕ_1、ϕ_2 为上、下层介质孔隙度；l_{11}、l_{12}、l_1、l_{21}、l_{22}、l_2、l_i 为 P11、P12、S1、P21、P22、S2、Pi 波的圆波数；m_{11}、m_{12}、m_{21}、m_{22} 分别为 P11、P12、P21、P22 波对应的流体振幅与固体振幅之比；α_{11}、α_{12}、β_1 分别为 P11、P12、S1 的反射角；α_{21}、α_{22}、β_2 分别为 P21、P22、S2 的透射角；α_i 为 Pi 波的入射角。

不同于等效介质理论中的 Zoeppritz 方程可由纵波速度、横波速度及密度 3 个参数来描述，双相介质反射系数方程由 8 个独立的未知参数组成，其中包括 4 个弹性参数（A、N、Q、R）、3 个质量参数（ρ_{11}、ρ_{22}、ρ_{12}）和孔隙度（ϕ）。该方程未知参数较多且高度非线性，直接用于叠前地震反演极不稳定，导致难以实现工业化应用，因此有必要对双相介质方程进行简化。

目标简化方程可以表示为固相部分与液相部分之和，如式（4-22）所示：

$$
R(\theta)=a(\theta)\frac{\Delta A}{A}+b(\theta)\frac{\Delta N}{N}+c(\theta)\frac{\Delta Q}{Q}+d(\theta)\frac{\Delta R}{R}
$$

（4-22）

式中，$R(\theta)$ 表示入射角 θ 对应的纵波反射系数；A 表示双相介质的第一固相参数；N 表示双相介质的第二固相参数；R 表示双相介质的第一液相参数；Q 表示双相介质的第二液相参数；$\alpha(\theta)$ 表示第一固相参数对应的系数；$b(\theta)$ 表示第二固相参数对应的系数；$c(\theta)$ 表示第一液相参数对应的系数；$d(\theta)$ 表示第二液相参数应的系数；ΔA 表示反射界面两侧双相介质的第一固相参数之差；ΔN 表示反射界面两侧双相介质的第二固相参数之差；ΔQ 表示反射界面两侧双相介质的第一液相参数之差；ΔR 表示反射界面两侧双相介质的第二液相参数之差。$a(\theta)\dfrac{\Delta A}{A}+b(\theta)\dfrac{\Delta N}{N}$ 表示固相部分，代表双相介质的固体骨架对反射系数的贡献；$c(\theta)\dfrac{\Delta Q}{Q}+d(\theta)\dfrac{\Delta R}{R}$ 表示液相部分，代表孔隙流体对反射系数的贡献。

双相介质弹性阻抗方程中存在 4 个未知参数，其中第一固相参数类似于等效介质理论中的拉梅参数，其对应的系数 $\alpha(\theta)$ 可以表示为：

$$a(\theta)=\frac{1}{4}-\frac{1}{2}K\sec^2\theta \tag{4-23}$$

第二固相参数类似于等效介质理论中的剪切模量，其对应的系数 $b(\theta)$ 可以表示为：

$$b(\theta)=\left(\frac{1}{2}\sec^2\theta-2\sin^2\theta\right)K+\frac{1}{1+2r} \tag{4-24}$$

其中，K 为常数，为固体介质平均横波速度与平均纵波速度比值的平方；r 为常数，可以取固体介质横波速度变化率与密度变化率的平均比值。K 和 r 可由目标区域测井资料分析得到。

根据目标区域的岩石物理模型，随机构建 J 组双相介质弹性参数，每组双相介质弹性参数包括第一固相参数、第二固相参数、第一液相参数和第二液相参数。设置 I 个入射角度，I 个入射角度属于叠前道集角度范围。将 I 个入射角度和 J 组双相介质弹性参数自由组合输入到双相介质反射系数的简化方程中，可以获得 $I \times J$ 个双相介质反射系数的简化方程，由 $I \times J$ 双相介质反射系数的简化方程构成 $I \times J$ 阶矩阵方程组。其中，目标区域的岩石物理模型根据实际经验设置。

$I \times J$ 阶矩阵方程组可以表示如下：

$$\boldsymbol{D}=\boldsymbol{S}_S\boldsymbol{W}_S+\boldsymbol{S}_F\boldsymbol{W}_F \tag{4-25}$$

其中，$\boldsymbol{D}$ 为 $I \times J$ 维的纵波反射系数向量：

$$\boldsymbol{D}=\begin{bmatrix} R_1(\theta_1) & R_2(\theta_1) & \cdots & R_J(\theta_1) \\ R_1(\theta_2) & R_2(\theta_2) & \cdots & R_J(\theta_2) \\ \vdots & \vdots & \vdots & \vdots \\ R_1(\theta_I) & R_2(\theta_I) & \cdots & R_J(\theta_I) \end{bmatrix}$$

D 中的第 j 行第 i 列的元素为第 j 组双相介质弹性参数和第 i 个入射角度对应的纵波反射系数；

S_S 代表固相系数矩阵：

$$S_s = \begin{bmatrix} a(\theta_1) & b(\theta_1) \\ a(\theta_2) & b(\theta_2) \\ \vdots & \vdots \\ a(\theta_I) & b(\theta_I) \end{bmatrix}$$

W_S 代表固相弹性参数矩阵：

$$W_s = \begin{bmatrix} \dfrac{\Delta A_1}{A_1} & \dfrac{\Delta A_2}{A_2} & \cdots & \dfrac{\Delta A_J}{A_J} \\ \dfrac{\Delta N_1}{N_1} & \dfrac{\Delta N_2}{N_2} & \cdots & \dfrac{\Delta N_J}{N_J} \end{bmatrix}$$

S_F 代表液相系数矩阵：

$$S_F = \begin{bmatrix} c(\theta_1) & d(\theta_1) \\ c(\theta_2) & d(\theta_2) \\ \vdots & \vdots \\ c(\theta_I) & d(\theta_I) \end{bmatrix}$$

W_F 代表液相弹性参数矩阵：

$$W_F = \begin{bmatrix} \dfrac{\Delta Q_1}{Q_1} & \dfrac{\Delta Q_2}{Q_2} & \cdots & \dfrac{\Delta Q_J}{Q_J} \\ \dfrac{\Delta R_1}{R_1} & \dfrac{\Delta R_2}{R_2} & \cdots & \dfrac{\Delta R_J}{R_J} \end{bmatrix}$$

i 为正整数且 $i \leqslant I$，j 为正整数且 $j \leqslant J$，I 和 J 为正整数。

第 j 组双相介质弹性参数和第 i 个入射角度对应的纵波反射系数可以根据双相介质反射系数的一般方程求解获得。在 $I \times J$ 阶矩阵方程组中，I 个入射角度和 J 组双相介质弹性参数为已知数，D 已经求出，固相系数矩阵 S_S 可以根据前面公式求出，固相弹性参数矩阵 W_S 可以根据 J 组双相介质弹性参数中的第一固相参数的参数值和第二固相参数的参数值求出，液相弹性参数矩阵 W_F 可以根 J 组双相介质弹性参数中的第一液相参数的参数值和第二液相参数的参数值求出。$I \times J$ 阶矩阵方程组（4-25）可以转换成如下表达式：

$$S_F = \left[\left(D - S_s W_s \right)^{\mathrm{T}} \left(D - S_s W_s \right) \right]^{-1} \left(D - S_s W_s \right)^{\mathrm{T}} W_F \qquad （4-26）$$

利用最小二乘法求解上述方程组，即可求出液相系数矩阵 S_F，从而获得所述 I 个入射角度各自对应的第一液相参数对应的系数的值，以及所述 I 个入射角度各自对应的第二液相参数对应的系数的值。图 4-36 为该成果简化后的反射系数与双相介质精确反射系数、等效介质常用的 Aki-Richards 近似公式的精度对比。可以看出在临界角范围内，简化后精度与原始方程相对误差不超过 5%，符合实际应用要求。

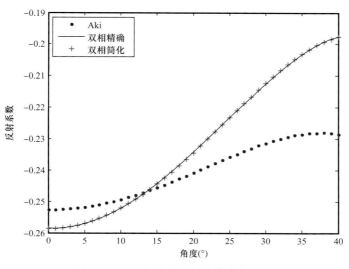

图 4-36 双相介质反射系数精度对比

基于式（4-22），在确定系数项之后，可以利用常规的叠前 AVO 反演方法得到双相介质弹性参数。考虑到实际应用中叠前地震数据信噪比一般不高，可借鉴弹性阻抗反演技术开展双相介质弹性阻抗反演。弹性阻抗反演结合了叠前 AVO 反演与叠后波阻抗反演的优点，基于抗噪性更好的叠前角度部分叠加道集、考虑到子波随炮检距的变化，利用传统叠后反演的方法即可得到对岩性及流体更为敏感的弹性阻抗数据体。弹性阻抗数据体本身用于油气检测时，更多的是基于不同角度的弹性阻抗数据体同步反演出纵波、横波速度及密度等弹性参数。借鉴 Connolly 的弹性阻抗方程推导思想，可将式（4-22）进一步推导为双相介质弹性阻抗方程，即：

$$DEI(\theta) = AI_0 \left(\frac{A}{A_0}\right)^{2a(\theta)} \left(\frac{N}{N_0}\right)^{2b(\theta)} \left(\frac{Q}{Q_0}\right)^{2c(\theta)} \left(\frac{R}{R_0}\right)^{2d(\theta)} \qquad （4-27）$$

式中，AI_0 表示目的层纵波阻抗；A_0、N_0、Q_0、R_0 分别为 A、N、Q、R 的平均值。

基于方程（4-27），采用现有的弹性阻抗技术，可反演出双相介质弹性参数。至此，可利用反演得到的固相参数 A、N 来预测有利储层，用液相参数 Q、R 来定性检测储层的含油气性。但对于储层的含油气丰度、孔隙发育情况等物性仍缺乏定量的认识，钻探风险较大。储层物性参数，如饱和度、孔隙度等参数是定量评价储层商业价值、估算油气储量、确定开发井位的重要参数。

基于贝叶斯理论，目标区域的物性参数为在已知双相介质弹性参数的前提下，其后验概率密度最大值所对应的一组物性参数的取值，物性参数目标反演函数可以表示为：

$$\tilde{X} = \arg \underset{X_i \in X}{\mathrm{Max}} \, P\big(X_i \big| E\big) = \arg \underset{X_i \in X}{\mathrm{Max}} \Big[P\big(E \big| X_i\big) \times P\big(X_i\big) \Big] \tag{4-28}$$

其中，向量 X 表示所述物性参数；X_i 表示所述物性参数的第 i 组参数值。如果所述物性参数为含油气饱和度 S_g 和孔隙度 ϕ，那么 X_i 可以表示为 $X_i = \begin{bmatrix} S_{gi} & \phi_i \end{bmatrix}^{\mathrm{T}}$，其中，$S_{gi}$ 表示含气饱和度的第 i 个参数值；ϕ 表示孔隙度的第 i 个参数值；向量 E 表示双相介质弹性参数，所述第一固相参数为 A、所述第二固相参数为 N、所述第一液相参数为 P、所述第二液相参数为 Q，那么 E 可以表示为 $E = \begin{bmatrix} A & N & Q & R \end{bmatrix}^{\mathrm{T}}$；后验概率密度函数 $P\big(X_i \big| E\big)$ 表示在双相介质弹性参数已知的情况下，获得物性参数的第 i 组参数值的概率，先验分布函数 $P\big(X_i\big)$ 表示获得物性参数的第 i 组参数值的概率，似然函数 $P\big(E \big| X_i\big)$ 表示已知物性参数取第 i 组参数值的情况下，双相介质弹性参数取值的概率分布。向量 $\tilde{X}$ 表示物性参数目标反演函数的求解结果，即后验概率密度最大时，所对应的一组物性参数的取值。

目标反演函数由先验分布函数和似然函数组成，其中的先验分布函数 $P\big(X_i\big)$ 可根据研究区测井样本利用混合高斯分布概率密度函数拟合得到：

$$P\big(X_i\big) = \sum_{n=1}^{Nr} \alpha_n N\Big(X_i; \mu_{X_i}^n; \sum_{x_i}^n\Big) \tag{4-29}$$

其中，$N(\cdot)$ 表示高斯分布概率密度函数 $E = f(X) + \sigma$，Nr、α_n、$\mu_{X_i}^n$ 和 $\sum_{x_i}^n$ 分别为与 X_i 有关的混合高斯分布部件数、权系数、均值与方差。混合高斯分布的最大优点在于，只要参数选择合理，其能够逼近任何分布形态。

而似然函数 $P\big(E \big| X_i\big)$ 需要借助岩石物理模型与随机模拟技术统计得到。双相介质弹性参数与物性参数的岩石物理模型的关系可以表示如下：

$$E = f(X) + \sigma \tag{4-30}$$

其中：

$$E = \begin{bmatrix} A & N & P & Q \end{bmatrix}^{\mathrm{T}}$$

式中，向量 E 表示双相介质弹性参数；向量 X 表示所述物性参数；σ 表示岩石物理模型与测井实测值间的误差；函数 $f(x)$ 表示双相介质岩石物理模型，如自洽理论模型。

借助马尔科夫链蒙特卡洛随机模拟技术，按照公式（4-30）获得随机生成的物性参数，以及对应的双相介质弹性参数，构建训练数据集，可以获得似然函数 $P\big(E \big| X_i\big)$：

$$P\big(E_j \big| X_i\big) = \frac{n\big(E_j\big)}{n\big(X_i\big)} \tag{4-31}$$

其中，$n(E_i)$ 表示样本空间中储层物性参数值等于 E_i 的样本个数；$n(X_j)$ 表示样本空间中储层物性参数值等于 X_i 且弹性参数值为 E_j 的样本个数。由统计岩石物理建模结合马尔科夫链蒙特卡洛随机模拟方法得到的联合样本空间不仅包含测井上的所有观测值，二液相参数对应的系数的值。图 4-36 为该成果简化后的反射系数与双相介质精确反射系数、等效介质常用的 Aki-Richards 近似公式的精度对比。可以看出在临界角范围内，简化后精度与原始方程相对误差不超过 5%，符合实际应用要求。

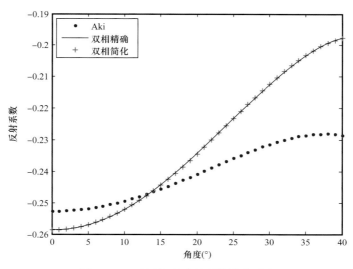

图 4-36　双相介质反射系数精度对比

基于式（4-22），在确定系数项之后，可以利用常规的叠前 AVO 反演方法得到双相介质弹性参数。考虑到实际应用中叠前地震数据信噪比一般不高，可借鉴弹性阻抗反演技术开展双相介质弹性阻抗反演。弹性阻抗反演结合了叠前 AVO 反演与叠后波阻抗反演的优点，基于抗噪性更好的叠前角度部分叠加道集、考虑到子波随炮检距的变化，利用传统叠后反演的方法即可得到对岩性及流体更为敏感的弹性阻抗数据体。弹性阻抗数据体本身用于油气检测时，更多的是基于不同角度的弹性阻抗数据体同步反演出纵波、横波速度及密度等弹性参数。借鉴 Connolly 的弹性阻抗方程推导思想，可将式（4-22）进一步推导为双相介质弹性阻抗方程，即：

$$DEI(\theta) = AI_0 \left(\frac{A}{A_0} \right)^{2a(\theta)} \left(\frac{N}{N_0} \right)^{2b(\theta)} \left(\frac{Q}{Q_0} \right)^{2c(\theta)} \left(\frac{R}{R_0} \right)^{2d(\theta)} \qquad （4-27）$$

式中，AI_0 表示目的层纵波阻抗；A_0、N_0、Q_0、R_0 分别为 A、N、Q、R 的平均值。

基于方程（4-27），采用现有的弹性阻抗技术，可反演出双相介质弹性参数。至此，可利用反演得到的固相参数 A、N 来预测有利储层，用液相参数 Q、R 来定性检测储层的含油气性。但对于储层的含油气丰度、孔隙发育情况等物性仍缺乏定量的认识，钻探风险较大。储层物性参数，如饱和度、孔隙度等参数是定量评价储层商业价值、估算油气储量、确定开发井位的重要参数。

基于贝叶斯理论，目标区域的物性参数为在已知双相介质弹性参数的前提下，其后验概率密度最大值所对应的一组物性参数的取值，物性参数目标反演函数可以表示为：

$$\tilde{X} = \arg \underset{X_i \in X}{\text{Max}} P(X_i | E) = \arg \underset{X_i \in X}{\text{Max}} \left[P(E | X_i) \times P(X_i) \right] \tag{4-28}$$

其中，向量 X 表示所述物性参数；X_i 表示所述物性参数的第 i 组参数值。如果所述物性参数为含油气饱和度 S_g 和孔隙度 ϕ，那么 X_i 可以表示为 $X_i = \begin{bmatrix} S_{gi} & \phi_i \end{bmatrix}^T$，其中，$S_{gi}$ 表示含气饱和度的第 i 个参数值；ϕ 表示孔隙度的第 i 个参数值；向量 E 表示双相介质弹性参数，所述第一固相参数为 A、所述第二固相参数为 N、所述第一液相参数为 P、所述第二液相参数为 Q，那么 E 可以表示为 $E = \begin{bmatrix} A & N & Q & R \end{bmatrix}^T$；后验概率密度函数 $P(X_i | E)$ 表示在双相介质弹性参数已知的情况下，获得物性参数的第 i 组参数值的概率，先验分布函数 $P(X_i)$ 表示获得物性参数的第 i 组参数值的概率，似然函数 $P(E | X_i)$ 表示已知物性参数取第 i 组参数值的情况下，双相介质弹性参数取值的概率分布。向量 $\tilde{X}$ 表示物性参数目标反演函数的求解结果，即后验概率密度最大时，所对应的一组物性参数的取值。

目标反演函数由先验分布函数和似然函数组成，其中的先验分布函数 $P(X_i)$ 可根据研究区测井样本利用混合高斯分布概率密度函数拟合得到：

$$P(X_i) = \sum_{n=1}^{Nr} \alpha_n N\left(X_i; \mu_{X_i}^n; \sum_{x_i}^n\right) \tag{4-29}$$

其中，$N(\cdot)$ 表示高斯分布概率密度函数 $E = f(X) + \sigma$，Nr、α_n、$\mu_{X_i}^n$ 和 $\sum_{x_i}^n$ 分别为与 X_i 有关的混合高斯分布部件数、权系数、均值与方差。混合高斯分布的最大优点在于，只要参数选择合理，其能够逼近任何分布形态。

而似然函数 $P(E | X_i)$ 需要借助岩石物理模型与随机模拟技术统计得到。双相介质弹性参数与物性参数的岩石物理模型的关系可以表示如下：

$$E = f(X) + \sigma \tag{4-30}$$

其中：

$$E = \begin{bmatrix} A & N & P & Q \end{bmatrix}^T$$

式中，向量 E 表示双相介质弹性参数；向量 X 表示所述物性参数；σ 表示岩石物理模型与测井实测值间的误差；函数 $f(x)$ 表示双相介质岩石物理模型，如自洽理论模型。

借助马尔科夫链蒙特卡洛随机模拟技术，按照公式（4-30）获得随机生成的物性参数，以及对应的双相介质弹性参数，构建训练数据集，可以获得似然函数 $P(E | X_i)$：

$$P(E_j | X_i) = \frac{n(E_j)}{n(X_i)} \tag{4-31}$$

其中，$n(E_i)$ 表示样本空间中储层物性参数值等于 E_i 的样本个数；$n(X_j)$ 表示样本空间中储层物性参数值等于 X_i 且弹性参数值为 E_j 的样本个数。由统计岩石物理建模结合马尔科夫链蒙特卡洛随机模拟方法得到的联合样本空间不仅包含测井上的所有观测值，还合理地扩展了测井曲线上未观测到，但实际可能存在的测井取值，训练样本信息更加丰富，能有效解决传统多元统计类方法对训练样本数量较为依赖的问题。

在获得先验分布函数 $P(X_i)$、似然函数 $P(E|X_i)$ 后，所述目标反演函数即可确定。取目标反演函数后验概率密度最大值所对应的物性参数值作为最终物性参数的反演值。

基于图4-37反演得到的双相介质弹性参数，分别利用等效介质理论方法和双相介质理论方法反演的物性参数如图4-38所示。通过对比，可以发现，无论是含气饱和度还是孔隙度，双相介质理论方法反演的曲线相对于等效介质理论方法与实测曲线在形态、趋势上更为接近。通过计算相关性，对于含气饱和度，双相介质理论方法反演曲线与实测曲线的相关系数达到了0.96，而等效介质理论方法反演曲线与实测曲线的相关系数则为0.88。对于孔隙度，双相介质理论方法反演曲线与实测曲线的相关系数达到了0.97，而等效介质理论方法反演曲线与实测曲线的相关系数则为0.92。这说明双相介质理论方法反演得到的物性参数更精确。

2. 实际资料测试

本技术可实现储层—流体—物性的逐级预测，即一套流程实现储层预测、油气检测、物性定量分析等3种目的，可大幅节约勘探成本。图4-38为四川盆地某碳酸盐岩地层的双相介质储层参数预测剖面，箭头所示为高产气层。研究区储层具有较低的固相参数，这与储层溶蚀孔洞较为发育导致固体性质减弱有关。储层内部含流体后其液相性质显著增强，且储层含气较含水液相特征更强。另外，研究区即使同样是含气储层，其含气饱和度、孔隙发育情况存在不同，导致产量差异较大。因此，可以利用图4-38中的固相参数确定储层的分布，然后利用液相参数确定储层内部的含气性，最后利用物性参数来定量评价储层流体饱和度与孔隙发育情况，确定高产含气储层。

六、人工智能碳酸盐岩储层地震预测新方法

人工智能的关键技术包括机器学习、数据挖掘、自然语言处理、模式识别、计算机视觉、知识图谱等。近几年，随着大数据的增长、深度学习技术的出现以及超级计算机的出现，人工智能已呈现井喷式发展。人工智能被广泛应用到医疗、交通、互联网、农业等领域，成为第4代工业革命的核心驱动力，以及推动人类社会进入智能时代的决定性力量。

人工智能参与储层预测主要体现在计算储层参数时优化的算法。早期学者主要是利用传统机器学习算法（如支持向量机、线性回归等）来预测孔隙度、渗透率、饱和度等参数。近几年，随着神经网络的不断发展，越来越多的学者开始利用BP（前馈神经网络）、LSTM、Random Forest（随机森林）、GBDT（梯度提升决策树）等组合学习算法预测储层参数。这些算法可以有效优化碳酸盐岩地震数据处理与储层预测过程。例如人工智能断层识别、层位解释、岩丘顶底解释、河道或溶洞解释、噪声压制与信号增强、地震相识别、储层参数预测、地震波场正演、地震反演、地震速度拾取与建模、初至拾取、地震数据重建与插值、地震属性分析、微地震数据分析、综合解释等。相比传统的

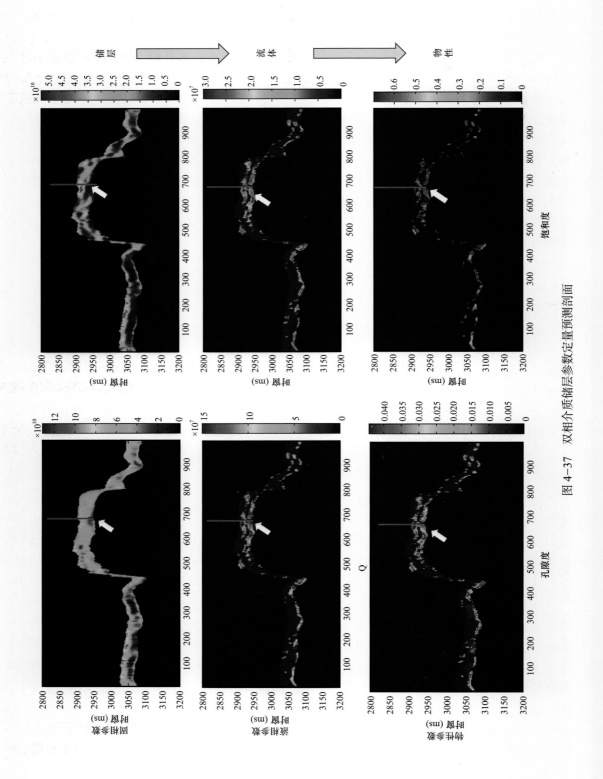

图 4-37 双相介质储层参数定量预测剖面

计算方法，人工智能算法具有优化学习的能力，随着样品数量的增加可进一步改善计算效果。

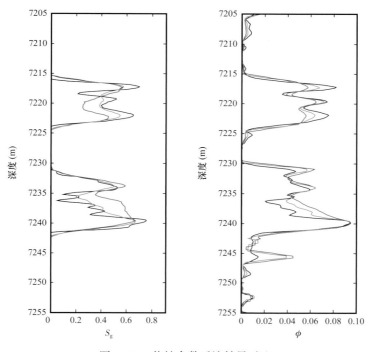

图 4-38　物性参数反演结果对比

以深度学习算法为例，基于深度学习的断层自动化识别逐渐成为一个典型应用方向。许多学者利用卷积神经网络，在合成地震记录数据集或实际地震数据集上进行训练，构建断层智能识别模型，自动识别断层存在的概率及倾角等参数。Wu 等（2019）研发了一种基于编解码的卷积神经网络模型，该模型能够同时实现断层检测和斜率估计。为了训练网络，自动生成数千幅三维合成噪声地震图像和相应的断层图像、干净的地震图像和地震法向量。多个现场实例表明，该网络在断层探测及反射斜率计算中都明显优于传统方法。近几年，基于深度学习的地震相识别研究也逐渐增多。传统的地震相识别主要是对地震属性先聚类，再对地震波形分类以识别地震相。随着机器学习等人工智能技术的发展与应用，越来越多的研究者将卷积神经网络（CNN）、循环神经网络（RNN）、概率神经网络（PNN）、深度神经网络（DNN）、生成对抗网络（GAN）等直接用于地震波形的分类识别。Zhang 等（2019）提出了一种基于 Google 开发的增强型编解码结构 DeepLabv3＋，相比 CNN 模型和简单的语义分割模型（如反褶积神经网络），这种编解码结构在提取多尺度语义信息和恢复预测结果中更多像素级细节方面具有更高的精度和效率，有望提高地震相识别的精度和效率。

人工智能技术在碳酸盐岩储层地震反演中的应用研究进展较大，采用的算法以 CNN、RNN、DNN、波尔兹曼机和 GAN 等为主。Phan 等（2019）结合级联法与卷积神经网络，通过最小化一个类似于反问题最小二乘解的能量函数来构建深度学习模型，然后利用该网络进行叠前地震反演，通过训练网络学习岩石性质与地震振幅之间的非线性关系来预测阻抗。反演算法要求在训练网络前对输入进行归一化处理，并在网络应用后将结果转换为绝对值。结果表明，该算法能够捕捉训练数据集中的所有特征，同时准确重建井点的输入测井曲线，并生成地质上合理的阻抗剖面。

总之，利用人工智能方法描述碳酸盐岩储层还处于探索阶段，要达到工业级应用需要具备足够高质量的数据、关系明确的应用场景、科学恰当的算法模型等条件。开展探索性研究相对容易，但工业级别落地应用时面临重重困难。由于人工智能算法需要建立在大数据基础上，对算法的输入和输出之间的映射关系要求明确、清晰，碳酸盐岩储层地下条件复杂多变，石油勘探开发面临多解性、小样本等问题，人工智能的应用推广难度大，因此人工智能在石油勘探开发中的落地应用不宜全面铺开，应以点带面，逐渐推动（匡立春，2021）。

第三节　储层建模方法与技术研究新进展

一、碳酸盐岩储层缝洞雕刻技术

（一）研究现状及存在问题

碳酸盐岩缝洞型油藏非均质性强，其储集空间主要为次生溶蚀孔洞，以大型洞穴为特征（周兴熙，2000；金之钧，2005；张希明，2001），是油气储集的良好空间，呈现出多缝洞系统、多压力系统、多个渗流单元的开发特征（张抗，2000），造成碳酸盐岩油藏虽然钻井成功率高，但高效井比例小，油气上产难度大，目前制约缝洞型油藏高效开发的主要难点是缝洞储层的连通性识别（邬光辉，2006）。

中国学者在塔河油田、轮南油田等利用示踪剂、地层压力变化分析法、干扰试井分析法等生产动态资料进行碳酸盐岩油藏的井间连通性分析取得一定成效（胡广杰，2005；易斌，2011；邓英尔，2003；YANG Min，2004；张钊，2006；闫长辉，2008；张林艳，2006；王曦莎，2010），但该套方法主要应用于开发程度高、钻井资料丰富的地区，对处于开发早期—中期的碳酸盐岩油藏适用性较差。

（二）研究方法及研究思路

针对强非均质性碳酸盐岩缝洞储层，地质—物探—油藏多学科相结合，形成了一套静态描述、动态验证、迭代调整的储层连通性分析技术思路及方法（图4-39）。

首先是静态描述，在储层地质模式的指导下，通过地震响应分析，模型正演，优选敏感属性及有效方法，实现储层分类预测，并通过多属性融合及连通性分析，实现储层静态划分；第二，是在静态雕刻基础上，通过动态生产资料的验证，进一步调整地震属性阈值及参数，反复迭代，确定储层的边界，而后定量雕刻缝洞储集体的体积，为储层评价奠定基础。

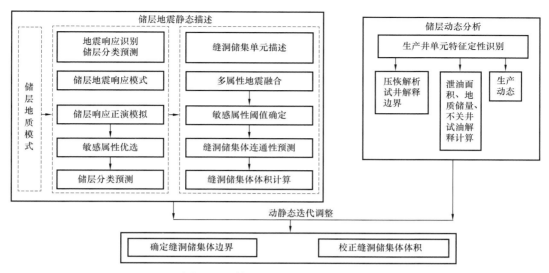

图 4-39　储层连通性分析技术思路

1. 地震静态描述储层

储层地震预测是进行储层描述常用和有效的手段。

通过研究区特征井点处的地震响应分析，该区岩溶储层表现为"串珠"状强反射、片状强反射及杂乱状地震反射特征。储层规模、储集结构及空间位置是影响其响应的关键。综合研究表明，"串珠"状强反射是大型洞穴、大规模裂缝—孔洞储层的反映，在钻井过程中往往发生漏失、放空，生产效果也较好，是高效井的主要地震响应特征。"杂乱"弱反射及"片状"强振幅是小规模裂缝、裂缝—孔洞的反映，在钻井过程中有少量钻井液漏失，放空少。

不同的地震反射特征对应不同类型的储层，通过模型正演、优选敏感属性及有效方法，可以实现储层分类预测（图 4-40）。对于"串珠"状反射及片状强反射等储层信息可以用地震振幅类属性，如均方根振幅或振幅变化率、最大波谷振幅等提取获得，对杂乱状反射则可以通过地震趋势异常识别技术提取获得，对裂缝则用相干或曲率等方法提取。

在得到表征不同类型储层地震属性体的基础上，将储层测井解释结果与地震属性进行标定，建立储层—地震量版，选取地震属性阈值。

应用基于晶格间接触关系的连通性分析技术（其基本原理是判断融合体网格化后晶格间的相互接触关系），实现了缝洞储集体静态连通性判别（图 4-41），在三维空间清楚地显示不同储集体的边界范围。

2. 动态验证、迭代调整确定储集体边界

受地震分辨率及储层测井解释精度的限制，地震属性初始阈值往往较粗，储层静态连通性判别结果存在与生产动态不符的现象，大量已钻井证实了这一现象。因此需要利用动态资料迭代调整属性阈值。

	地震反射形态		
	"串珠"状强反射	片状强反射	杂乱状反射
剖面形态	笔状	片状强反射	杂乱反射
反射结构	两峰一谷，多峰多谷	下波谷连续强振幅	杂乱弱振幅反射
平面特征	点状	片状	片状、杂乱状
缝洞模型		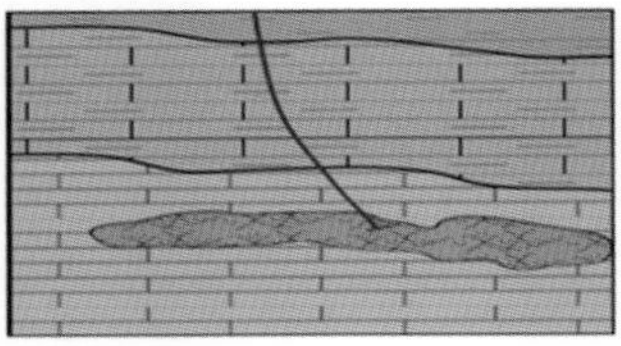	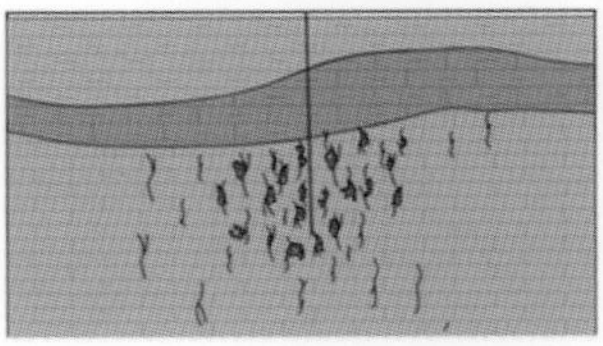
储层类型	洞穴、大规模裂缝—孔洞	小规模孔洞型、裂缝—孔洞型	裂缝型、小规模裂缝—孔洞型
主控因素	裂缝发育带、埋藏热液岩溶	(准)同生期岩溶、裂缝	裂缝、埋藏热液岩溶
预测方法	振幅变化率属性	最大波谷振幅属性	"蚂蚁"追踪裂缝预测技术、"地震趋势异常"小尺度储层预测技术

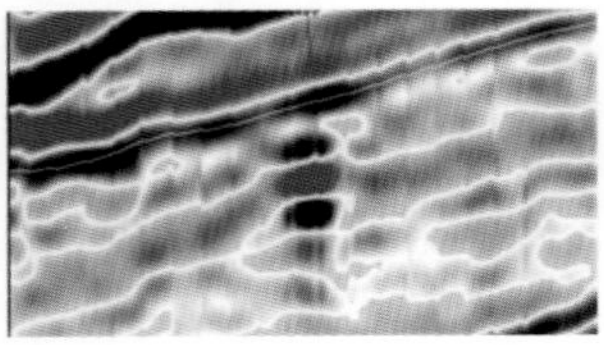

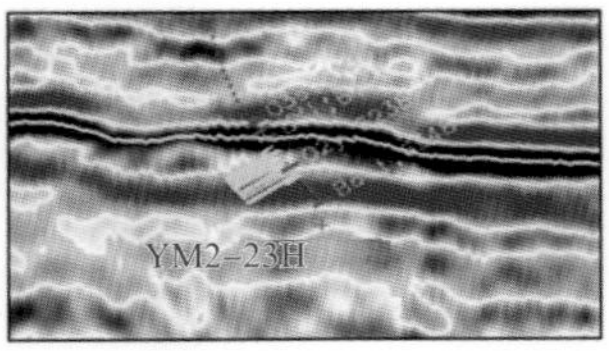

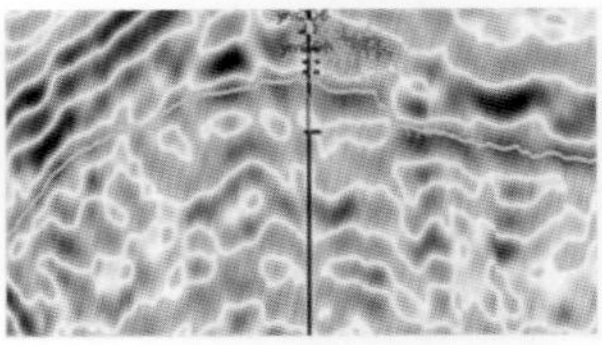

图 4-40 YM2 地区碳酸盐岩储层地质—地震模型及预测方法

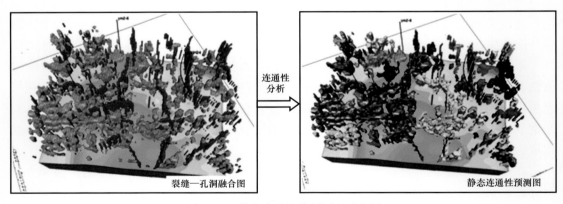

图 4-41 静态连通性分析原理示意图

在诸多生产动态资料中，试井方法（包括解析试井、不关井试井、数值试井等）是进行生产动态描述的主要手段（姚清洲，2013；肖阳，2012）。

根据储层地震预测特征，确定储层类型和缝洞组合模式，选择合理的试井解释模型，利用试井解释计算出储层的边界。将试井计算出的边界与静态地震资料确定的边界进行对比分析，修正地震属性阈值，使动—静确定的边界一致，并借鉴有井约束区的经验值，进一步确定其他区域的储层边界。

（三）应用实例

以 Y 地区 X 井区为例，介绍如何动—静资料结合判断储层连通性，确定储层边界。

X 井区 有 W3 井、W5 井、W4 井 3 口 井，W4 井 距 W3 井 930m、距 W5 井 1010m（图 4-42），从生产特征，特别是压力的变化，可以判断 3 口井之间互不干扰，储层不连通，W4 井储层边界需要通过其他方法进一步确定。

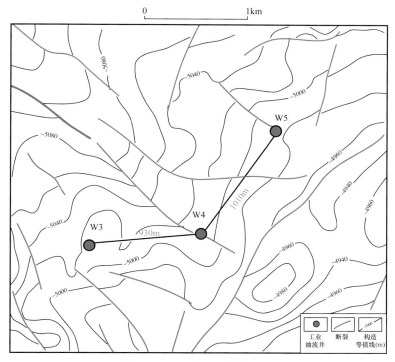

图 4-42　X 井区局部构造图

储层地震预测结果可以反映储层缝洞组合模式，如图 4-43 所示，从储层预测平面、剖面上可以看出 W4 井储层为两个大型洞穴通过裂缝连通，为洞—缝—洞油藏。

根据 W4 井油藏地质模型，相应选择"变井储+径向复合油藏+圆形边界"试井解释模型，表 4-2 为 W4 井试井解释结果。

表 4-2　W4 井试井解释结果

参数	单位	数值
内区地层系数 Kh_1	mD·m	88400
内区有效渗透率 K_1	mD	4420
外区地层系数 Kh_2	mD·m	875
外区有效渗透率 K_2	mD	44
流度比（Kh/μ）$^{1/2}$	无量纲	101

续表

参数	单位	数值
内区距离	m	474
外区距离	m	1080
机械表皮系数 S_w	无量纲	−5.08
井筒储存系数 C	m³/MPa	8.98
拟合地层压力 p_i	MPa	62.5
探测半径	m	4149

注：解释模型为变井储 + 径向复合油藏 + 圆形边界。

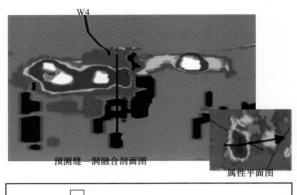

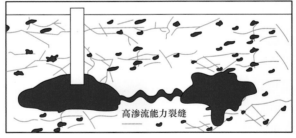

图 4-43　X 井区 W4 井储层预测及油藏模型剖面

计算结果表明，储层内区距离为 474m，外区距离为 1080m，根据试井理论，外区距离近似为储集体的最大边界距离。将此计算结果约束地震属性的阈值，从图 4-44 中可以看出约束前后的结果，通过井约束，将地震属性阈值进行调整，储层边界相应发生变化。迭代调整后，试井解释结果与储层预测、缝洞雕刻相吻合，储层连通性和储层边界得到进一步的确认。

通过上述方法，将 Y 地区储层边界进行划分和评价，Y 地区划分为 6 个缝洞储集系统、232 个缝洞储集单元，已动用 29 个，未动用 203 个；未动用 I 类、II 类缝洞单元 63 个，面积为 15.2km²，划分结果为储量评估及高效井部署提供重要依据。

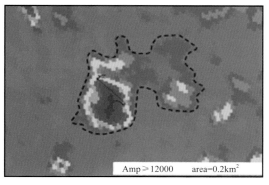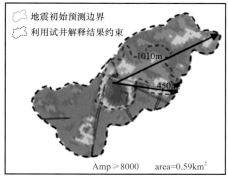

图 4-44　W4 井储层边界约束前后对比图

二、砂砾岩成岩圈闭雕刻技术

（一）研究方法及研究思路

成岩圈闭雕刻技术的关键是地质地震相结合识别成岩圈闭，即在确定油气充注储层临界物性之后（详见本章第二节中"砂砾岩成岩圈闭定量化识别方法"），要将其与地震建立联系，便于下一步圈闭预测。具体地讲是建立"临界物性、深度、阻抗"之间的函数关系式，从而实现砂砾岩成岩圈闭定量识别的方法，研究思路如图 4-45 所示。

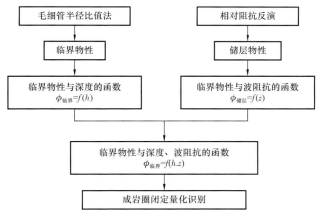

图 4-45　砂砾岩成岩圈闭定量识别技术流程图

1.建立储层孔隙度与波阻抗的函数关系

研究区孔隙度 ϕ_R 与相对波阻抗之间存在较好的相关性。统计孔隙度及其对应的相对波阻抗，拟合两者关系（图 4-46），获得式（4-32）。

$$\phi_R = 6.2731 e^{-6 \times 10^{-4} z} \qquad （4-32）$$

2.成岩圈闭定量雕刻

当式（4-32）等于式（4-6），即 $\phi_R = \phi_C$ 时，储层孔隙度 ϕ_R 对应临界孔隙度 ϕ_C，此

时，深度与相对波阻抗建立了函数关系，对应了该深度条件下的"临界相对波阻抗"。$\phi_R > \phi_C$ 时，成岩圈闭有效，即任何深度条件下，过滤掉大于临界相对波阻抗后，剩下为有效成岩圈闭。

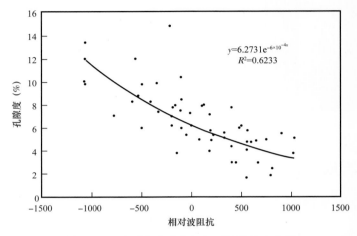

图 4-46　砂砾岩孔隙度与相对波阻抗交会图

（二）应用实效

1. 在玛 131 三维中的应用

将本方法用于玛 131 三维中的成岩圈闭刻画，图 4-47a 为前期工作（临界物性为定值）结果，图 4-47b 为本方法的预测结果。可以看出，利用新的临界物性求取方法，成岩圈闭识别更精细，与钻井吻合率更高。

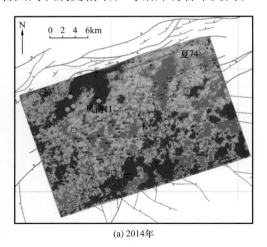
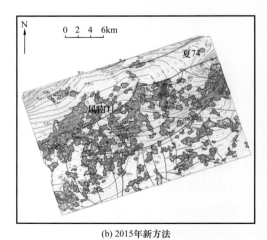

(a) 2014年　　　　　　　　　　　(b) 2015年新方法

图 4-47　玛北地区两轮成岩圈闭识别成果与勘探实践的对比图

2. 在玛湖连片三维中的应用

将本方法用于玛湖连片三维中的成岩圈闭刻画。后期共部署 20 口钻井，其中 19 口井（图中实线井）的钻探情况与预测结果吻合，1 口井（虚线井 A8）的钻探情况与预测结果不吻合，吻合率达 95%（图 4-48）。

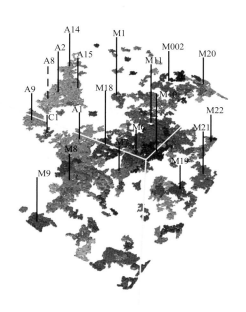

图 4-48　玛湖连片三维砾岩成岩圈闭立体刻画图

三、火山岩储层雕刻技术

火山岩储层雕刻技术是指从数据体内选出火山岩储层子体，通过改变透明度、旋转、缩放、改变颜色等方法，对其进行表征和描述。

（一）研究方法及研究思路

首先应用地震、速度、密度等资料，通过正演模拟分析，建立火山岩优质储层（气孔充填程度）与地震响应的关系；然后制作定量化解释图版，优选地震预测方法；最终采用地震属性定量化和三维雕刻技术对火山岩储层进行定量化预测。技术路线如图 4-49 所示。

1. 建立火山岩优质储层与地震响应的关系

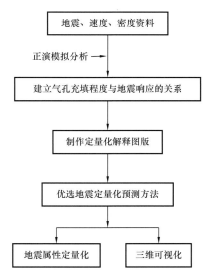

图 4-49　火山岩储层定量化预测技术路线图

火山岩优质储层（气孔发育且未被充填）的层速度与地震振幅之间存在较好的相关性，从气孔的充填程度与振幅值的关系可以看出，气孔未充填表现为振幅最强、层速度最低的特征。统计层速度、振幅与充填程度之间的关系，建立了火山岩储层定量化解释图版（图 4-50）。

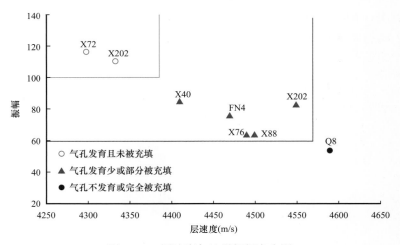

图 4-50　层速度与地震振幅交会图

2. 火山岩储层定量雕刻

从交会图可以看出，气孔发育且未被充填的储层振幅大于 100，层速度小于 4380m/s；气孔发育少或部分被充填的储层振幅为 60～100，层速度为 4380～4570m/s；气孔不发育或完全被充填的储层振幅小于 60，层速度大于 4570m/s。在定量分析的基础上，借助三维地震数据，采用种子点，设置门槛值的雕刻方法，可以得到火山岩储层在平面和空间上的分布。

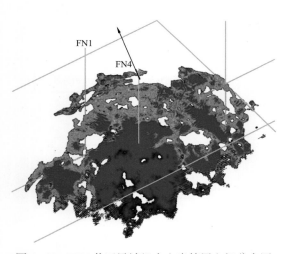

图 4-51　FN4 井区风城组火山岩储层空间分布图

（二）应用实效

将本方法应用于准噶尔盆地乌夏地区 X72 井区火山岩优质储层雕刻中，取得了较好的效果。X72 井区风城组底部的优质储层（熔结凝灰岩、气孔未被充填）在地震剖面上标定为一强振幅波谷，将图 4-50 所示的气孔未充填振幅值以 100 作为门槛值，将小于 100 的振幅值压制，透明度曲线形态突出强振幅（振幅值大于 100）特征，反映了与 X72 井区类似的气孔发育且未被充填的火山岩储层的空间分布。图 4-51 为 FN4 井区风城组底部火山岩体由南向北展布特征，延伸距离约 6km。

参 考 文 献

Al-Dossary S，Marfurt K J，2006. 3D volumetric multispectral estimate of reflector curature and rotation［J］. Geophysics，71（5）：41-51.

Bahorich M S，Farmer S L，1995. 3-D seismic discontinuity for faults and stratigraphic features：The coherence cube［J］. The Leading Edge，14（10）：1053-1058.

Bakker P，2003. Image structure analysis for seismic interpretation［D］. Delft，Netherlands：Technische Universiteit.

Bates K，Cheret T，Pauget F，et al，2008. Automated Geomodelling a Nigeria Case Study［R］. EAGE Expanded Abstracts，5800.

Bortfeld R，1961. Approximation to the reflection and transmission coefficients of plane longitudinal and transverse waves［M］. Geophysical Prospecting，9，485-502.

Connolly P，1999. Elastic impedance［J］. The leading edge. Apr，18（4）：438-452.

De Groot P，de Bruin G，Hemstra N，2006. How to create and use 3D Wheeler transformed seismic volumes［R］. 76th SEG Annual Meeting，New Orleans，1-6.

Dorigo M，Maniezzo V，Colomi A，1991. Positive feedback as a search strategy［R］. Milan：Milan Politecnico di Milano，91-106.

Fatti J L，Smith G C，Vail P J，et al，1994. Detection of gas in sandstone reservoirs using AVO analysis：A 3-D seismic case history using the Geostack technique［J］. Geophysics，59，1362-1376.

Goodway B，Chen T，Downton J，1997. Improved AVO fluid detection and lithology discrimination using Lamé petrophysical parameters［R］. 67th Annual International SEG meeting，Expanded abstracts，183-186.

Goodway W，Chen T，Downton J，1997. Improved AVO fluid detection and lithology discrimination using Lame petrophysical parame-ters from P and S inversion：SEG International Exposition and 67th Annual Meeting，Dallas，1997［C］. Tulsa：Society of Explo-ration Geophysicists.

Gori M，Tesi A，1992. On the problem of local minima in back propagation［J］. IEEE transactions on pattern analysis and machine intelligence，14（1）：76-86.

Gray D，1999. Bridging the gap：Using AVO to detect changes in fundamental elastic constants［C］. 59th Ann Internet Expanded Abstract of 59th SEG Mtg，852-855.

Gupta R，Cheret T，Pauget F，et al，2008. Automated Geomodelling a Nigeria Case Study［R］. EAGE Expanded Abstracts，B020.

Hilterman F J，1989. Is AVO the seismic signature of rock properties?［C］. 59th annual meeting，SEG，Expanded Abstracts，59.

Hinton G E，Salakhutdinovs R R，2006. Reducing the dimensionality of data with neural networks［J］. Science，313（5786）：504-507.

Hocker C，Fehmers G，2003. Fast structural interpretation with structure oriented filtering［J］. Geophysics，64（4）：1286-1293.

Lecun Y，Bottoo L，Bengio Y，et al，1998. Gradient-based learning applied to document recognition［J］. Proceedings of the IEEE，86（11）：2278-324.

Lecun Y，Bengio Y，Hinton G，2015. Deep learning［J］. Nature，521（7553）：436-444.

Lomask J，2003. Flattening 3-D seismic cubes without picking［C］. SEG Abstracts，1402-1405.

Marfurt K J，Kirlin R L，Farmer S H，et al，1998. 3D seismic attributes using a running window semblance-based algorithm［J］. Geophysics，63（4）：1150-1165.

Marfurt K J，Sudhakar V，Gersztenkorn A，et al，1999. Coherency calculations in the presence of structural dip［J］. Geophysics，64（1）：104-111.

Minsky M，Papert S A，1988. Perceptrons：an introduction to computational geometry，expanded edition［M］. Cam-bridge，Mass：MIT Press，449-452.

Nur A，Wang Z，1989. Seismic and acoustic velocities in reservoir rocks：experimental studies. Geophysics reprint series [M]. Society of Exploration Geophysicists.

Nur A. Wang Z, 1999. Seismic and Acoustic Velocities in Reservoir Rocks : Recent Developments (Vol. 10) [J]. Soc of Exploration Geophysicists.

Pauget F, Lacaze S, Valding T, 2009. A global approach to seismic interpretation base on cost function and minimization [C]. SEG, Expanded Abstract, 28 (1): 2592–2596.

Pérez D O, Danilo M D S, 2013. High–resolution prestack seismic inversion using a hybrid FISTA least–squares strategy [J]. Geophysics, 78 (5): R185–R195.

Pérez, Daniel O, Danilo R V, 2011. Sparse–spike AVO/AVA attributes from prestack data [C]. SEG Technical Program Expanded Abstracts 2011. Society of Exploration Geophysicists, 340–344.

Phan S, Sen M, 2019. Deep learning with cross–shape deep Boltzmann machine for pre–stack inversion problem [R]. San Antonio : 2019 SEG Annual Meeting.

Randen T, Monsen E, Signer C, et al, 2000. Three–Dimensional texture attribute for seismic data analysis. [C]. Expanded abstracts of 70th Ann. Internal. SEG Mtg, 668–671.

Rickett J E, Lomask J, Clark J, 2008. Instantaneous Isochrons, Volume–flattening and a High Resolution View of Sedimentation Rate [C]. EAGE 70nd Conference and Technical Exhibition, Extended Abstracts, B024.

Ronneberger O, Fischer P, Brox T, 2015. U–Net : Convolutional networks for biomedical image segmentation [C]. International Conference on Medical Image Computing and Computer–Assisted Intervention, 234–241.

Russell B H, Hedlin K, 2003. Fluid–property discrimination with AVO : a Biot–Gassman perspective [J]. Geophysics, 68 (1): 29–39.

Turing A M, 1950. Computing machinery and intelligence [J]. Mind, 59: 433–460.

Verney P, Perrin M, Thonnat M, et al. 2008. An Approach of Seismic Interpretation Based on Cognitive Vision [C]. EAGE 70nd Conference and Technical Exhibition, Extended Abstracts, B–024.

Wardlaw K A, Kroll N E, 1976. Autonomic responses to shock–associated words in a nonattended message : A failure to replicate [J]. Journal of Experimental Psychology Human Perception&Performance, 2 (3): 357–360.

Werbos P J, 1990. Back propagation through time : what it does and how to do it [J]. Proceedings of the IEEE, 78 (10): 1550–1560.

Wu X, Lian L, Shi Y, et al, 2019. Deep learning for local seismic image processing : Fault detection, structure–oriented smoothing with edge– preserving, and slope estimation by using a single convolutional neural network [R]. San Antonio : 2019 SEG Annual Meeting.

Xin M W, Luming L, Yun Z S, 2019. Fault Seg 3D : Using synthetic data sets to train an end–to–end convolutional neural network for 3D seismic fault segmentation [J]. Geophysics, 84 (3): 35–45.

Cun Y Le, Bottou L, Bengio Y, et al, 1998. Gradient–based learning applied to document recognition [J]. Proceedings of the IEEE 86, 11: 2278–2324.

Yang M, 2004. Interwell Communication In Dissolved Fracture–Cavity Type Carbonate Reservoir At Block 4 In The Tahe Oilfields [J]. Xinjiang Geology, 22 (2): 196–199.

Zhang H, Liu Y, Zhang Y, et al, 2019. Automatic seismic facies interpretation based on an enhanced encoder–decoder structure [R]. San Antonio : 2019 SEG Annual Meeting.

蔡涵鹏, 贺振华, 何光明, 等, 2013. 基于岩石物理模型和叠前弹性参数反演的孔隙度计算 [J]. 天然气工业, 33 (9): 48–52.

曹冰, 秦德文, 陈践发, 2018. 西湖凹陷低渗储层"甜点"预测关键技术研究与应用—以黄岩 A 气田为例［J］.沉积学报，36（1）：188−197.

邓宏文，王洪亮，李熙喆，1996.层序地层基准面的识别、对比技术及应用［J］.石油与天然气地质，17（3）：177−184.

邓宏文，1995.美国层序地层研究中的新学派：高分辨率层序地层学［J］.石油与天然气地质，16（2）：89−97.

邓英尔，刘树根，麻翠杰，2003.井间连通性的综合分析方法［J］.断块油气田，10（5）：50−53.

邸凯昌，李德毅，李德仁，1999.云理论及其在空间数据发掘和知识发现中的应用［J］.中国图象图形学报，（4）：930−935.

高建虎，刘全新，雍学善，2007.双相介质叠前储层参数反演方法研究.地球科学进展，22（10）：1048−1054.

高建虎，雍学善，2004.利用地震子波进行油气检测［J］.天然气地球科学，15（1）：47−50.

侯雨庭，郭清娅，李高仁，2003.西峰油田有效厚度下限研究［J］.中国石油勘探，8（2）：51−54.

胡广杰，杨庆军，2005.塔河油田奥陶系缝洞型油藏连通性研究［J］.石油天然气学报（江汉石油学院学报），27（2）：227−229.

金博，张金川，2012.辽河滩海地区油气藏断压控藏特征及勘探意义［J］.吉林大学学报：地球科学版，42（增刊1）：80−87.

金之钧，2005.中国海相碳酸盐岩层系油气勘探特殊性问题［J］.地学前缘，12（3）：15−22.

匡立春，刘合，任义丽，等，2021.人工智能在石油勘探开发领域的应用现状与发展趋势［J］.石油勘探与开发，48（1）：1−11.

雷德文，唐建华，邵雨，2002.准噶尔盆地莫北地区小断裂的正演模拟与识别［J］.新疆石油地质，23（2）：111−113，83.

李德毅，孟海军，史雪梅，1995.隶属云和隶属云发生器［J］.计算机研究与发展，32（6）：15−20.

李国会，袁敬一，罗浩渝，等，2015.塔里木盆地哈拉哈塘地区碳酸盐岩缝洞型储层量化雕刻技术［J］.中国石油勘探，20（4）：24−29.

李文科，张研，方杰，等，2015.海拉尔盆地贝尔凹陷岩性油藏成藏控制因素［J］.石油学报，36（3）：337−346.

李一，钟广法，宋继胜，等，2011.梯度结构张量分析法在三维地震资料河道砂体预测中的应用［J］.天然气工业，31（3）：44−47，110.

李忠，贺振华，巫芙蓉，等，2006.地震孔隙度反演技术在川西砂岩储层中的应用与比较［J］.天然气工业，26（3）：50−52.

林畅松，张海梅，刘景彦，等，2000.高精度层序地层学和储层预测［J］.地学前缘，7（3）：111−117.

刘力辉，李建海，刘玉霞，2013.地震物相分析方法与"甜点"预测［J］.石油物探，52（4）：432−437.

刘力辉，王绪本，2011.一种改进的射线弹性阻抗反演公式及弹性参数反演［J］.石油物探，50（4）：331−335.

刘力辉，杨晓，丁燕，2013.基于岩性预测的CRP道集优化处理［J］.石油物探，52（5）：482−488.

刘洋，2005.利用地震资料估算孔隙度和饱和度的一种新方法［J］.石油学报，26（2）：61−64.

刘震，黄艳辉，潘高峰，等，2012.低孔渗砂岩储层临界物性确定及其石油地质意义［J］.地质学报，86（11）：1815−1825.

刘震，赵阳，金博，等，2006.沉积盆地岩性地层圈闭成藏主控因素分析［J］.西安石油大学学报（自然科学版），21（4）：1−5.

陆文凯，李衍达，1998.用二维复倒谱提高地震资料的分辨率［J］.石油地球物理勘探，33（增刊1）：129−133.

牟永光，1996.储层地球物理学［M］.北京：石油工业出版社.

潘光超，周家雄，韩光明，等，2016.中深层"甜点"储层地震预测方法探讨——以珠江口盆地西部文昌A凹陷为例［J］.岩性油气藏，28（1）：94-100.

宋广增，王华，甘华，军，等，2013.东营凹陷郑南地区沙四上亚段坡折带对层序，沉积与油气成藏控制［J］.中南大学学报（自然科学版），44（8）：3415-3424.

宋子齐，唐长久，刘晓娟，等，2008.利用岩石物理相"甜点"筛选特低渗透储层含油有利区［J］.石油学报，29（5）：711-716.

孙东，潘建国，潘文庆，等，2010.塔中地区碳酸盐岩溶洞储层体积定量化正演模拟［J］.石油与天然气地质，31（6）：871-878.

覃建雄，1997.层序地层学发展的若干重要方向［J］.岩相古地理，17（2）：63-70.

谭开俊，王国栋，罗惠芬，等，2014.准噶尔盆地玛湖斜坡区三叠系百口泉组储层特征及控制因素［J］.岩性油气藏，26（6）：83-88.

谭秀成，聂勇，刘宏，等，2011.陆表海碳酸盐岩台地沉积期微地貌恢复方法研究：以四川盆地磨溪气田嘉二2亚段A层为例［J］.沉积学报，29（3）：486-494.

王华青，田家勇，2011.流体饱和多孔介质中弹性波传播问题的研究进展.地壳构造与地壳应力文集［M］.北京：地震出版社.

王曦莎，易小燕，陈青，2010.缝洞型碳酸盐岩井间连通性研究：以S48井区缝洞单元为例［J］.岩性油气藏，22（1）：126-128.

王永平，陈建，2016.用泥质含量估算孔隙度的方法探讨［J］.国外测井技术，37（6）：32-34.

王振宇，罗新生，孙崇浩，等，2011.塔中Ⅰ号坡折带上奥陶统礁滩相特征及其对储层的控制［J］.重庆科技学院学报（自然科学版），13（2）：10-13.

邬光辉，岳国林，师骏，等，2006.塔中奥陶系碳酸盐岩裂缝连通性分析及其意义［J］.中国西部油气地质，2（2）：156-159.

吴丽艳，陈春强，江春明，等，2005.浅谈我国油气勘探中的古地貌恢复技术［J］.石油天然气学报，27（4）：559-560.

肖阳，冯积累，江同文，等，2012.不关井试井分析在桑南西生产动态分析中的应用［J］.油气井测试，21（1）：19-21.

谢又予，2001.沉积地貌分析［M］.北京：海洋出版社.

徐家润，彭祥霞，傅晓燕，等，2007.云变换在焉二区油藏随机建模中的应用［J］.石油地质与工程，（2）：36-38.

闫玲玲，刘全稳，张丽娟，等，2015.叠后地质统计学反演在碳酸盐岩储层预测中的应用：以哈拉哈塘油田新垦区块为例［J］.地学前缘，22（6）：177-184.

闫长辉，周文，王继成，2008.利用塔河油田奥陶系油藏生产动态资料研究井间连通性［J］.石油地质与工程，22（4）：70-72.

杨培杰，印兴耀，2008.地震子波提取方法综述［J］.石油地球物理勘探，43（1）：123-128.

杨晓萍，赵文智，邹才能，等，2007.川中气田与苏里格气田"甜点"储层对比研究［J］.天然气工业，27（1）：4-7.

姚清洲，孟祥霞，张虎权，等，2013.地震趋势异常识别技术及其在碳酸盐岩缝洞型储层预测中的应用［J］.石油学报，34（1）：101-105.

易斌，崔文彬，鲁新便，等，2011.塔河油田碳酸盐岩缝洞型储集体动态连通性分析［J］.新疆石油地质，32（5）：462-472.

印兴耀，高京华，宗兆云，2014.基于离心窗倾角扫描的曲率属性提取［J］.地球物理学报，57（10）：3411-3421.

雍学善，马海珍，高建虎，2006.双相介质AVO方程及参数简化研究.地球科学进展，21（3）：242-249.

张安达，潘会芳，2014.致密储层物性下限确定新方法及其应用［J］.断块油气田，21（5）：623-626.

张抗，2000.塔河油田奥陶系油气藏性质探讨［J］.海相油气地质，5（3-4）：47-53.

张林艳，2006.塔河油田奥陶系缝洞型碳酸盐岩油藏的储层连通性及其油（气）水分布关系［J］.中外能源，11（5）：32-36.

张庆玉，陈利新，梁彬，等，2012.轮古西地区前石炭纪古岩溶微地貌特征及刻画［J］.海相油气地质，17（4）：23-26.

张尚锋，2007.高分辨率层序地层学理论与实践［M］.北京：石油工业出版社.

张希明，2001.新疆塔河油田下奥陶统碳酸盐岩缝洞型油气藏特征［J］.石油勘探与开发，28（5）：17-22.

张钊，陈明强，高永利，2006.应用示踪技术评价低渗透油藏油水井间连通关系［J］.西安石油大学学报（自然科学版），21（3）：48-51.

章典，1994 西藏岩溶溶蚀微地貌分布和形态学分析［J］.中国岩溶，13（3）：270-280.

赵澄林，2001.沉积学原理［M］.北京：石油工业出版社.

赵俊兴，陈洪德，向芳，2003.高分辨率层序地层学方法在沉积前古地貌恢复中的应用［J］.成都理工大学学报：自然科学版，30（1）：76-81.

赵永刚，王东旭，冯强权，等，2017.油气田古地貌恢复方法研究进展［J］.地球科学与环境学报，39（4）：518-52.

郑荣才，彭军，吴朝容，2001.陆相盆地基准面旋回的级次划分和研究意义［J］.沉积学报，19（2）：249-255.

周新桂，张林炎，范昆，2007.含油气盆地低渗透储层构造裂缝定量预测方法和实例［J］.天然气地球科学，18（3）：328-333.

周兴熙，2000.初论碳酸盐岩网络状油气藏：以塔里木盆地轮南奥陶系潜山油气藏为例［J］.石油勘探与开发，27（3），5-8.

第五章　地震储层学典型应用实例

自地震储层学诞生以来，运用地震储层学相关知识在国内外开展了一系列研究工作，取得了较好的应用效果。在实际应用中一方面解决遇到的勘探开发难题，一方面研发实用方法技术，在实践中不断完善创新地震储层学学科内涵，在基础理论、方法技术、科学实验等方面都有了长足进展。本章列举了地震储层学在玛湖凹陷砾岩、准噶尔盆地东北部砂岩、哈拉哈塘碳酸盐岩和玛北地区火成岩中的应用研究实例，展示了地震储层学在实际应用中的全过程和应用效果，以便读者更全面地深入了解地震储层学。

第一节　玛湖凹陷斜坡区三叠系百口泉组砾岩地震储层学研究

准噶尔盆地低孔低渗油气资源丰富，主要分布在环玛湖地区二叠系、三叠系，盆地腹部侏罗系，北三台清水河组等，低渗透储量占已发现储量的36%。因此，低孔低渗储层在准噶尔盆地油气勘探中占有十分重要的地位，在普遍低孔低渗储层中寻找相对优质储集层段显得非常重要。玛湖地区三叠系百口泉组储层为典型的低孔低渗储层，局部发育有利储层，但有利储层发育的主控因素不清楚，而且有利储层与非储层地球物理响应差异小，地震储层预测难度较大。为此，运用地震储层学"四步法"的研究思路和方法，在地质成因的指导下，采用逐级控制的思想，综合预测有利储层的分布。

一、储层地质研究

玛湖凹陷位于盆地西北缘，是克拉玛依逆掩断裂带的山前凹陷，长轴呈北东走向（赵白，1992；Allen 和 Vincent 等，1997；赵俊猛等，2008）。凹陷西侧山前主要发育乌夏断褶带和克百断褶带；凹陷东侧为英西凹陷、夏盐凸起和达巴松凸起。该区地层发育较全，自下而上有石炭系、二叠系、三叠系、侏罗系及白垩系；受海西、印支、燕山和喜马拉雅构造运动影响，各层系均为区域性角度不整合。其中目的层三叠系百口泉组与二叠系下乌尔禾组之间缺失上乌尔禾组，为一角度不整合。百口泉组从下到上依次划分为百一段、百二段、百三段。

（一）沉积背景

沉积相研究表明，玛湖地区三叠系百口泉组主要发育扇三角洲平原、扇三角洲前缘和前扇三角洲3个沉积亚相（雷振宇等，2005；蔚远江等，2007；唐勇等，2014，2018；匡立春等，2014；于兴河等，2014；邹志文等，2015；张顺存等，2015；宋永等，2019；高志勇等，2019），主要物源来自研究区东北部的夏子街鼻凸地区，次要物源来自研究区西北部的黄羊泉地区（图5-1）。岩石类型主要是砂岩和砾岩，其中砂岩主要是岩屑砂岩，包括含砾不等粒砂岩、中细砂岩、中砂岩、粗砂岩、泥质砂岩等（共占 22% 左右），砾岩主要为砂砾岩（约占 70%）。砂砾岩大多数为灰色、杂色、棕褐色，砾石磨圆度中等—较好，常为次圆状、次棱角状，分选较差，砾石大小不一，有些达 8cm 以上，砾岩岩屑中火山岩岩屑含量较高；砂岩常为灰色，分选往往较好，磨圆度中等至较高，沉积构造也比较发育，常见有平行层理、波状层理、板状交错层理等。从百一段到百二段再到百三段，砂岩和砂砾岩的颜色由以棕褐色为主，过渡到以灰绿色、灰色为主，反映了沉积环境从百一段的扇三角洲平原为主过渡到百三段的扇三角洲前缘为主（图 5-1）。

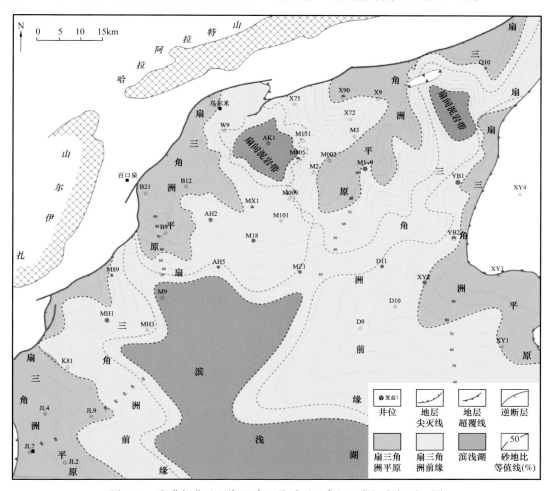

图 5-1　准噶尔盆地玛湖凹陷三叠系百口泉组二段沉积相平面图

（二）储层基本特征

岩心观察、岩石薄片鉴定表明玛湖凹陷百口泉组储层岩性以长石岩屑砾岩为主，可见少量中细粒（长石）岩屑砂岩。砾岩颜色以灰色和灰绿色为主，砾石大小不等，一般为 2～40mm，最大可达 45mm，多呈次圆状，分选较差（图 5-2a）。砾石成分较复杂，主要为流纹岩、凝灰岩，其次为安山岩、花岗岩、石英岩、硅质岩和霏细岩，最大特点是长石成分较多。砂岩颗粒一般呈次圆状，分选中等—好。砂质成分以凝灰岩岩屑为主，其次为长石和石英。结构组分中，填隙物含量少，其中胶结物以高岭石为主，其次为方解石、硅质和沸石类矿物（图5-2b）。此外，环玛湖斜坡区扇三角洲平原辫状河道微相的岩性主要为褐色砾岩（图5-2c），具有分选差、磨圆中等—差、杂基含量多及岩性致密的特点（图5-2d）。

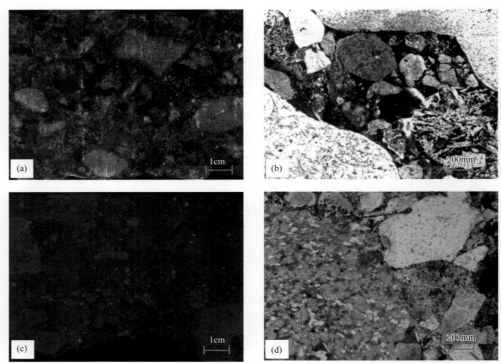

图5-2 研究区三叠系百口泉组岩石组分特征

（a）玛131井，3184.49m，灰色和灰绿色，砾石呈次棱角—次圆状，分选较差；（b）玛131井，3189.75m，砾石间充填长石、石英和岩屑组成的砂级颗粒，杂基含量低；（c）夏92井，2504.71m，褐色砾岩，扇三角洲平原辫状河道微相，砾石呈次棱角状；（d）夏92井，2508.39m，杂基含量高，分选差，压实作用强烈，岩石致密

　　根据玛湖凹陷三叠系百口泉组90余口钻井的物性资料统计分析，储层孔隙度普遍小于15.0%，渗透率普遍小于10.0mD，属低孔、特低渗储层。储层孔隙度介于3.17%～23.4%，平均为9.04%，渗透率介于0.01～934mD，平均为0.73mD。研究区储层主要发育原生孔隙和次生孔隙两种类型，其中次生溶孔是斜坡区最主要的孔隙类型。岩石薄片、铸体薄片和扫描电镜分析进一步表明目的层储集空间类型以次生溶蚀孔隙为主。并且，次生孔隙又可分为粒内溶孔、粒间溶孔、黏土收缩缝、基质溶孔和微裂缝。所形成的溶孔通常不规则，孔隙大小不一（直径为0.01～1mm），并残留有较多未溶的物质。

（三）储层主控因素分析

1. 沉积及层序演化对储层的控制作用

　　百口泉组沉积于二叠系顶部区域不整合之上，是一套以砾岩和砂质砾岩等粗碎屑沉积为主的扇三角洲沉积。百口泉组整体为垂向向上岩性变细、泥岩增加的湖侵旋回。依据岩性、电性标志可将其细分为百一段、百二段和百三段（图5-3）。百一段岩性以厚层砾岩为主，夹薄层泥岩，测井曲线表现为低自然伽马、高电阻率特征，以厚层箱形为主，顶部略呈钟形，且曲线齿化特征明显，表明百一段为水进沉积过程；百二段岩性过渡为以厚层块状砾岩为主，泥岩夹层厚度较小、数量较少，电性特征同样为低自然伽马、高电阻率厚层箱形，曲线齿化特征不明显，表明百二段在可容空间充足条件下，物源供给充足、沉积过程相对稳定；百三段岩性以厚层泥岩为主，其间发育薄层砾岩、含砾细砂岩等，呈"泥包砂"特征，粒度向上明显变细，测井曲线呈典型钟形特征，表明大规模水进过程中，可容纳空间较大，而物源供给相对不足。

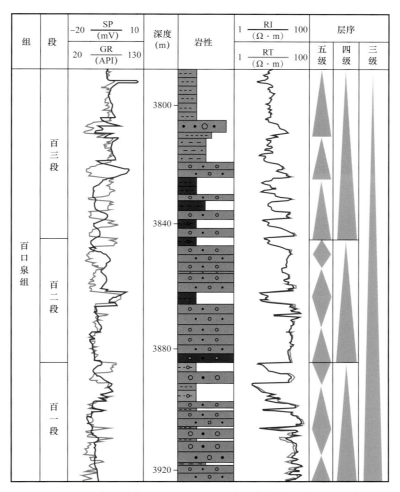

图5-3 玛湖凹陷斜坡区三叠系百口泉组高精度层序地层划分

百口泉组储层主要发育在百一段—百二段厚层砾岩段，受控于沉积及层序特征。百一段在斜坡区高部位，为扇三角洲平原亚相，砾岩中泥质杂基含量高，不利于后期次生孔隙的发育；而斜坡区向盆地方向过渡为扇三角洲前缘亚相，砾岩中泥质杂基含量低，具有较好的渗透性，有利于含有机酸流体对长石的溶蚀。百二段在斜坡区发育扇三角洲前缘沉积，厚层砾岩广泛发育，泥质杂基含量低，是溶蚀孔发育的有利岩相。离断层越远，厚层状砾岩的溶蚀孔发育越少，物性越差，现今主要为成岩致密层，百二段整体有利于储层的发育。因此，百口泉组的沉积及层序控制了有利储层在百口泉组内的相带及层序位置。

2. 成岩演化对储层的控制作用

玛湖凹陷百口泉组砾岩储层显微观察表明，储层物性主要与成岩作用有关，而成岩作用的差异性主要受岩石成分、与埋藏相关的古地温、地层流体环境影响。

1）岩石成分的影响

岩石成分对储层的影响主要体现在泥质杂基和碎屑长石的含量上。扇三角洲平原砾岩的泥质杂基含量明显高于扇三角洲前缘砾岩的泥质杂基含量。扇三角洲前缘相砾岩在经历早成岩阶段的减孔作用后，在中成岩阶段由于长石溶解作用导致储层物性得到改善（图 5-4）。

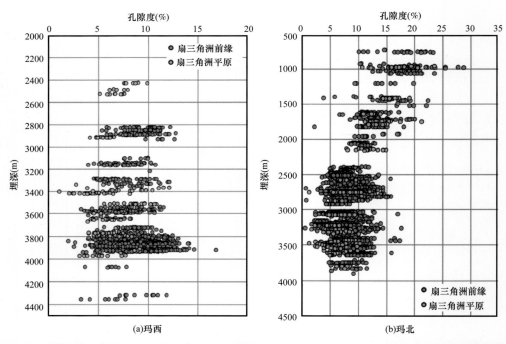

图 5-4　准噶尔盆地斜坡区百口泉组扇三角洲前缘与扇三角洲平原亚相砾岩孔隙度与埋藏深度关系图

2）与埋藏相关的古地温影响

古地温对储层物性的影响主要体现在长石次生溶蚀孔隙发育在一定的地层温度带内。玛西黄羊泉扇三角洲前缘相砾岩埋深大于3200m时，储层中的长石次生溶蚀孔隙占比达到50%以上，对应的地层温度约为97℃（图5-5a）。玛北夏子街扇三角洲前缘相砾岩中次生溶蚀孔隙占50%时的埋深为2500m，对应的地层温度为62℃（图5-5b）。虽然两者次生孔隙占比为50%时的古地温有所差别，但次生孔隙主要发育段均对应着较高的古地温（大于 80℃）。

　　3）地层流体环境影响

　　长石的溶解主要发生在酸性地层水环境下，部分溶解的长石、粒间自生的高岭石与石英的同时存在是长石在酸性水环境下被溶蚀的证据（图 5-6）。百口泉组酸性水环境的形成主要与玛湖凹陷早期 3 期规模油气充注有关，油气充注相伴随的大量有机酸为长石溶解提供了酸性地层水环境。

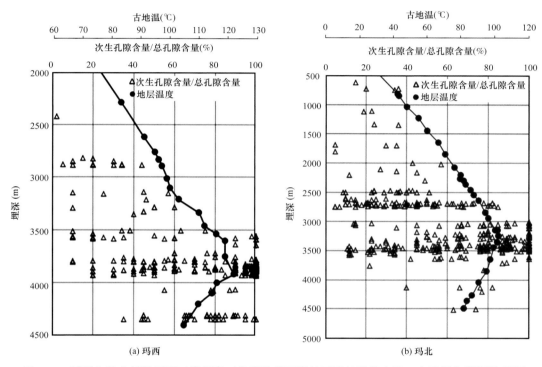

图 5-5　玛西和玛北斜坡区百口泉组扇三角洲前缘砾岩长石溶蚀孔隙占比、古地温与埋深关系图

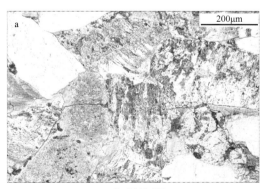

(a) 长石溶蚀孔隙

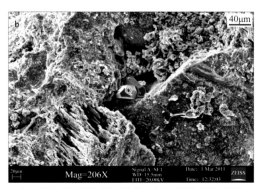

(b) 扫描电子显微镜下长石溶蚀、自生石英和高岭石并存

图 5-6　百口泉组储层长石显微镜下特征

　　综上所述，深埋条件下百口泉组储层物性的改善与长石溶蚀形成的次生孔隙有关，

扇三角洲前缘亚相储层中的颗粒长石在弱酸性流体环境中，达到一定地温条件时发生溶解形成次生孔隙，长石溶解的量主要取决于颗粒长石的含量、弱酸性地层流体及古地温的高低。同样是扇三角洲前缘相砾岩体，当上述 3 个条件不满足时，即颗粒长石含量低、非酸性地层水环境或未在适当的古地温区间时，砾岩体储集物性难以得到有效改善，其将成为成岩致密层，对油气只能起遮挡作用。

二、地震物理实验及技术方法研究

研究区储层为典型的低孔低渗型，储层预测主要是对甜点储层进行预测，因此，对物性预测的叠前地震技术是主要手段之一。

（一）储层地震实验

地震数据携带大量储层信息，基于 Zopplize 方程（Mavko 等，1998），利用叠前反演技术可从叠前道集振幅中提取各类具有不同地质意义的叠前地震参数（Shuey，1985）。同时，叠前反演是反演的最高形式，它利用不同炮检距或角道集数据和横波速度、纵波速度、密度等测井资料，联合反演出与岩性、物性、含油气性相关的纵波速度、横波速度、密度等参数（Larsen，1999；Helen 和 Landrø，2006；Hu 等，2011；Chen 和 Glinsky，2013）。

利用叠前 CRP 道集，抽取成角道集，进行叠前同时反演，得到纵波速度、横波速度、密度、纵横波速度比等。将地震弹性参数进行交会，确定储层的敏感参数。首先以纵横波速度比作为叠前反演的实验敏感参数，在叠前反演的基础上，结合纵横波速度比储层识别下限（纵横波速度比小于 1.75），对研究区砾岩储层进行预测，采用地震数据为 MX1 井高密度三维，结果如图 5-7 所示。

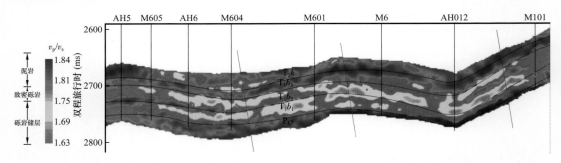

图 5-7　准噶尔盆地玛湖凹陷 M18 井区三叠系百口泉组叠前反演技术实验

v_p—纵波速度；v_s—横波速度

（二）技术方法优选

研究区已知甜点储层普遍具有较低的纵横波速度比（v_p/v_s），因此利用叠前同时反演方法反演出 v_p/v_s，可以实现对甜点储层的预测。

预测结果与实际勘探成果（图 5-8a、图 5-9a）吻合度高，且致密砾岩（图 5-8b、图 5-9b）中绿色包裹砾岩储层（图 5-8b、图 5-9b）中黄色和红色的现象明显，进一步增加了特殊圈闭类型预测的可信度。

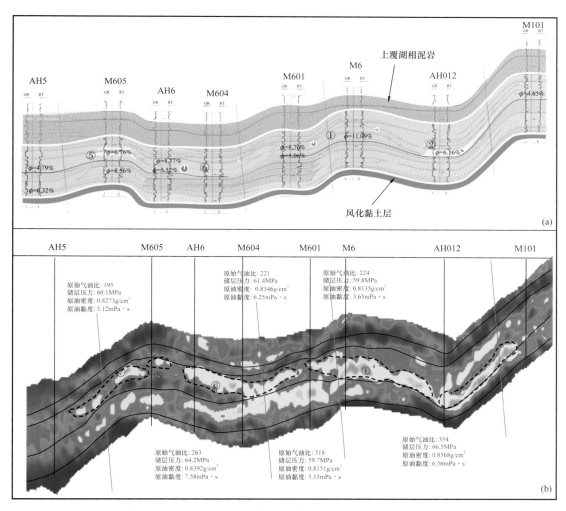

图 5-8　M18 井区三叠系百口泉组砂砾岩垂直物源连井剖面（a）及叠前反演剖面图（b）

三、储层地震地质解译及表征

（一）储层剖面分布特征

以 M18 井区为例，目的层三叠系百口泉组所处相带为扇三角洲前缘亚相。对百口泉组连井剖面进行解译，结果见图 5-10。可以看出，钻井之间前缘亚相砾岩的横向对比性强，连续性好，无间断，厚度大。结合钻井、测井、试油等数据，可以确定圈闭在剖面中的分布（图 5-10）。连井解译表明，巨厚砾岩横向连通，不存在砾岩岩性尖灭的情况。该区断裂断距小（一般小于 15m）（陶国亮等，2006；王离迟等，2008；陈永波等，2015，2018；钱海涛等，2018），而砾岩层厚度大（一般大于 20m），断裂无法将砾岩层错断开，不太可能形成断块油气藏。但断裂可能作为有机酸流体的运移通道，对致密砾岩层进行溶蚀，使其局部次生孔隙储层发育（谭开俊等，2014；曲永强等，2015；潘建

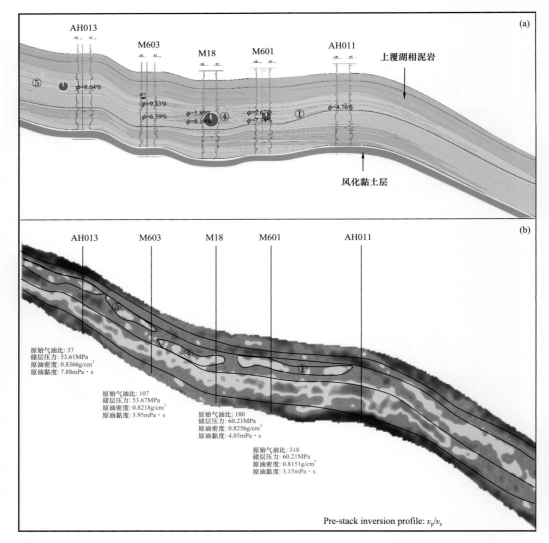

图5-9　M18井区三叠系百口泉组砂砾岩顺物源连井剖面（a）及叠前反演剖面（b）

国等，2015；陈波等，2016；邹妞妞等，2016）。储层之间大多以致密砾岩相隔，即致密砾岩构成了圈闭的围岩部分，所获物性数据也证实了这一点（图5-10）。

（二）储层平面分布特征

　　叠前反演能够很好地区分前缘亚相中的致密砾岩和砾岩储层，因此对M18井区三叠系百二段进行平面预测，解译结果如图5-11所示。可以看出，M18油藏并不是铁板一块（原M18油藏是以断裂为界的断块油藏），而是由致密砾岩分隔的多个砾岩油藏组成。此外，勘探结果表明，原油藏中各井的原油物性、油藏压力、油气水产出状态差异大，进一步表明其不是一个油藏，而是由多个小油藏组成。以平面预测为基础（图5-11），将有井刻度的油藏进行编号，M18油藏又可划为7个油藏单元（图5-11），各油藏特征参

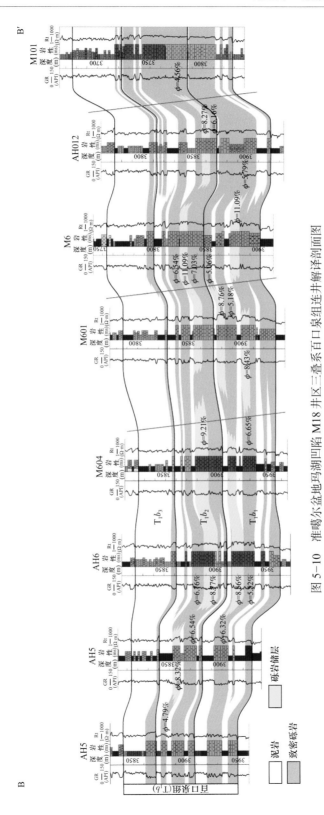

图 5-10 准噶尔盆地玛湖凹陷 M18 井区三叠系百口泉组连井解译剖面图

数如表 5-1 所示。即在原 M18 断块圈闭内包含了多个岩性相同、物性不同的特殊圈闭类型。

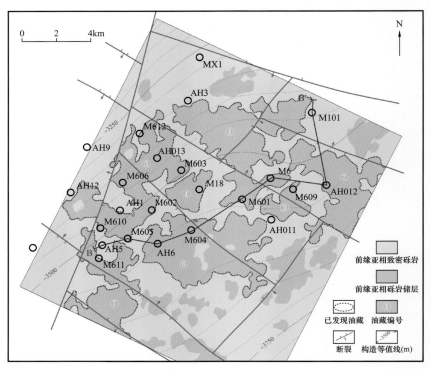

图 5-11　玛湖凹陷 M18 井区百口泉组二段圈闭解译平面分布图

综上，一方面研究区砾岩厚度大，连续性好，中间没有泥岩带相隔，不太可能形成传统意义上的砾岩透镜体型或砾岩上倾尖灭型的岩性圈闭；另一方面，研究区断距较小的断裂无法断开厚度巨大的砾岩层，形成断块圈闭的可能性也不大。所以，研究区大片扇三角洲前缘亚相内发育一种非均质性很强的、岩性相同、物性不同、砾岩包裹砾岩、彼此孤立或连通的特殊圈闭类型。

四、储层形成模式及综合评价

（一）储层形成模式

玛湖凹陷斜坡区百口泉组油藏发育在扇三角洲前缘水下分流河道砾岩中，其油藏边界主要受砾岩储层质量控制，而由前缘相砾岩中的颗粒长石含量、古地温、地层流体不同导致的差异性成岩作用则是导致储层质量变化的根本原因，这种砾岩包裹砾岩的圈闭类型称为成岩圈闭，其形成有别于受沉积相带变化控制的岩性油气藏。成岩圈闭是重要的油气圈闭类型之一（Rittenhouse，1972；Wilson，1977；Douglas，1986；Cant，1986；Meshri 和 Comer，1990），其形成主要是在沉积期或沉积期后或一定埋深和广泛岩化后由差异性成岩作用致使储层转变为非储层或者非储层转变为储层亦或两者并存，进而在

表 5-1 玛湖凹陷 M18 井区百二段油藏特征参数表

油藏编号	面积（km²）	典型井	气油比	压力（MPa）	温度（℃）	原油密度（g/cm³）	储层厚度（m）	储层孔隙度（%）	围岩孔隙度（%）	储层与围岩孔喉半径比	储层波阻抗[（g/cm³）·（m/s）]	围岩波阻抗[（g/cm³）·（m/s）]
①	23.8	M6、M601	224~318	59.7	—	0.8151~0.8215	4~11	9.89	5.32	66.5	-1003	965
②	14.6	AH012	不产气	—	—	0.8368	4~8	8.46	5.14	11.2	-590	1098
③	3.5	M609	不产气	—	—	0.8253	15	9.23	4.65	35.4	-988	856
④	4.2	M18	不产气	—	—	—	17	10.19	5.14	123.3	-2467	704
⑤	20.2	AH013、M606、M610、M602	0~37	53.61	91.84	0.8175~0.8221	6~17	9.33	6.39	78.7	-1298	655
⑥	22.9	AH6、M604	不产气	64.24	94.37	0.8364~0.8392	5~13	9.77	5.52	243.3	-3110	774
⑦	12.3	M611	不产气	—	96.07	0.8129	5	8.54	5.22	9.5	-540	523

上述情形下由非储层全部或者部分遮挡形成的圈闭。目前针对成岩圈闭的成因类型主要有 3 种（Wilson，1977；Douglas，1986；Meshri 和 Comer，1990）（表 5-2），它们之间有显著的差异。一种是先期存在的古油藏内部烃类抑制了成岩作用的发生，而在油水界面附近由于成岩作用产生了成岩封闭层，导致古油藏中油气被"冻结"，形成了"冻结型成岩圈闭"（Wilson，1977），该类型发现于先期存在的古油藏之中，最常见的为砂岩背斜油气藏，其次构造型碳酸盐岩油藏也有发育；此外，差异性压实作用导致早期岩层部分发生致密化而形成相关遮挡，从而形成"压实型成岩圈闭"（Douglas，1986），该类型普遍发育于碎屑岩之中，目前以砂岩的压实致密化作用最为典型；第三种是非储层转变为储层的成岩圈闭类型，是由成岩溶解作用改造而成，主要体现在有机酸等酸性流体通过溶蚀作用将已经致密的岩层部分改造成为储层，结合致密层的遮挡而形成"溶蚀型成岩圈闭"（Meshri 和 Comer，1990），国内外研究较多的是碳酸盐岩，尤以岩溶作用最为普遍（强子同等，1981；南君祥等，2001；李洪玺等，2013；Al-Zaabi 等，2014；闵华军等，2019），此外，由于砂岩的溶蚀而形成有效储层在国际上也得到了广泛的认可（Cant，1986；Meshri 和 Comer，1990；赵追等，2001；司学强等，2008；宋国奇等，2012；Wang 等，2014）。

表 5-2　成岩圈闭成因类型分类表

成岩圈闭类型	成因机制	岩石类型	代表人物	提出年份
冻结型	水岩反应形成致密层	砂岩、碳酸盐岩	Wilson	1977
压实型	差异压实形成致密层	砂岩、粉砂岩	Douglas	1986
溶蚀型	酸性流体溶蚀形成储层	碳酸盐岩、砂岩	Meshri 等	1990

　　研究区成岩圈闭属于第三种成因类型，但主要发育在砾岩中，主要有三个特点，构成了特殊的圈闭模式（图 5-12）：一是玛湖凹陷砾岩成岩圈闭发育于坳陷盆地扇三角洲多期扇体叠置、大面积展布的砾岩体中；二是主要由扇三角洲前缘亚相次生孔隙砾岩储层和致密遮挡层构成，致密遮挡层包括圈闭上倾方向上的扇三角洲平原亚相致密砾岩或扇三角洲前缘亚相致密砾岩，侧向上为扇三角洲前缘亚相致密砾岩或水下分河道间泥岩，上覆为湖泛泥岩层，下伏则为扇三角洲前缘亚相或平原亚相致密砾岩、湖泛泥岩、风化壳黏土层；三是有机酸经断裂沟通对前缘亚相砾岩中长石进行溶蚀，由于岩石成分的差异性及断裂发育的不均一性，部分砾岩形成储层，而未被溶蚀的砾岩形成围岩，致使在前缘相带内部形成了数量多、单个体积小且形状不规则的砾岩溶蚀型成岩圈闭，空间分布非均质性强。

（二）储层综合评价

　　百口泉组砾岩成岩圈闭的形成是构造、沉积、成岩共同作用的结果。构造为成岩圈闭的形成提供了成岩环境，主要体现在两个方面：一是埋藏作用，主要影响古地温和成岩阶段；二是断裂活动，含有机酸的地层流体主要沿印支—燕山期活动的断裂进入百口泉组（王来斌等，2004；陶国亮等；2006；吴孔友，2009；陈永波等，2015，2018），为断裂发育区提供了酸性地层水环境。沉积是成岩圈闭形成的基础，扇三角洲平原与前缘砾岩在泥质杂基含量、碎屑长石含量和储层结构上的明显差异，是导致平原亚相成岩致密层和前缘亚相次生孔隙储层形成的物质基础。沉积作用还为成岩圈闭提供了顶、底板和侧向遮挡条件，成岩圈闭的顶、底板和侧向遮挡除了成岩致密层外，还包括湖相泥岩和不整合面附近的风化黏土层（图5-12）。差异性成岩作用是成岩圈闭形成的关键，扇三角洲平原亚相储层泥质杂基含量高、分选差，埋藏后经受了机械压实作用和自生黏土矿物胶结作用，原生孔隙基本消失，同时由于储层结构差、碎屑长石含量低，不利于地层流体的流动及溶解作用的发生，后期储集条件未有改善，一直低于储层临界物性而成为成岩致密层。斜坡区广泛发育的扇三角洲前缘亚相砾岩早成岩阶段（前侏罗世）经受压实和胶结作用，原生孔隙快速减少。中成岩阶段（侏罗世—白垩世）油气沿断裂充注，带来的有机酸提供了长石溶解所需的地球化学条件，但溶解作用对储层的改善并不是在扇三角洲前缘亚相砾岩中广泛发生的，而是受到碎屑长石含量、地层温度、与层间断裂有关的酸性地层条件制约。溶解的地质条件满足时，形成长石溶蚀孔储层；溶蚀条件较差或不满足时，溶蚀程度低或者未溶蚀的扇三角洲前缘亚相砾岩则成为成岩致密层。

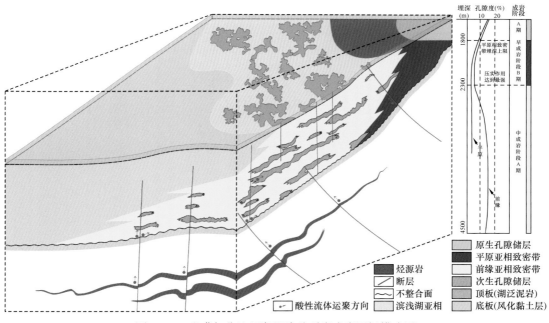

图5-12　准噶尔盆地玛湖凹陷砂砾岩成岩圈闭模式图

综合以上影响因素开展成岩圈闭综合评价，总体上百口泉组在斜坡带形成了大面积分布的成岩圈闭（图5-13）。

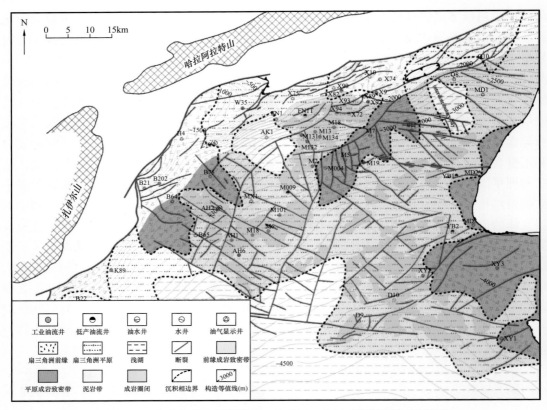

图 5-13　准噶尔盆地玛湖凹陷三叠系百口泉组成岩圈闭综合评价图

第二节　准东北三台—沙南地区二叠系梧桐沟组砂岩地震储层学研究

一、储层地质研究

（一）储层地质背景

准噶尔盆地是一个中央地块型复合叠加盆地，具有前寒武系结晶基底和上古生界褶皱基底的双层基底特征。海西期构造运动是盆地最重要的一次构造变动（匡立春等，2005），中—晚石炭世以前，盆地处于拉张背景，发育海槽和开放型海盆；石炭纪末—早二叠世，由于哈萨克斯坦板块与准噶尔板块剧烈碰撞，包括博格达山在内的周边海槽基本闭合，东部隆起开始形成，盆地由海槽—台地发育体系转化成了盆—山发育体系，自此，盆地开始处于持续的挤压构造背景。

北三台凸起是一个海西期形成的继承性古隆起，长期处于相对较高的位置，在凸起周围的斜坡上地层发育齐全，向凸起顶部逐层尖灭，甚至出现白垩系、古近系直接覆盖在石炭系、二叠系之上。海西中—晚期由于周边海槽的闭合隆起，产生强压扭应力场，形成了北北西—南南东向展布的北三台凸起，石炭系经历了长期的抬升和剥蚀，使得石炭系内部断裂发育，顶面凹凸不平。在其低洼处二叠系梧桐沟组沉积早期表现为填平补齐的沉积特征，厚度变化大，但范围有限；梧桐沟组沉积中晚期范围逐步扩大，分布广泛而连续，沉积厚度变化较小，其后沉积了三叠系和侏罗系。燕山期北三台凸起再次抬升，使得侏罗系、三叠系遭受严重剥蚀，在构造低洼处残存了部分下三叠统韭菜园子组，构造高部位梧桐沟组也遭受部分剥蚀，甚至尖灭。侏罗系在该区全部剥蚀，白垩系广泛分布，厚度稳定，在北三台凸起高部位直接覆盖在石炭系之上。白垩纪之后该区构造活动减弱，基本维持了侏罗纪之后的构造格局。

综合钻井、测井及分析化验等各方面资料，研究区北三台凸起西泉地区二叠系梧桐沟组（P_3wt）整体属于浅湖背景的水下分流河道及滩坝沉积，在区带上表现为辫状河三角洲前缘入湖向水下延伸，同时受滨岸波浪作用控制。岩性普遍比较细，以灰色、褐灰色、深灰色泥岩、粉砂质泥岩、砂质泥岩、泥质粉砂岩为主，夹灰色粉砂岩、细砂岩或少量含砾砂岩，地层中泥岩层的颜色以还原—弱还原环境的深灰色、灰色为主。砂层的单层厚度一般比较小，表现为块状或反韵律特征（图5-14），砂层分选较好，层面见大量云母片。上下相邻岩层主要为灰色、深灰色泥岩、粉砂质泥岩或泥质粉砂岩。电性特征双侧向电阻率曲线呈微齿状夹小齿状和小齿形块状、电阻率值较低；自然伽马曲线呈齿状、小齿状，幅度差明显。纵向上梧桐沟组按成因单元可分为三个层序，梧桐沟组低位体系

西泉016井 1772.21～1773.28m，灰色油浸粉细砂岩，岩性均匀，分选性好，炭屑丰富，见微波状层理。滨岸滩坝沉积

西泉015井 1806.21～1807.61m，深灰色砂砾岩、灰黑色泥岩和灰色含砾砂岩，砂砾岩受淘洗，泥质含量低。滨岸砾石滩和泥坪沉积

西泉017井 1724.05～1724.88m，灰色含泥砾中细砂岩，岩性均匀，分选好，泥砾磨圆度高，顺层排列。滨岸沙滩沉积

西泉017井 1724.88～1725.40m，灰绿色泥岩，岩性均匀，见植物根痕。滨岸泥坪沉积

图5-14　二叠系梧桐沟组典型岩心照片

域和湖侵体系域（相当于 P_3wt_1）主要发育水下分流河道及滨浅湖滩坝砂体，高位体系域（相当于 P_3wt_2）以半深湖泥岩沉积为主，发育薄层滩坝砂（图 5-15）。

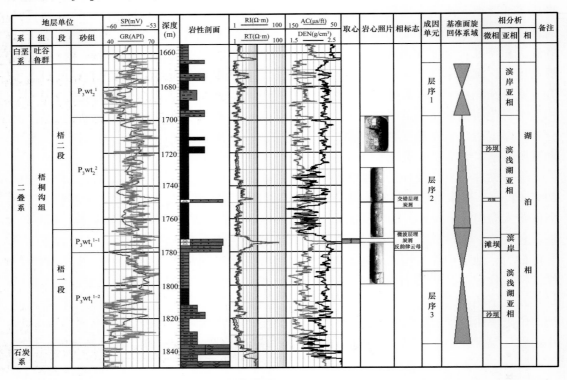

图 5-15　二叠系梧桐沟组沉积层序单元划分图

从研究区古地貌恢复（赵俊兴等，2001；吴丽艳等，2005）结果（图 5-16）可以看出，P_3wt 沉积前石炭系风化壳面显现出"沟壑纵横""凹—隆—坡"有机组合、"坡带富沟"的古地貌景观，围绕北三台凸起呈半环带状分布，总体上呈现出东南高西北低的格局。北侧 XIQ1 井区的"坡带富沟"特点最为明显。研究表明，这些沟道主要受石炭系顶界火山岩风化壳残丘控制，物源主要来自古地貌隆起区，沟谷地貌对古水流体系的发育起着通道作用，也是砂体聚集的主要场所。沟谷间以低隆起区或"梁"分开，具有隆起区供砂，低隆起区和"梁"分砂，沟谷输砂，沟谷及凹陷聚砂的特点，一般来说，盆地斜坡带向着盆地方向的沟谷口突然变宽地带常成为沉积物的卸载区，同时由于湖浪的不断淘洗易形成分选较好的砂体，在与湖水连接畅通的沟谷区域，由于分流河道和湖浪双重作用，是砂体发育的良好区域。石炭系顶界之所以形成这种起伏不平的古地貌形态，除了长时间受海西构造运动影响外，还与其顶界不同火山岩岩相差异性风化作用相关。在石炭系顶界的负向构造单元（沟谷）沉积了较厚的二叠系梧桐沟组，正向构造单元由于构造破裂作用和风化淋滤作用，是石炭系火山岩储层发育的主要区域。

图 5-16　北三台凸起二叠系梧桐沟组沉积前古地貌立体图

（二）储层基本特征

二叠系梧桐沟组储层主要以细粒岩屑砂岩、中粒岩屑砂岩为主。砂岩中石英含量为
2%～10%，平均为 5.39%；长石含量为 1%～25%，平均为 16.72%；岩屑含量为 65%～
97%，平均为 77.89%。岩屑主要以凝灰岩为主，含量为 16%～62%，平均为 43.06%；其
次为霏细岩、安山岩、千枚岩等。胶结类型主要为压嵌型、孔隙型，颗粒接触方式主要
为线接触、点接触。总体上，储层具有成分成熟度、结构成熟度极低，压实作用较强的
特征。

根据该区块 P_3wt 储层铸体薄片分析，储层孔隙类型以剩余粒间孔（0～95%，平均
为 47.5%）、粒内溶孔（0～100%，平均为 30.28%）为主，微裂缝、晶间孔的含量极少
（图 5-17）。扫描电镜资料表明孔隙较发育，孔隙连通性较差。储层孔隙组合类型主要为
剩余粒间孔 + 粒内溶孔组合型，两者占总孔隙的 77.78%。

据常规物性分析资料统计，P_3wt 储层孔隙度为 1.9%～31.0%，平均为 22.55%，渗透
率为 0.478～132mD，平均为 7.69mD，属较高孔隙度、低渗透的中等储层（图 5-18a）。
P_3wt 砂层储层饱和度中值压力为 2.99～7.98MPa，平均为 5.49MPa；饱和度中值半径为
0.09～0.25μm，平均为 0.17μm；排驱压力为 0.26～0.87MPa，平均为 0.57MPa；最大
孔喉半径为 0.84～2.87μm，平均为 1.86μm；平均毛细管半径为 0.25～0.85μm，平均为
0.55μm；非饱和孔隙体积百分数为 10.98%～63.14%，平均为 34.78%（图 5-18b）。总之，

储层具有较高—高的排驱压力、中值压力和孔隙结构较差—差的特征，为高孔、低渗的Ⅲ类的中等储层。

西泉015井 1806.60m，粗粒巨粒砂岩，×40
剩余粒间孔90%＋粒内溶孔10%

西泉016井 1773.61m，中砂岩，×40
剩余粒间孔80%＋粒内溶孔20%

图5-17 二叠系梧桐沟组典型铸体薄片图

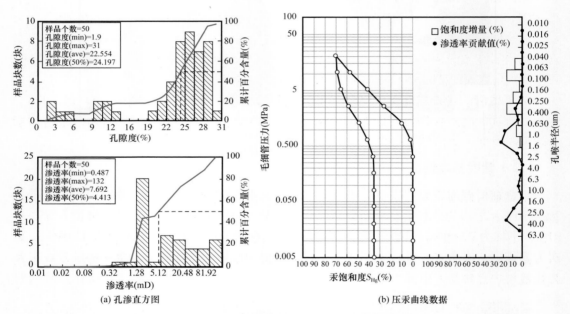

(a) 孔渗直方图　　　　　　(b) 压汞曲线数据

图5-18 二叠系梧桐沟组物性及压汞数据

（三）储层成因分析

准东地区相对优质储层主要属于剩余原生粒间孔隙型储层，其次为粒间溶蚀孔和剩余原生粒间孔隙型及孔隙与裂隙复合型储层，剩余原生粒间孔隙的发育程度主要受控于岩石物质成分、成岩压实强度和构造挤压强度。

不同粒径砂岩对挤压的敏感性不同，粗粒级砂岩的表面积较小，颗粒之间的支撑力较大，尤其当颗粒形成自生加大时，其自身的抗压性更强，而细粒级砂岩的表面积较小，颗粒之间的支撑力较小，因此粗粒级砂岩普遍较细粒级砂岩抗压性较强。粗粒级砂岩与细粒级砂岩抗压性的不同主要造成渗透率的明显差异，而在孔隙度上表现不太明显，主要是粗粒级砂岩能保留较大的粒间孔隙和较粗的孔喉，而细粒级砂岩经压实后，形成众多的微孔和微细喉道。在砂岩的物质组成、埋深、成岩相近的情况下，一般中砂岩和砂砾岩的储集性质较好，其次是粗砂岩，而细砂岩与粉砂岩的储集性质则明显变差。

压实减孔是储层原生孔隙损失的一个总的趋势，就研究区而言，相对于胶结作用损失，压实减孔是储层孔隙损失的主要因素。二叠系储层压实减孔量远大于胶结减孔量，胶结减孔量一般小于6%，平均为3.09%～5.48%，压实减孔量一般大于15%，平均为15.66%～26.52%。梧桐沟组比平地泉组的压实减孔量小，这主要是因为浊沸石的斑块状胶结和粒级较粗的缘故。

研究区胶结作用较弱，部分地区和层段胶结作用中等，胶结作用损失一定的粒间体积，但与压实作用相比，胶结作用对储集性能的影响显得较为次要，胶结作用损失的孔隙度仅占原始孔隙度的3.9%～16.2%，而压实减孔量占原始孔隙度的41.2%～68.1%。对成分成熟度低的二叠系储集岩来讲，成岩早期或成岩中期的胶结作用，特别是在酸性介质条件下易溶蚀的方解石、浊沸石和方沸石等斑块状胶结对储集岩的粒间孔隙的保存有积极的意义。这类储集岩在埋藏至中深层后，由于临近烃源岩，接受烃源岩排出的酸性流体进入其中，可产生一定规模的粒间溶蚀，这种粒间溶蚀作用可有效改善储集岩的储集性质。

准东地区的构造挤压作用增加了砂岩的压实强度，对砂岩的储集性能起消极作用，但另一方面，构造作用可产生大量的构造裂隙与微缝隙，沿裂隙和微缝隙可形成流体运移通道，有利于溶蚀作用的发生。

（四）储层地质模型

根据研究区区域构造背景，已钻井录井、测井及化验分析资料，以及沉积相类型、古地貌、古构造综合分析二叠系梧桐沟组储层基本特征及储层成因，建立储层地质模型（图5-19）。该模型为地质二维概念模型，仅反映研究区岩相、古地貌背景、储层类型，可为地震实验提供储层地质模型，同时为储层解译提供标定模型，该模型建立结合了现代沟谷沉积特征及野外地质露头观察。

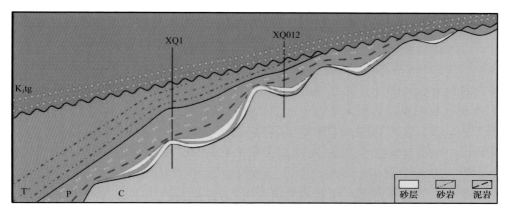

图5-19　二叠系梧桐沟组储层发育模式图

二、地震物理实验及技术方法研究

（一）储层地震实验

通过 VSP 测井、野外地质露头、人工合成地震记录等方法，结合岩性特征、区域地震波组特征，对研究区目的层段进行井震精细标定。结果表明，梧桐沟组与下伏石炭系及上覆地层均呈不整合接触，为区域性不整合面。梧桐沟组内部砂体反射层具有强振幅、强能量、连续性好的特征，泥岩反射层主要表现为弱—中等振幅特征，连续性较差。在钻井约束下构建储层发育地质模型，利用波动方程正演模拟的方法分析梧桐沟组"泥包砂"储层的地球物理响应特征，模型中梧桐沟组上下地层速度及密度取值主要依据地层平均速度及钻井平均密度，各地层在速度、密度等储层参数上都存在明显差异。其中梧桐沟组速度为 3300m/s、密度为 $2.275g/cm^3$，上覆地层三叠系韭菜园子组速度为 2800m/s、密度为 $2.301g/cm^3$，下伏地层石炭系速度为 4990m/s、密度为 $2.576g/cm^3$，梧桐沟组砂体根据钻井测井曲线转换，速度、密度分别为 3900m/s、$2.3g/cm^3$（图 5-20a）。正演偏移结果表明梧桐沟组沟谷沉积砂体呈强振幅连续地震反射特征（图 5-20b）。

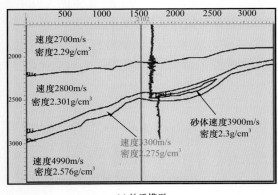

(a) 地质模型

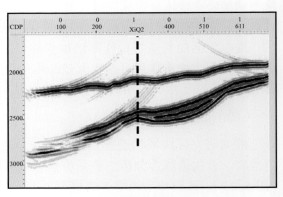

(b) 正演偏移剖面

图 5-20　二叠系梧桐沟组储层地质模型及正演偏移剖面

（二）储层技术方法试验

北三台地区二叠系地震资料频率相对较低，主频仅 20Hz 左右，无法满足二叠系梧桐沟组薄储层 2~20m 精细预测及评价的需要。信噪比和分辨率的提高是保证储层预测成果的准确性及具有较高的分辨能力和足够的精度的两个主要保障（熊翥，2008）。常规提高分辨率技术一般由地震资料采集方式改变及叠前目标处理来实现。本次应用一种新的储层预测方法，该方法内置嵌入了地质原理约束条件，并与局部频率特征相关，而这种局部频率特征由地震分频技术获得，它可以分辨比调谐厚度更薄的地层（Marfult 等，2001；Castagna 等，2004；Portniaguine，2005）。这种薄层反演算法的输出成果是反射系数剖面或反射系数体，其分辨率远高于原始地震数据。它将复杂的地震信号各种干涉现象从原始地震数据中消除，改变了传统解释观念，可以对地层做出非常细致的描述（Lin Feng

等，2005；柴新涛等，2012；曹鉴华等，2013）。这种新颖技术可以在提取反射细节和消除子波影响的同时，压制高频端的噪声。在反演中使用地质约束可以提高分辨率，而"扩展的频带"的有效性和质量则取决于这些地质约束的有效性。地层形态是有限的，这种简单的约束条件可以用来增加反演的质量（Partyka，1999），此反演结果是保幅的。

图 5-21a 是原始地震数据剖面，梧桐沟组内部地层分辨率低，地层接触关系模糊不清，对砂体的连续追踪十分困难，图 5-21b 是在提取原始地震剖面的时变子波基础上，用一种源于地震分频技术的频谱反演方法将提取的子波从原始数据中移除得到的反射系数剖面（赵秋亮等，2005；杨培杰等，2008），方法充分利用了原始数据中所含的高频成分。通过与声波曲线标定后的对比，地层界面比较清楚。图 5-21c 是对图 5-21b 滤波后的地震剖面，可见分辨率远高于原始地震数据，并且与钻井地层界面吻合，可以用此资料对储层做出非常细致的描述。

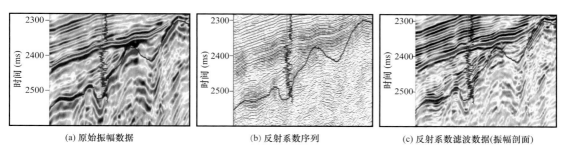

(a) 原始振幅数据　　　　　　(b) 反射系数序列　　　　　　(c) 反射系数滤波数据(振幅剖面)

图 5-21　叠后地震数据分辨率提高技术实验

通过分析岩性、储层物性和充填在其中的流体性质的空间变化所造成的地震反射波速度、振幅、相位、频率、波形等的相应变化可以用来预测储集岩的分布范围、储层特征等。波阻抗反演是其中常用的一种，根据反演计算时采用的方法可分为地震岩性模拟、广义线性反演、宽带约束反演、稀疏脉冲反演、非线性反演等，常规反演方法大都只能反演出主频段砂体且受模型影响严重，薄砂层信息很难被准确反映出来（张永刚等，2002；白彦彬等，2002；张明振等，2007）。分频反演是近几年发展起来的一种新的薄层针对性地震反演技术，它依靠测井和地震数据，通过研究不同地层厚度下振幅与频率之间的关系（AVF），将 AVF 作为独立信息引入反演，合理利用地震的低、中、高频带信息，减少薄层反演的不确定性，得到一个高分辨率的反演结果（周延平等，2007；徐胜峰等，2011）。同时它也是一种无子波提取，无初始模型的高分辨率非线性反演。基本原理可用楔状模型简单表述。对于一个楔状模型，用不同主频的雷克子波与其褶积，得到一系列合成地震剖面，进而得到振幅与厚度在不同频率时的调谐曲线关系（图 5-22），进行转换就可以得到在不同时间厚度下振幅随频率变化（AVF）的关系。

对于薄层而言，振幅是波阻抗和厚度的函数，反演是根据振幅同时求解波阻抗和厚度，因而是多解的。而 AVF 关系说明同一地层在不同主频频率子波下会展现不同的振幅特征。AVF 关系采用支持向量机（SVM）非线性映射的方法在测井和地震子波分解剖面上找到，利用 AVF 信息进行反演（于建国等，2006）。

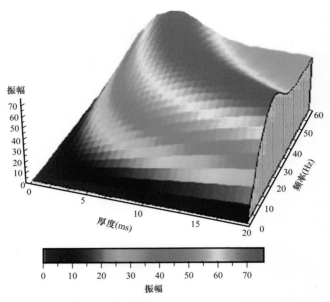

图 5-22　振幅与厚度在不同频率时的调谐曲线关系图

　　分频反演的实现过程相对比较简单：（1）对地震资料的频宽进行分析，北三台地区地震有效频宽为 10～60Hz，在频带范围设计滤波器，即低截频为 10Hz、中截频为 30Hz、高截频为 60Hz；（2）每个频段的数据体分别提取瞬时振幅、瞬时频率、瞬时相位属性；（3）对分频后的地震数据体利用支持向量机方法计算出不同厚度下振幅与频率之间的关系，并将此关系引入反演，建立测井波阻抗曲线与地震波形间的非线性映射关系，最终把每个分频属性作为输入，利用支持向量机已经学习好的分频体与反演体之间的映射关系，合成最终反演体（Zeng 等，2000）。

　　砂体预测结果表明：砂体发育特征反映清楚，分辨率得到提高，砂体相对厚度及地层接触关系清晰。图 5-23a、b 分别代表模型波阻抗反演和稀疏脉冲波阻抗反演结果，常规反演受主频约束，虽能把砂体发育区（红、黄颜色区）主体反映出来，但对薄层的识别能力较差且对储层厚度的变化反映不明显，分频反演中（图 5-23c）应用了有效频带宽度内的全频约束，合理利用了相对高频成分，使得分辨率更高。反演结果能把西泉 014 井 5m 厚的薄砂层较为清楚的刻画出来，同时清晰地反映了砂体间的相互关系及变化，从图 5-23c 可以看出，砂体在沟谷内沉积模式主要为填平补齐式，表现为砂体两端薄、中间较厚的特征，砂体向地层上倾方向变薄至消失。西泉 020 井是按照分频反演及储层综合预测结果钻探的一口井，该井钻遇的三层砂体与分频反演剖面十分吻合，其中②、③砂层为主力储层（图 5-23d）。

三、储层地震地质解译及表征

（一）储层岩性特征解译及表征

　　综合应用野外露头和岩心资料，结合钻井碎屑岩岩石学特征、沉积构造、粒度概率曲线特征等，以砂组为研究单元，提取北三台西泉地区二叠系梧桐沟组地震属性，选用相关系数小的地震属性进行聚类分析，确定地震属性与岩性的相关性，从中挑选出了与储层岩性相关的平均绝对振幅属性，该属性可用于识别振幅异常或地震层序特征，解释岩性变化或含油气砂岩，通过与井标定分析认为储层砂体表现为中—强振幅特征（图5-24a），空间叠加特征和横向迁移变化均能清晰成像。梧桐沟组整体呈由西北向东南抬升的大的单斜构造，北部发育有近东西走向的南倾逆断裂，中部和南部发育三个南东—北西向倾伏的石炭系火山岩古山梁，梧桐沟组从北西向南东超覆且主要沉积于山谷沟槽中，一般呈泥包砂结构特征。在构造高部位东南方向，梧桐沟组砂体超覆尖灭，受断层和尖灭线的分隔影响，西北方向梧桐沟组厚度较大，向东南北三台凸起高部位，下超上削梧桐沟组减薄尖灭。纵向上砂体被上、下厚层湖相泥岩所夹，砂岩的单层厚度一般比较小（小于10m），表现为块状或反韵律特征。平面上砂体呈北东—南西向展布，与湖岸基本平行，其具体形态受北西向延伸倾伏的石炭系古潜山影响。砂体主体为受限湖湾中沉积的滨岸滩坝或河道砂岩（图5-24b），岩性以中细砂岩为主。

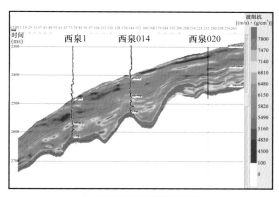

(a) 模型波阻抗反演连井剖面

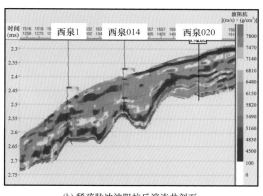

(b) 稀疏脉冲波阻抗反演连井剖面

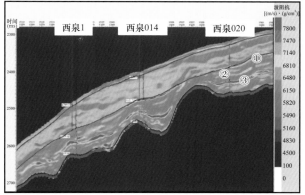

(c) 分频波阻抗反演连井剖面

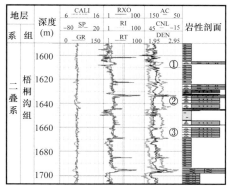

(d) 西泉020井综合柱状图

图5-23 西泉地区不同储层反演预测方法优选

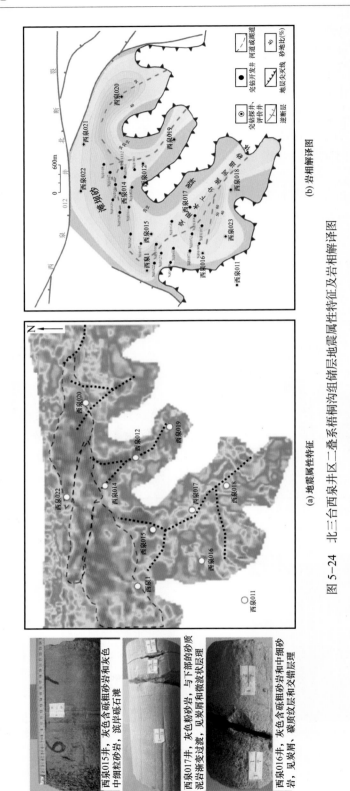

（a）地震属性特征

（b）岩相解译图

图 5-24　北三台西泉井区二叠系梧桐沟组储层地震属性特征及岩相解译图

（二）储集物性解译及表征

北三台地区砂岩与泥岩互层在地震剖面上表现为高阻抗、高能量、连续性较好的强反射特征。如果砂岩在横向延展过程中的孔隙度、渗透率增大，其波阻抗值相对增加，地震波组呈现中强能量、连续性变好的中强振幅反射特征。如果砂岩在横向延展过程中的孔隙度、渗透率变差，其波阻抗值相对减小，地震波组呈弱能量、连续性变差的中弱振幅反射特征。碎屑岩储层的孔隙度、渗透率特征往往总体表现在密度的变化上，密度的大小除了取决于岩石骨架颗粒的成分、孔隙填隙物的性质及成岩作用之外，孔隙结构特征及孔隙度、渗透率大小也同样影响密度的变化。因此，在相同的岩性条件约束下，在小时窗范围内通过建立储层波阻抗与孔隙度、渗透率的关系模板，通过储层物性反演形成储层物性数据体，可达到储层物性定性到半定量化预测。

利用地震数据进行孔隙度解译的方法主要有利用速度求孔隙度、统计型反演和基于Biot-Gassmann方程的孔隙度计算三类，其中统计型反演方法应用比较普遍，由于地震声学反演和弹性反演的结果与岩石孔隙度无直接联系，因此在将反演结果转换成孔隙度时，主要利用了反演结果和孔隙度的统计关系，例如波阻抗—孔隙度交会图及密度、速度、泊松比等参数和孔隙度的交会图。北三台地区二叠系梧桐沟组砂岩储层密度和速度的增大与孔隙度降低有关，孔隙度的很小变化会引起岩石波阻抗发生明显变化，根据岩心孔隙度或测井孔隙度与相应地震道的波阻抗进行相关分析，做出孔隙度—波阻抗关系图版（图5-25a）并拟合出回归公式，由波阻抗数据体计算出孔隙度数据体并编制等值线图（图5-25b）。可以看出，滩坝砂孔隙度分布区间为10.5%～31.0%，平均为23.5%，沿沟槽斜坡带向着盆地方向的沟谷口突然变宽地带常成为沉积物的卸载区，同时由于湖浪的不断淘洗易形成分选较好的砂体，在与湖水连接畅通的沟谷区域，由于分流河道和湖浪双重作用，是砂体储层物性最优的区域。

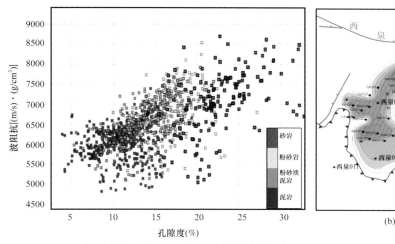

(a) 北三台凸起二叠系梧桐沟组波阻抗与孔隙度关系图

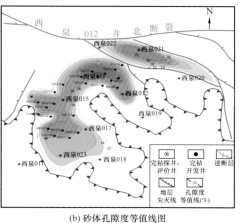

(b) 砂体孔隙度等值线图

图5-25　北三台西泉井区二叠系梧桐沟组波阻抗与孔隙度关系及孔隙度等值线图

（三）储集物性解译及表征

利用地震属性，结合测井解释、分析化验资料同样可以预测储层中的流体性质。烃类地震检测技术主要有亮点技术、多属性地震参数综合预测烃类技术、叠前 AVO 技术等。应用"高频吸收"理论，可以对不同储层流体的地震响应差异性开展预测，其原理是地震波的高频成分通过渗透性较好的储层时很快衰减，含油饱和度较高的储层吸收更快，储层含气时这种衰减和吸收则更为强烈。参照低频能量、平均频率和吸收系数三种属性，具有高能量、低频率及低吸收"一高两低"特征为烃类流体（图 5-26a）。预测储层含油气性时吸收系数属性为最主要的参考依据，再与低频能量属性和平均频率属性聚类分析得出平面油气分布属性图（图 5-26b）。流体（油）分布东南部构造高部位受岩性控制，低部位受油水界面控制，局部受断裂控制，横向连续性相对较好，平面上油气分布被断裂分割为西泉 1 井区和西泉 012 井区。

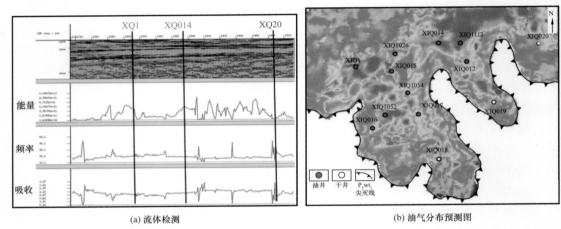

(a) 流体检测　　　　　　　　　　　　　(b) 油气分布预测图

图 5-26　北三台西泉井区二叠系梧桐沟组流体检测及油气分布预测

四、储层综合评价及建模

（一）储层综合评价

综合以上分析，二叠系梧桐沟组在凸起以西沟槽及斜坡区发育多个滩坝砂储集体，具有沟谷聚砂，梁或残丘分砂的特征，总面积近 $70km^2$（图 5-27），沿沟槽斜坡带向着盆地方向的沟谷口突然变宽的地带常成为沉积物的卸载区，由于分流河道和湖浪的双重改进作用，是砂体储层物性最优的区域。储层储集空间以剩余粒间孔为主，其次为粒内溶孔。该区烃类主要来自西部阜康凹陷的二叠系平地泉组泥质烃源岩。油气主要沿西部斜坡区不整合面—断裂—砂体复合体系向东—东南部侧向输导，在输导路径上的岩性体或构造高部位汇聚成油气藏，受砂体展布及断裂控制，在斜坡区及沟槽区形成多个断层岩性油气分布区。西部、南部斜坡区均是该区下步油气勘探的主要接替区。

（二）储层建模

综合利用上述研究成果，集成多种分析、地震资料信息开展储层建模，减少储层描述的不确定性。储层建模主要包括岩相建模、沉积微相建模及物性（孔隙度、渗透率、含油饱和度）建模等，通过建模可以定量表征地下地质特征和各种油藏参数三维空间的分布，起到地质研究数字平台的作用。从模型中可以随时提取各种地质研究成果和油藏开发信息，从而有效指导油田勘探与开发。

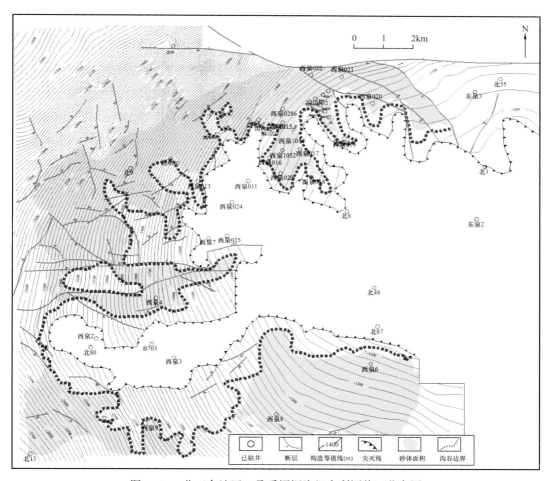

图 5-27 北三台地区二叠系梧桐沟组有利评价区分布图

吴胜和等（2008）在对地下古河道储层构型研究中提出了层次约束、模式拟合与多维互动的基本研究思路，很好地解决了地下古河道的构型建模问题，而研究区属于薄互层型沉积体，与河道有不同的沉积特征和不同的成因，因而根据其水下分流河道、湖浪双水动力控制，低倾角砂泥岩薄互层的特点，提出了根据测井、地质资料识别关键点数据控制、分层建模的研究思路。

1. 构造建模

研究区整体面积约 200km², 目的层段砂岩厚度为 10~20m, 沟槽区砂体及滩坝砂体储层厚度相对稳定。鉴于地震分辨率仅能达到 25m 左右, 无法对目的层段进行精细地震层位识别, 因此利用井震结合法, 根据测井地质分层和地震解释构造趋势建立构造模型。选取网格大小为 50m×50m 实现区域网格化, 垂向小层按沉积层序划分为 3 层, 实现对厚度较薄的储层进行精细地质建模的目的, 此处所建立模型共计网格数为 387700 个。

利用地震解释构造趋势对储层进行整体构造约束, 在测井和地质分层资料双重控制下采用克里金插值法, 将地震构造层面与测井地质划分进行对比校正, 使两者较好地结合以得到相对准确的目的层段顶底面构造。从构造模型 (图 5-28) 可以明显看出研究区呈现一向西倾斜的单斜构造, 受石炭系顶界古地貌控制, 内部构造高低起伏。上倾方向受北三台持续抬升控制, 地层沿斜坡区石炭系差异风化剥失, 向古隆起尖灭。

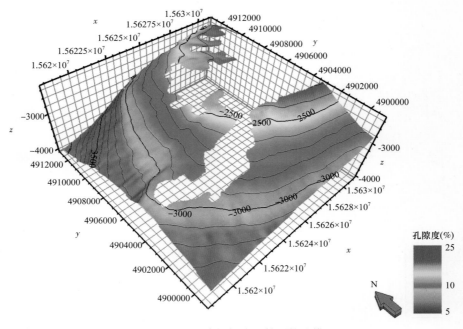

图 5-28　北三台梧桐沟组储层构造模型

2. 属性建模

根据区域地质资料和重矿物分析确定了北三台地区梧桐沟组沉积主要受北三台凸起内物源控制, 发育了一套辫状河三角洲前缘多支水下分流河道及滩坝砂沉积体系, 发育水下分流河道、分流间湾、河口坝、滩坝等微相。为了刻画储层非均质性, 并进行储层参数定量计算, 在利用地震属性进行储层属性约束的同时, 采用相控建模的方法建立储层属性模型。属性模型建立主要分为两步: 首先通过测井、地震参数与储层参数定量交会拟合, 找到与储层属性参数相关性最好的地质参数; 然后在相控模式下利用序贯高斯法对储层离散后的属性参数进行模拟, 进而建立物性三维展布模型。根据属性模型定量得到储层空间展布特征，从孔隙度模型可以看出（图5-29），孔隙度分布区间为5%～25%，平均孔隙度为18%，研究区孔隙度和渗透率相关性较高，因此储层孔隙度模型和渗透率模型展布规律相似性高。

分析储层属性模型认为，建模所得物性与井位处地质分析所得储层物性结果基本一致，说明模型建立结果可信性较高，可以反映储层三维空间特征。储层物性最好区域主要沿沟谷主河道或环山口分布，剖面上储层物性横向连续性较好，垂向变化范围较小。随着研究区勘探深入分析结果有待进一步完善。

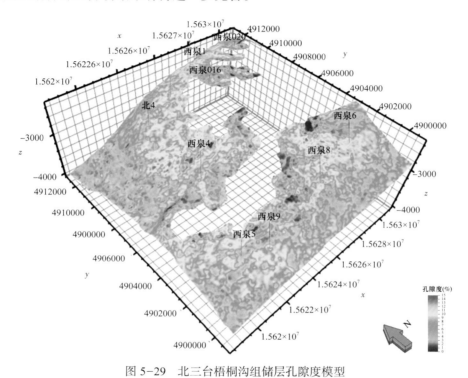

图5-29　北三台梧桐沟组储层孔隙度模型

第三节　哈拉哈塘地区奥陶系碳酸盐岩地震储层学研究

塔里木盆地碳酸盐岩油藏资源丰富，截至2018年，塔中、塔北两大重点地区已累计发现三级储量超过4×10^8t。哈拉哈塘地区是塔里木盆地碳酸盐岩增储上产重要区块（图5-30），面积约为4000km^2，资源量为（4～6）$\times 10^8$t，勘探潜力大（赵文智，2002，2007；王招明，2009；张朝军，2010；朱光有，2011；王宏斌，2015）。哈拉哈塘地区主力产层奥陶系岩溶风化壳储层成因类型多样、非均质性极强，准确刻画缝洞储集系统是有效动用规模储量、快速建产的关键（倪新锋，2011；张抗，2003）。

尽管碳酸盐岩储层预测技术在塔里木盆地台盆区碳酸盐岩油气勘探实践中取得了较好的应用效果，但随着勘探开发一体化建产对储层评价精度的需求，面对不同类型储层复杂的地球物理响应特征，以往侧重于利用单项地震储层预测技术、缺乏地质成因指导下的预测效果往往不能满足分类型、分尺度刻画储层的非均质发育特征的要求。碳酸盐岩储层具有比碎屑岩更为严重的非均质性（王宏斌，2009、2010；王振卿，2014、2015），单一学科很难对其进行准确描述，要求多学科协同研究才能满足勘探开发的需求，单纯的定性描述不能较好地刻画碳酸盐岩缝洞体的非均质特征，需要定量描述裂缝与孔洞的三维空间展布特征。近10年来，随着地震储层学的发展，针对碳酸盐岩缝洞储集体的发育特征，采用"四步法"研究方法，将地质思想与地震手段贯穿一体，实现了对缝洞体由微观特征解剖到宏观规律解译，由岩性、储层类型预测到物性、甚至流体的检测，由多井点特征参数提取到地震可分辨尺度的储层三维空间雕刻和定量评价，该研究方法契合了碳酸盐岩一体化高效勘探对储层评价精度的技术需求。本书将碳酸盐岩地震储层学技术方法具体应用到哈拉哈塘潜山岩溶带储层预测中，围绕古地貌、古水系和构造破裂等缝洞储集体溶蚀改造主控因素，针对性选用有效技术，实现由外部结构到内部变化，分层次、分尺度刻画潜山岩溶风化壳储层发育规律（孙东，2010、2011；龚洪林，2009、2015）。

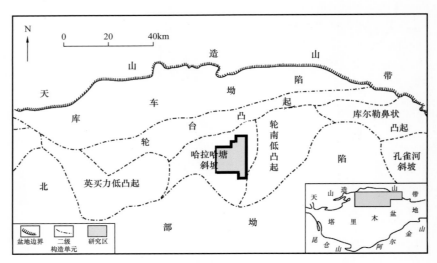

图 5-30　塔里木盆地塔北隆起区域构造位置图

一、储层地质研究

（一）奥陶系继承性古斜坡为岩溶储层广泛发育提供了有利的背景条件

哈拉哈塘地区奥陶系石灰岩经历了以加里东中期层间岩溶为主、加里东晚期潜山表生岩溶、顺层改造岩溶、断层相关岩溶等多期、多种岩溶作用的叠合改造，其继承性古斜坡广泛发育奥陶系多期多成因叠加改造的准层状岩溶风化壳缝洞储层（图 5-31；张水昌，2011；何登发，2007；张光亚，2007）；早海西期受区域性挤压抬升，塔北北东向古隆形成，哈拉哈塘地区由南倾低缓斜坡演变为向西南倾伏的北东向展布的轮南大型背斜

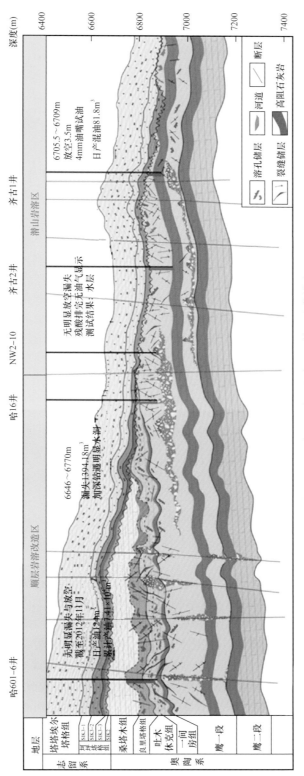

图 5-31　奥陶系岩溶风化壳缝洞储层成藏模式

的西部围斜区；晚海西—印支期，在挤压应力的持续作用下，哈拉哈塘地区演变为受英买力低凸起与轮南低凸起夹持的沉降凹陷，受埋藏岩溶叠加改造，先期储层的非均质性进一步增强；喜马拉雅期，塔北隆起受库车坳陷整体沉降的影响，新生界整体北倾，古生界与中新生界部分地层也发生了反转运动，最终形成了哈拉哈塘地区现今的构造格局（徐国强，2005；安海亭，2009）。

（二）奥陶系一间房组及鹰山组开阔台地广泛发育的台内滩等有利相带为岩溶储集空间的形成提供了岩性基础

哈拉哈塘地区奥陶系一间房组为开阔台地台内滩（砂屑滩和生屑滩）夹滩间海沉积，岩性以泥/亮晶生屑灰岩、砂屑灰岩为主；鹰山组为开阔台地台内滩和滩间海沉积、岩性以泥晶灰岩、砂屑灰岩为主，部分白云岩；吐木休克组为淹没台地相—斜坡相沉积，岩性以泥晶灰岩和含泥灰岩互层为主；良里塔格组以陆棚斜坡相灰岩、瘤状灰岩和藻粘结灰岩为主；桑塔木组为混积陆棚相沉积，岩性以灰质泥岩、泥岩、泥质灰岩、含泥灰岩为主。研究区主要储集层段为奥陶系一间房组和鹰山组一段（简称鹰一段）。其中，鹰一段以开阔台地台内洼地沉积为主，间夹台内砂屑滩沉积，横向展布稳定；一间房组沉积时期海水变浅，沉积相演变为开阔台地相台内滩亚相砂屑滩、生屑滩、鲕滩微相及滩间沉积，横向展布稳定，滩体时常暴露，形成层间不整合岩溶孔洞层，为奥陶系优质储层段；纵向上，滩体不连续性发育，其间为滩间海低能沉积；横向上，多个滩体叠置、不连续性发育，单个滩体总体呈透镜状，厚度一般较小（约1m至几米）；平面上，台内砂屑滩呈片状、透镜状不均匀分布，主要受控于当时的海底古地貌条件（李会军，2010）。

（三）多期叠加岩溶及破裂作用促进了断溶体规模储层的发育

哈拉哈塘地区奥陶系石灰岩经历了以加里东中期层间岩溶为主、加里东晚期潜山表生岩溶、顺层改造岩溶、断层相关岩溶等多期、多种岩溶作用的叠合改造，发育广泛分布的奥陶系岩溶断溶体规模储层（张学丰，2012；李会军，2010）。

哈拉哈塘地区储层所经历的成岩作用类型与塔北整体相似。加里东中期、晚期，伴随着塔北隆升，哈拉哈塘北部地区抬升并剥蚀了桑塔木组、良里塔格组和吐木休克组，一间房组层间岩溶段和鹰山组石灰岩地层由南向北依次暴露，在吐木休克组尖灭线以北潜山区，残留的一间房组层间岩溶层，以及广泛暴露的鹰山组石灰岩均发生强烈的风化壳表生岩溶作用（倪新锋，2010），在石灰岩顶界之下200m范围内形成一间房—鹰山组层间岩溶—潜山岩溶带，其地震响应为一套发育在风化壳顶部的串珠密集段、横向具有非均质特征。钻井、录井、测井、地震及试油气等资料显示，在一间房组和鹰一段钻井漏失和放空现象普遍（图5-32），洞穴、溶洞和裂缝是主要的储渗空间，受喜马拉雅期构造应力场作用，发育北东走向雁列式正断裂，断裂—裂缝带有效改善了储集空间。因此，控制本区储层发育的主要因素是岩溶作用和破裂作用（吕修祥，2008；朱光有，2009；潘文庆，2009；李阳，2011；高春海，2014）。

（四）受多期岩溶及破裂叠加作用改造，奥陶系发育岩溶风化壳规模储层

晚海西期，来自满加尔凹陷满西地区中上奥陶统烃源岩的原油沿着层间岩溶段和北东、北西向走滑网状断裂带向北运聚，由南向北，在层间—顺层岩溶带、潜山岩溶带聚集成藏，特别是处于局部构造高部位的缝洞储集体、或大型缝洞储集单元高部位更是油气高产、稳产的极佳场所，哈 601-6 井、哈 15 井等多口钻遇这类油藏单元的高效井已证实（魏国齐，1995；邬光辉，2012；孙东，2015；高计县，2012）（图 5-32）。

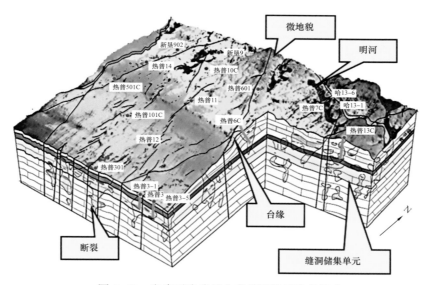

图 5-32　奥陶系岩溶风化壳缝洞储层发育模式

二、地震物理实验及技术方法研究

（一）利用趋势面分析技术恢复岩溶风化壳古地貌及岩溶发育特征

哈拉哈塘地区奥陶系继承性的古斜坡岩溶地貌控制了广泛分布的岩溶风化壳缝洞储层的发育，尤其是北部潜山及顺层岩溶区受地表古水系侵蚀作用最为强烈，暗河系统极其发育，暗河系统及其高部位往往成为油气高产富集甜点。因此，精细恢复微地貌单元特征，对刻画古水系、划分储集单元乃至落实甜点目标至关重要。

趋势面分析技术通过最小二乘法回归拟合一个二维非线性函数进行数学曲面模拟，以此恢复地质地貌系统要素在地域空间变化及分布规律（尚久靖，2011；姚清洲，2013）。利用一间房组顶面层位（DO3t）作为原始曲面，利用趋势面分析方法恢复一间房组顶面微地貌。总体看，受北高南低缓慢坡降的古斜坡背景控制（坡降一般为 1.5%～2.0%），一间房组岩溶地貌河道网状发育，多级河道分布众多，地表水系自北向南深切地层由老到新，在吐木休克组尖灭线以北以鹰山组主体潜山地区，纵向上以残留的多期岩溶叠加的渗流带—潜流带岩溶大规模（几米至几十米）分布洞穴为主；平面上发育岩溶缓坡、岩溶台地、岩溶丘丛谷地等岩溶微地貌；在吐木休克组尖灭带附近，一间房组之上依次覆盖了吐木休克

组、良里塔格组和桑塔木组，地表岩溶水体受地层阻隔发生顺层溶蚀作用，而地表径流沿断裂—裂缝带下切到一间房组及其下部地层并发生岩溶作用；在顺层岩溶带地貌平缓区域，古河道变宽、下切深度变浅至一间房组主力产层段，并以持续的侧向侵蚀为主，造就了一间房组主力产层大规模暗河系统的发育，在吐木休克组尖灭带地貌趋于平缓。截至 2017 年，围绕着古河道暗河储集系统勘探储层钻遇率为 100%、钻井成功率高达 89%（图 5-33）；向南进入台缘叠加岩溶区，受缓坡台缘沉积地貌的影响，由北向南至台缘边界附近地势平缓但有低幅度抬升的趋势，水体势能快速减少，下切深度向南逐渐变浅，岩溶作用主要沿着断裂—裂缝带下切至一间房组及下伏地层发生，影响范围有限。

（二）利用古河道河床侵蚀边界自动识别技术刻画风化壳岩溶区古水系

暗河是由地下纵横交织、错综复杂的裂隙、溶蚀的孔管在地下水的持续溶蚀作用下不断扩大、不断加长并互相连通，最终构成的巨大而无规则可循的地下岩石管网系统。地震剖面上暗河系统沿断裂、明河发育、多为杂乱状强振幅"串珠"集合体响应（姜华，2011；代冬冬，2015；孙勤华，2015）。古河道深切部位成为暗河系统的泄水场所，控制着岩溶风化壳暗河系统的发育规模。河道侵蚀下切深度是间接判断油藏发育位置及油柱高度的重要参照，利用古河道河床自动识别技术可直接估算古河道河床的侵蚀深度，实现对河道深度及两侧边界空间展布特征的精确刻画（代冬冬，2017）。该技术在设置河床种子点的基础上，以地层倾角和地震波形相似性驱动河床反射界面的种子点外推，同时结合多窗口旋转扫描识别河道边界，通过河床深度与地层顶面深度对比，实现河床深度及河道边界的自动识别。利用该技术识别出该区深切至主力产层一间房组的 8 条古水系及其周边发育的 6 大暗河储集系统，37 个暗河缝洞储集单元，钻揭暗河系统的多口井均发生不同程度的钻井液漏失及钻杆放空（图 5-34、图 5-35）。

（三）利用断裂—裂缝逐级识别方法有效刻画不同尺度裂缝发育带

断裂、裂缝系统发育程度控制着岩溶缝洞储层的规模、同时又是油气运聚的主要通道。通常采用基于成因分析的间接方法或地震资料直接预测方法预测裂缝，其结果多解性强、精度低（纪学武，2011；方海飞，2013；王振卿，2009、2011；龚洪林，2008）。裂缝具有不同的尺度、规模，按照大（千米级）、中（百米级）、小（十米级）不同尺度裂缝对储集系统及储集单元的控制作用，针对性选用不同方法，以地质成因为指导，地震信息逐步约束、逐级识别的预测思路分层次预测识别不同尺度裂缝，以此提高裂缝预测精度。大、中尺度裂缝（千米级、百米级）控制断裂带及缝洞系统裂缝发育带，应用基于地质成因及叠后地震资料方法能够较好预测；小尺度裂缝（十米级）控制碳酸盐岩缝洞储集单元，需要应用分辨率更高的分方位各向异性地震反演预测方法进行识别。在裂缝发育有利地质背景分析的基础上，结合精细相干、曲率理清大、中尺度裂缝分布范围，以此为约束条件，运用方位各向异性反演技术识别小尺度裂缝密度、方位，小尺度裂缝构成储集单元内幕的连通格架，是划分缝洞单元的依据。

（1）利用广义希尔伯特变换方法的小断裂识别技术刻画大尺度裂缝。

哈拉哈塘地区受晚加里东—海西晚期及喜马拉雅期多期构造叠加改造，奥陶系发育

图5-33 哈拉哈塘地区一间房组古岩溶微地貌与古水系叠合图

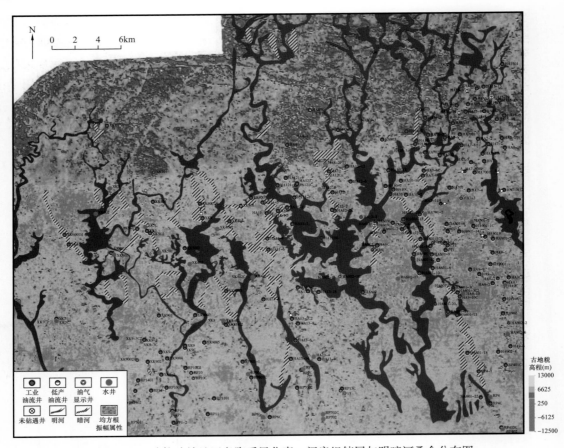

图 5-34　哈拉哈塘地区奥陶系风化壳—间房组储层与明暗河叠合分布图

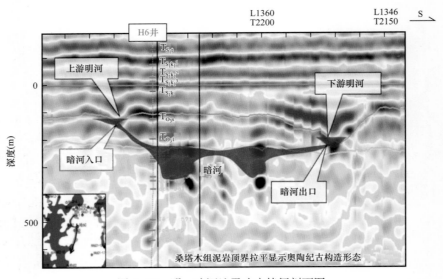

图 5-35　明、暗河地震响应特征剖面图

大规模密集的走滑断裂—裂缝系统（高计县，2012；尚久靖，2011），这些走滑断裂带具有晚加里东—海西期压扭走滑向喜马拉雅期张扭走滑转换的特征，断裂平面组合在深层奥陶系以北西—南东向和北东—南西向为主并形成众多的"X"形组合特征，在浅层古近系转换为以北东向为主的雁列式断层组合特征，剖面上表现为由深层正花状逆断层向浅层转换为负花状正断层（图5-36），总体来看，奥陶系仍以压扭性断裂为主，受断裂带控制的裂缝规模更大，更有利于储层的改造，特别是在断裂枢纽转折与交汇处的应力集中段是裂缝发育密集区。例如 XK404 井区位于右阶右行压扭构造位置处，测井解释裂缝密度达到 45 条 /100m；RP6 井位于右行雁列构造位置，测井解释裂缝线密度达到 42 条 /100m；另外，伴随着轮南鼻状褶皱应变叠加作用，处于褶皱转折端和核部的北部地区裂缝发育，向西部及南部褶皱叠加效应渐弱，裂缝受贯穿南北的压扭走滑断裂带控制，在断裂转折处及断裂交会处裂缝最发育（图5-36）。

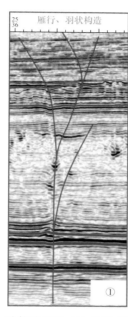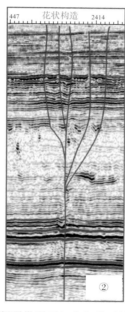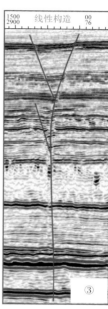

图 5-36　哈拉哈塘哈 601 井区走滑断裂带平面组合与典型构造
① 羽状构造（浅层雁行构造）；② 花状构造；③ 线性构造

　　碳酸盐岩地层埋深大、受构造应力和溶蚀改造强，地震数据信噪比极低，并且小规模断裂的地震响应微弱，因此，相干、曲率方法在低信噪比背景下难以识别小规模的河道和断裂。广义希尔伯特变换方法是基于传统的希尔伯特变换方法改进而成，引入了窗函数和扩展了 n 次幂，使得广义希尔伯特变换方法能够有效地压制噪声，凸显地质体边界。本书提出了多方位倾角驱动的广义希尔伯特变换方法，从多个方位沿地震同相轴视倾角提取地震振幅序列，开展广义希尔伯特变换，实现不规则地质体边界等时识别。通过将 4 个方位的广义希尔伯特变换值相加后取均方根值在边界点 O 点处响应明显，与两侧背景差异大，突出了边界异常特征。该方法应用于陆上三维地震资料，证实了对断裂等地质体边界识别的有效性，特别是能够凸显小尺度断裂等地质体边界（图5-37）。

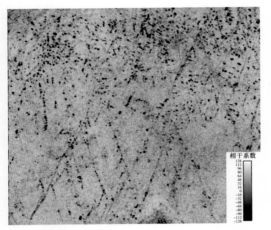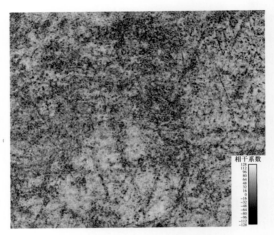

图 5-37　广义希尔伯特变换（左）与本征值相干（右）哈拉哈塘地区鹰山组内幕地层切片上断层预测结果对比

（2）利用 AFE 地震相中尺度裂缝带预测结果为储集系统的划分提供依据。通过井震标定，以测井解释成果约束地震预测阈值调整，阈值取 170 为大、中尺度裂缝预测门槛值，大于 170 为有效裂缝发育区。从叠合裂缝带预测结果看，裂缝主要沿走滑断裂分布（图 5-38a），岩溶沿断裂、裂缝发育，反映出裂缝对岩溶的控制作用。利用大、中尺度裂缝发育带预测，实现缝洞储集系统划分。开展小尺度（十米级）裂缝预测有利于缝洞连通体预测，实现独立的缝洞储集单元刻画，指导油藏高效开发。

（3）利用方位各向异性小尺度裂缝预测结果为储集单元划分提供依据。目的层埋深 6000～7000m，共中心点 CMP 道集偏移距为 3300～6600，考虑到分方位道集数据覆盖参数均匀及深层地震信息，将 0～20、20～40、140～160、160～180 的共中心点道集叠加成 4 个方位数据。利用纵波方位各向异性反演算法定量描述裂缝的方向和密度。结合井震标定来确定叠前裂缝反演成果阈值选择，预测裂缝空间分布。Ⅰ级裂缝测井孔隙度大于 0.1%，叠前地震预测裂缝相对密度大于 0.7；Ⅱ级裂缝测井孔隙度介于 0.04%～0.1%，叠前地震预测裂缝相对密度介于 0.4～0.7；Ⅲ级裂缝测井孔隙度小于 0.04%，叠前地震预测裂缝相对密度小于 0.4。裂缝预测精度达到面元级别，满足缝洞连通体分析及划分缝洞储集单元的精度要求。如处于同一储集系统的 H601-4 井与 H601-5 井，因裂缝分布不均导致井间不连通而出现产能差异，小尺度裂缝结果显示二者不在一个连通体，属于两个独立的缝洞储集单元，实际油压关系曲线及自喷期产能曲线证实 H601-4 井属于洞穴定容油藏，预测结果与实际钻探结果吻合（图 5-38b）。

（四）缝洞体空间雕刻与连通性分析

碳酸盐岩缝洞体空间雕刻与连通性分析是准确划分缝洞储集单元的关键，也是碳酸盐岩定量描述的重要手段，对储量计算和井位部署具有重要意义（闫玲玲，2015；郑多明，2011）。利用岩溶孔洞地震预测体和裂缝地震预测体进行网格化运算，根据网格化后晶格间的接触关系，静态判断地震体间的连通性，并以井组生产动态参数作为约束调整静态地震属性的标定阈值，以此实现动静态结合的缝洞储集单元边界确定。

　　本书在热普地区利用地质统计学反演的孔隙度数据（孔隙度大于 1.8%）和 AFE 裂缝预测数据，在测压资料、生产动态、流体性质分析的基础上，动静态结合开展连通性分析（杨鹏飞，2013；李国会，2015）。从测压资料、生产动态、流体性质等资料，判断 RP301 井、RP3013 井、RP3011C 井、RP3011 井第 4 口井连通，而 RP3017 井储层位于高效井组的北侧高部位，并见水，说明该井与高效井组不连通。以此为依据，进行阈值调整试验，当阈值取 236～253 时，与动态连通性分析结果吻合；针对周边新井的分析（采用最低阈值 236 进行分析），同时针对 RP301 井区缝洞储集单元的划分可见，RP301-4（绿色）、RP301-5（紫色）、RP301-6（红色）均为独立缝洞储集单元（图 5-39）。

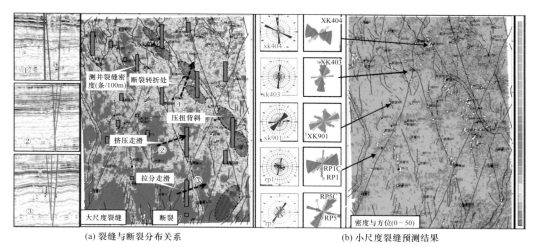

(a) 裂缝与断裂分布关系　　　　　　　　　(b) 小尺度裂缝预测结果

图 5-38　哈拉哈塘地区断裂与中、小尺度裂缝预测结果叠合图

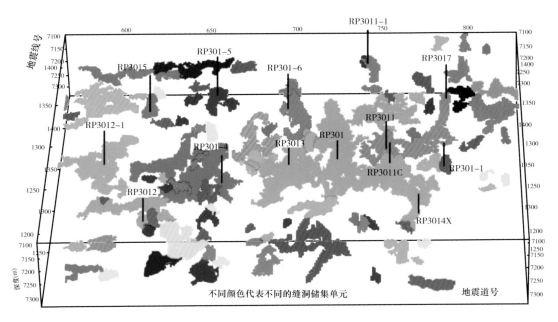

图 5-39　动静态结合缝洞储集单元雕刻立体图

三、储层地震地质解译及表征

（一）不同地震响应类型的储层解译及表征

1. 串珠状地震反射储层识别

对于哈拉哈塘溶洞型储层，"串珠反射"是溶洞型储层在地震剖面上的一种响应特征。振幅类属性，包括均方根振幅属性、振幅梯度属性等能够有效识别该类储层，这些属性可以有效地检测"串珠反射"在三维空间的能量包络面（图 5-40、图 5-41）。过 HA601-5—HA601-4 井反射强度连井剖面可以看出，反射强度属性可以很好识别剖面上的"串珠反射"特征。

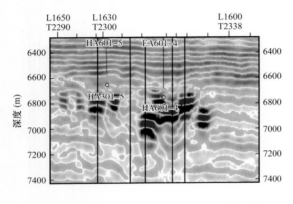

图 5-40　过 HA601-5—HA601-4 井三维地震常规剖面

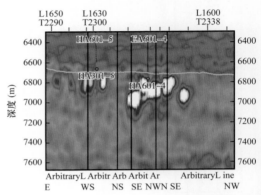

图 5-41　过 HA601-5—HA601-4 井三维地震振幅梯度剖面

2. "片状反射"储层解译及表征

"片状反射"指发育在一间房组附近及其上部的具有片状特征的强能量地震反射，这种反射特征常见于良里塔格组，是良里塔格组储层发育的主要标志。为描述这种具有片状特征的强能量地震反射，采用了不同的地震属性，从不同角度描述片状反射反映的储层特征。采用的属性包括：描述储层内部非均质含流体的地震波衰减特征、描述强能量的地震反射特征。通过对研究区热普 1C 井的 4 种地震属性（常规剖面、相对波阻抗、20Hz 分频能量和振幅梯度）剖面图分析，得出用以上提到的 3 种属性可以较好地得出片状反射的反射特征，剖面上易于识别（图 5-42）。

（二）利用古河道河床侵蚀边界自动识别方法刻画风化壳岩溶区古水系

识别出该区深切至主力产层一间房组的 8 条古水系及其周边相关发育的 6 大暗河储集系统，37 个暗河缝洞储集单元，钻揭暗河系统的多口井均发生不同程度的钻井液漏失及钻杆放空（图 5-34、图 5-35）。

四、储层综合评价

缝洞储集单元的划分与评价是在不同岩溶分带内将同一缝洞储集系统中不同储集单

元进行无缝划分与评价的结果。其中，缝洞储集系统指在基本相同的岩溶背景条件下、成因上具有一定关联或相似的缝洞单元密集发育区块，这些由孔、缝、洞构成的缝洞储集单元，其内部结构不同但具有相同的油水系统，其外部为不规则、相互不连通、大小规模不等的缝洞集合体，这些受控于相同的断裂—裂缝系统及其相关的古水系溶蚀作用、处在同一个储集系统的缝洞储集单元构成了沿断裂发育的网络状缝洞储集系统或树枝状古暗河储集系统。依据缝洞储集单元连通性分析结果，综合构造、古地貌、明暗河、断裂带、油气优势输导路径及盖层等油气高效成藏因素，同时结合高效井、失利井等生产动态资料对研究区奥陶系一间房组缝洞储集单元进行了划分与综合评价。

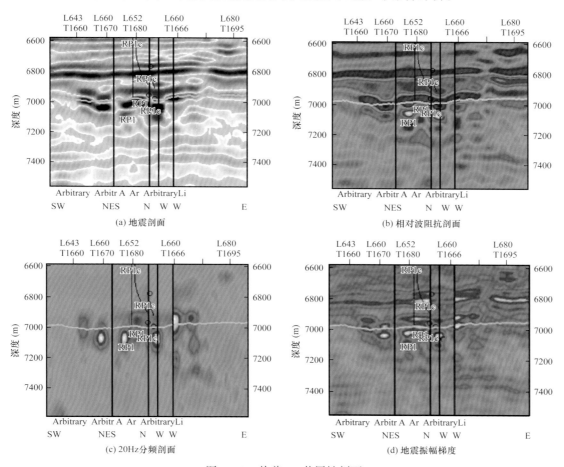

图 5-42 热普 1C 井属性剖面

（一）评价标准

Ⅰ类缝洞单元：储集体规模大，多见洞穴型储层，位于相对高的构造部位，同一系统内有钻揭高效井且地震反射具有一定的相似性。

Ⅱ类缝洞单元：储集体规模较小，多见孔洞型储层，构造位置处于相对有利的断层上倾方向，邻区有高效井或工业油流井，地震反射特征与其具有相似性。

Ⅲ类缝洞单元：储集体规模较小，以裂缝孔隙型为主，构造位置相对有利，位于断层上倾方向，系统内单元有失利井。

（二）划分结果

在以上缝洞单元评价标准的基础上，在研究区近 2000km² 范围内开展整体评价，划分出 1990 个缝洞单元，累计面积为 700km² 以上，其中 Ⅰ 类缝洞单元为 418 个，总面积为 260km²。评价结果如图 5-43 所示。

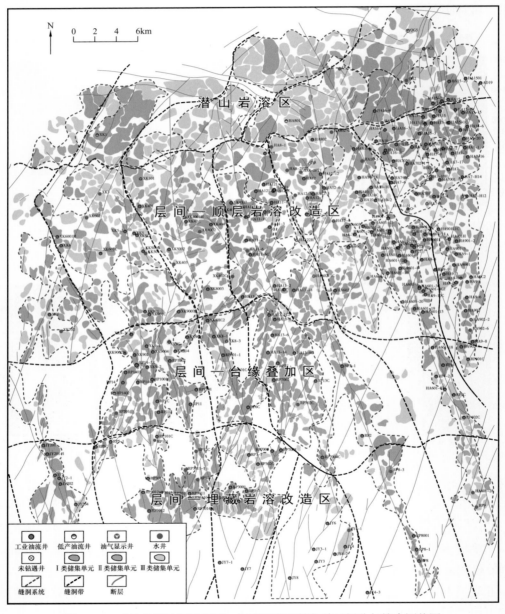

图 5-43　哈拉哈塘地区奥陶系一间房组缝洞储集单元划分与综合评价图

第四节　玛北地区二叠系风城组火成岩地震储层学研究

准噶尔盆地西北缘乌尔禾至夏子街地区（以下简称乌夏地区）X72 井区二叠系风城组裂隙式喷发火成岩为重要的油气赋存层位，所形成的火成岩油气藏在准噶尔盆地具有典型性。运用地震储层学"四步法"的研究方法来描述和表征 X72 井区的储层，对其勘探及类似油气藏的研究具有指导意义。

一、储层地质研究

（一）储层基本特征

X72 井区火成岩主要岩性为凝灰岩、沉凝灰岩和熔结角砾凝灰岩，熔岩比较少。凝灰岩以深灰色、灰色为主，岩石较为致密，白云岩化严重。风城组底发育一套特殊的熔结角砾凝灰岩，是该区风城组火成岩的主要储层。根据该区 7 口井的岩心资料、薄片资料和成像测井资料，定名为富孔流纹质熔结角砾凝灰岩。X72 井该套火成岩岩性为灰白色流纹质熔结角砾凝灰岩（图 5-44）。X76 井、X88 井均为灰绿色、绿灰色凝灰岩。研究区内此类岩石主要由塑性浆屑、塑变玻屑（图 5-45）及火山灰组成，具有等粒度的嵌晶结构，少量岩样可见长石晶屑及凝灰岩岩屑；火山角砾成分主要为霏细岩和凝灰岩；部分发生塑变、玻屑脱玻化或石英质化；块状结构为主。

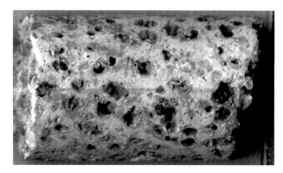

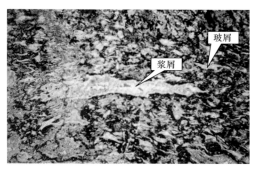

图 5-44　X72 井熔结角砾凝灰岩　　　　图 5-45　X202 井 4824.11m 火山岩玻屑及浆屑

岩石气孔发育明显，气孔大小不等，呈不规则状。但气孔的发育程度和充填程度有所差异，如 X72 井气孔发育且未被充填，X76 井、X88 井气孔发育但部分被充填，Q8 井气孔发育但完全被充填，X201 井气孔发育较少。研究区内火成岩储层比较复杂，总体可分为 3 类：第一类是气孔发育且未充填，以 X72 井为例；第二类是气孔发育但部分被充填或气孔发育较少，以 X88 井为例；第三类是气孔发育且全充填，以旗 8 井为例。

（二）储层主控因素分析

乌夏地区位于准噶尔盆地西北缘，二叠系发育完整，自下而上发育佳木河组、风城组、夏子街组和乌尔禾组。其中，风城组底部火成岩为主要目的层，岩性主要为深灰色凝灰岩和熔结角砾凝灰岩，储集空间主要为气孔。

海西期，乌夏地区大地构造表现为弱挤压背景夹短暂松弛特征，有局部的火山喷发（潘建国等，2008）。佳木河组沉积早、中期，火山活动频繁且火山呈中心式喷发，形成了大量的丘状火成岩复合体，岩性主要为安山岩、玄武岩和流纹岩；佳木河组沉积晚期和风城组沉积早期是火山活动的间歇期，火山活动较弱。火山沿深大断裂呈裂隙式喷发，形成了一套火山碎屑岩建造（潘建国等，2008；许多年等，2010），岩相和岩性主要为爆发相的凝灰岩和熔结角砾凝灰岩。通过裂隙式火山喷发现代实例解剖（王全旗等，2012）、西北缘露头研究及研究区钻井资料分析（朱世发等，2012）认为，裂隙喷发形成的爆发相熔结角砾凝灰岩是油气的主要储层，其分布主要受喷发断裂和古地貌双重因素控制，沿喷发断裂和古地貌低洼处呈带状分布，多旋回的喷发形成空间上的层状叠置。熔结角砾凝灰岩气孔、裂缝发育，其孔隙度的大小取决于气孔的发育程度和充填程度，距喷发断裂火山口越远，熔结角砾凝灰岩气孔越少。另外，受后期构造活动的影响，地表水经断裂和裂缝渗入熔结角砾凝灰岩，使得"原生气孔"被 SiO_2 及 $CaCO_3$ 等物质所充填，导致孔隙度降低，而渗透率的大小则取决于裂缝的发育程度和充填程度。通过上述储层分布特征和物性主控因素分析，建立了火成岩岩性、岩相和物性等初始储层地质模型（图 5-46a）。

（三）油气成藏主控因素

油气成藏规律研究表明，X72 井区风城组油气藏油源来自下伏的乌尔禾组，油气沿断裂运移至风城组的熔结角砾凝灰岩中并聚集，形成边水层状构造油气藏，熔结角砾凝灰岩气孔发育区是油气的富集高产区（李秀鹏等，2007）。据此，本书建立了储层的流体模型（图 5-46b）。

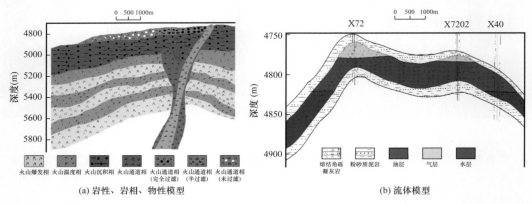

（a）岩性、岩相、物性模型　　　　　　　　　　（b）流体模型

图 5-46　裂隙式喷发火成岩初始地质模型

二、地震物理实验及技术方法研究

（一）正演模拟

依据测井资料可对研究区的储层特征（岩性、岩相、储层空间类型、物性和所含流

体）及主控因素进行分析，并建立相应的储层参数模型。若要在三维空间中更为精细地描述与表征储集体，则需要充分利用三维地震数据，必须明确储集体各种特性对应的地震反射特征来建立地震模型，首先要解决的是 X72 井区熔结角砾凝灰岩的空间展布问题。据测井资料分析，熔结角砾凝灰岩具有高自然伽马，中、低电阻率，低密度，低声波速度的特征（许多年等，2010）。通过测井—地震精细标定，确定了该套储层的地震响应特征为一较连续的波谷反射（地震反射形态模型）；在分析熔结角砾凝灰岩的气孔发育程度和充填程度的地震响应特征时，可采用储层反演的方法来实现；在分析该套熔结角砾凝灰岩中气孔的充填程度（未充填、半充填或全充填）时，可通过正演模拟等途径来实现。具体做法是：以储层初始地质模型为依据，建立过 X72 井（气孔未充填）的地质模型，采用二维全波场波动方程开展正演模拟（谭开俊等，2010；李素华等，2008），通过反复实验得到的偏移模型与地震剖面相吻合（图 3-138）。采用同样的方法，本书建立了过 X76 井（气孔半充填）和 Q8 井（气孔全充填）的正演模型，并与区内 7 口钻井资料（表 5-3）相印证，从而建立了气孔充填程度与速度、振幅之间的定量关系（速度和振幅模型）。由表 5-3 可看出，气孔发育且未充填的熔结角砾凝灰岩层速度小于 4380m/s，振幅大于 95；气孔较发育或气孔发育且部分充填的熔结角砾凝灰岩层速度为 4380～4550m/s，振幅为 60～95；气孔发育且全充填的熔结角砾凝灰岩层速度大于 4550m/s，振幅值小于 60。

表 5-3 熔结角砾凝灰岩气孔充填程度与速度和振幅的关系

井号	振幅	速度（m/s）	气孔发育与充填程度
X72	114	4290	气孔发育、未充填
X202	108	4330	气孔发育、未充填
X40	82	4430	气孔发育、部分充填
FN4	73	4470	气孔较发育、部分充填
X76	67	4490	气孔较发育、部分充填
X88	67	4500	气孔较发育、部分充填
X201	81	4515	气孔较发育
Q8	53	4585	气孔发育、全充填

（二）解译技术优选

井震标定和正演模拟表明：熔结角砾凝灰岩地震模型为较连续的波谷反射，储层气孔的充填程度与振幅和速度存在定量关系，但选择何种振幅属性可较准确地预测与表征储层则需要反复的实验与优选。本书分别提取了不同时窗内的均方根振幅、最大波谷振幅和平均振幅等地震属性，并经钻井资料标定后认为，对储层展布及其储集空间发育程度（不同类型储层）对应关系最好的是最大波谷振幅属性。

在准确预测储层物性（孔隙度和渗透率）时也需要选择相应的技术与方法。预测储层孔隙度的方法很多，但不同方法的适用性有所差异，应根据不同地区的实际条件来进行选择（刘震等，1991）。

由图5-47可看出，X72井区波阻抗与孔隙度、孔隙度与渗透率之间存在较好的相关性。依据统计分析结果，利用波阻抗数据体可得到相应的孔隙度及渗透率数据体（其合理性可用钻井资料标定与检验），据此可表征储层孔隙度和渗透率的空间分布特征。

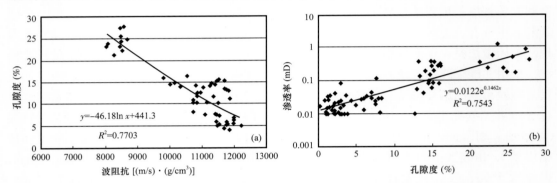

图5-47　风城组火成岩波阻抗与孔隙度（a）、孔隙度与渗透率（b）统计关系

储层中的流体（油、气和水）分布预测也是储层表征和建模的重要内容。流体预测技术有早期的亮点技术和近年来采用的多属性地震参数综合预测烃类技术等（谭开俊等，2010；殷八斤等，1995）。实验认为，频率衰减属性对X72井区风城组火成岩储层中的流体有较好响应。通过已知油藏解剖，在钻井资料对所提取的频率衰减属性标定的基础上，根据成藏规律研究结果可确定流体的分布规律。

三、储层地震地质解译及表征

在三维地震数据体上提取最大波谷振幅属性（图5-48），并结合波阻抗反演和频率衰减属性分析、古地貌分析及裂缝预测等开展储层地震地质解译和表征。

（一）储层分布特征

由图5-49a可看出，二叠系风城组底部熔结角砾凝灰岩沿断裂喷发后，沿低洼地形流动，并分布在X72井区和X76井以西的地区。储层分布的总体特征是：气孔发育且充填的熔结角砾凝灰岩分布在火山喷发口处的主断裂附近，气孔较发育且未充填的熔结角砾凝灰岩分布在距火山喷发口最远的末端，气孔发育且未充填的熔结角砾凝灰岩分布在上述二者之间。

（二）储集性能分析

利用波阻抗反演数据体得到的孔隙度和渗透率数据体可进行储层物性地震地质解译。由图5-49b和图5-49c可看出，有效储层呈带状分布，物性最好的区带位于熔结角砾凝灰岩中段，孔隙度大于15%，渗透率大于10mD；物性较好的储层环绕物性最好的区带分布，孔隙度为 5%～15%，渗透率为 5～10mD；物性最差的储层分布于熔结角砾凝灰岩的边部，孔隙度小于 5%，渗透率小于 5mD。该认识与熔结角砾凝灰岩的类型分布预测结果（图 5-49a）相吻合。

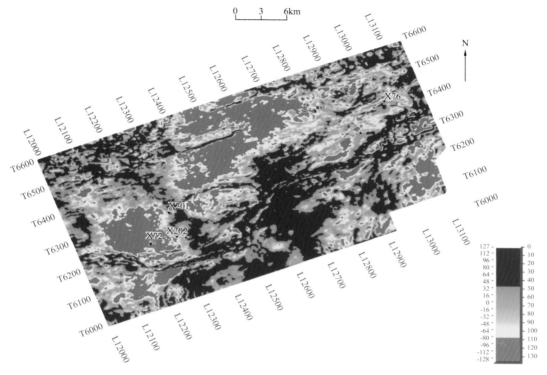

图 5-48　风城组火成岩储层最大波谷振幅属性

（三）储层流体分布特征

用频率衰减属性结合成藏研究可对储层流体进行预测。预测结果表明，油层分布于构造高部位，水层分布于油层的边部，为边水层状构造油气藏（图 5-49d）。

四、储层综合评价及建模

（一）储层综合评价

根据上述所建立的储层岩性与岩相、孔隙度、渗透率和流体模型，开展火成岩储集体综合评价，并分析有利储层的空间分布规律。评价结果（图 5-50）表明，Ⅰ类为有利储层，分布于熔结角砾凝灰岩中心地带，面积为 104km²；Ⅱ类为较有利储层，环Ⅰ类区分布，面积为 90km²；Ⅲ类为较差储层，分布于熔结角砾凝灰岩的边部。

（二）储层建模

由于火成岩储层非均质性极强，储层物性主控因素复杂，用传统的地质方法对储层

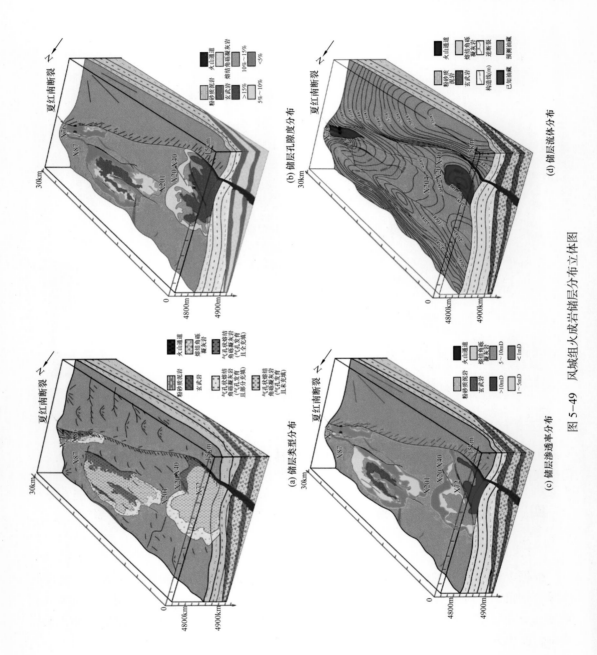

(a) 储层类型分布

(b) 储层孔隙度分布

(c) 储层渗透率分布

(d) 储层流体分布

图 5-49　凤城组火成岩储层分布立体图

进行预测准确度不高。因此本书将地质测井资料与地震资料相结合，对研究区火成岩储层尝试性进行三维地质建模。

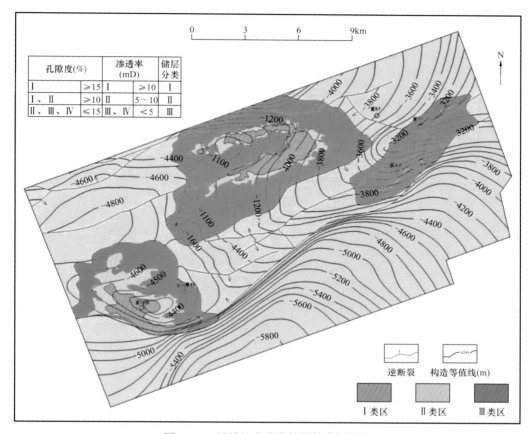

图 5-50 风城组火成岩储层综合评价图

建模主要分为构造建模、岩相建模和属性建模三大步骤：首先建立构造模型控制地质体空间展布格架，并为之后的储层储集空间和属性建模奠定基础；然后进行岩相建模，既反映地质体岩相空间展布特征，也为下一步属性建模提供控制条件，常见的属性建模约束手段以相控法为主；最后属性模型则是对储层物性等多种属性进行定量研究的过程，为综合评估油气储量提供了条件。

1. 构造建模

研究区面积较大，约为 750km²，X72 井区和 X76 井区距离较远，井位处目的层段火成岩储层厚度为 12～20m，不同井厚度变化相对较大。目的层段火成岩储层厚度较薄，地震分辨率仅能达到 25m 左右，因此无法对目的层段进行精细地震层位识别。鉴于测井和地震资料在研究区的局限性，利用井震结合法，根据测井地质分层和地震解释构造趋势建立构造模型。选取网格大小为 100m×100m 实现区域网格化，垂向不进行小层划分，只将目的层段储层划分为 10 段，实现对厚度较薄的火成岩储层进行相对精细地质建模的目的，此处建立的模型网格数目共计为 726880 个。

利用地震解释构造趋势对储层进行整体构造约束，首先根据时深关系将时间域地震解释构造图转化为深度域构造图；之后在测井和地质分层资料双重控制下采用克里金插值法，将地震构造层面与测井地质划分进行对比校正，使两者较好地结合以得到相对准确的目的层段顶底面构造。在构造模型建立阶段，应用克里金插值方法既可以方便快捷地结合地震构造图的分布趋势，又遵循了测井分层精确限制，两者结合对构造模型进行更精确的控制。

从构造模型（图5-51）可以明显看出研究区夏红南断裂为铲式断层，倾斜上陡下缓，断距较大，为870~1150m。X72井区和X76井区沿北东向断层条带状分布，北东方的X76井区地势相对X72井区偏高，地势起伏较大，X72井区附近相对平缓，地势起伏较小。目的层段火成岩储层厚度最大可达24.2m，平均为13.3m，与测井结果吻合较好。

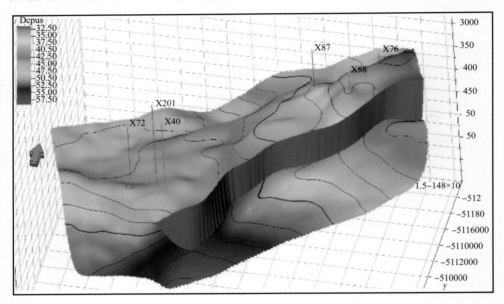

图5-51　火成岩储层构造模型

2. 岩相建模

岩相建模通常将地质人员解释的岩相模型进行数字转化，使其成为数字体作为约束条件，对后续的储层属性建模和储层参数定量预测过程进行约束。根据研究目标的已知资料，选取给予目标的随机模拟方法或者确定性建模中的地质统计学方法进行岩相模拟。前者将研究目标简化为规则几何体模拟出储层空间地质特征，后者更多地受到已知资料的控制，减弱了离散数据随机性的影响。

考虑到研究区岩相地质资料不充足，本书在传统利用地质资料进行相控建模的基础之上结合地震资料进行约束，有利于提高横向大范围储层岩相分布预测的精确度。目的层段火成岩储层只有火山碎屑流一种岩相，但是火成岩储层储集性能不仅受到岩性、岩相控制，还与气孔充填程度具有密切关系。通过地震振幅与气孔填充程度交会图（见图4-50）分析认为，气孔填充程度与振幅强弱具有相关性。从均方根振幅图

（图 5-48）中可以看到，研究区可以明显地分为三个区域，均方根振幅数值与气孔填充程度呈负相关。红色区域振幅值最高，气孔发育且几乎不填充或少部分填充；绿色区域振幅值有所减弱，气孔填充程度增加；蓝色区域振幅值最低，气孔大部分被填充。此外，高振幅区主要沿北东向分布，与断裂走向一致，西部低洼区气孔发育程度较东部高地势区显著，进一步证明了断裂对于火山岩储层气孔填充作用的控制作用。

　　地震均方根振幅属性和测井数据结合作为储层岩相建模分类依据，既充分考虑了储层垂向上地质变化，同时也利用地震资料横向连续性特征，为储层预测提供了有利的空间约束条件。由此建立的岩相模型能够更加准确地表征目的层段火成岩储层地质特征及三维空间展布特征，为下一步属性模型的建立奠定了有利的基础。地震属性在建模过程中的应用不仅弥补了单纯利用测井和地质资料进行建模所导致的储层横向预测及描述的不足，而且通过对火成岩储层横向分布特征的控制，增加了储层井点间预测结果的确定性和准确性。所以，在地质建模中加入地震手段进行协助分析和控制，成为井网稀疏区域三维地质建模的一个重要手段，同时也说明了利用地震属性表征储层性质的重要性和趋势性。

　　从岩相模型中可以看到，一类红色岩相区呈圆形或长片状分布，在 X72 井区附近较集中，X76 井区分布较为分散，没有形成大面积的聚集；黄色代表第二类岩相，此类岩相在研究区围绕一类岩相边缘广泛发育，X76 井区分布面积相对 X72 井区增大；第三类岩相分布区域面积介于一、二类岩相，以 X87 井区附近为代表（图 5-52）。此外，垂向上火成岩储层岩相不均一，一类岩相渐变为二、三类岩相，各井段岩相分类与地质解释分类结果一致。

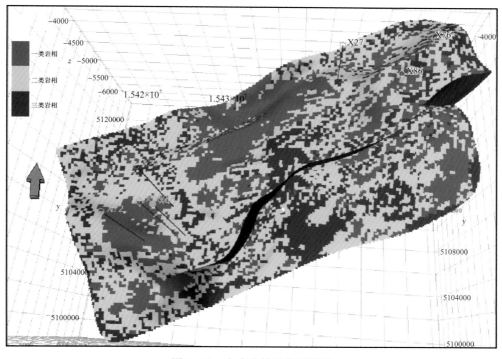

图 5-52　火成岩储层岩相模型

3.属性建模

通过火成岩储层岩相建模结果可以看出，火成岩储层具有较强的非均质性，横向连通性和渗透性优于纵向储层物性，物性差异较大。因此，为了刻画储层的非均质性并进行储层参数定量计算，本书在利用地震属性进行储层属性约束的同时，采用相控建模的方法建立储层属性模型。属性模型建立主要分为两步：首先通过测井、地震参数与储层参数定量交会拟合，找到与储层属性参数相关性最好的地质参数；然后在相控模式下利用序贯高斯法对储层离散后的属性参数进行模拟，进而建立火成岩储层物性三维展布模型。

属性模型的建立以岩相模型为基础，先建立孔隙度模型（图5-53），然后再建立渗透率模型（图5-54）。火成岩储层属性模型的建立有效地反映了火成岩储层三维地质体特征，定量展示了储层属性参数分布规律，为后续油藏数值模拟和油藏开发管理奠定基础。

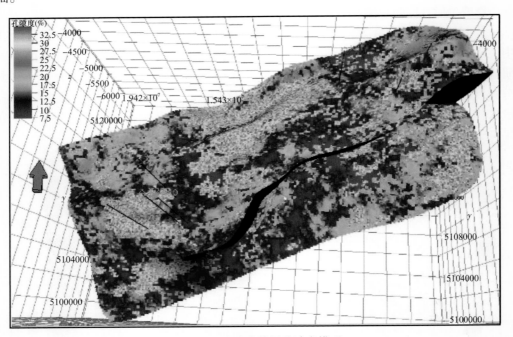

图5-53　火成岩储层孔隙度模型

根据属性模型定量得到储层空间展布特征，其中孔隙度为5%～34%，平均孔隙度为15%，渗透率范围为0.001～1.5mD，平均渗透率为0.35mD。火成岩储层孔隙度主要集中于10%～20%之间，渗透率较小，大部分火成岩储层渗透率数值小于1mD，符合中—高孔低渗特征。根据储层物性关系拟合可以看到孔隙度和渗透率相关性较高，两者变化特征类似，因此储层孔隙度模型和渗透率模型展布规律相似性高。另外除两井区有测井地质资料参考外，大部分研究区域只有地震资料，对于储层精细特征的分析准确度较低。对于利用变差函数分析和随机建模建立的属性模型，在无地质资料参考的区域储层定量精细描述程度稍低，随着研究区勘探进度的加深，分析结果有待进一步完善。

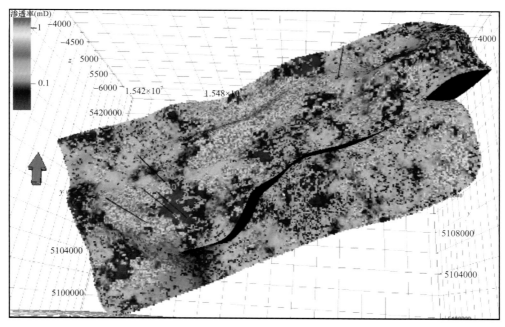

图 5-54　火成岩储层渗透率模型

　　分析火成岩储层属性模型认为，储层建模所得火成岩物性与井位处地质分析所得储层物性结果基本一致，说明模型结果可信度较高，可以反映火成岩储层三维空间特征。另外火成岩储层物性平面分布特征与岩相分布特征基本一致。储层物性最好区域呈圆形或沿北东向呈条带状分布，断裂附近气孔受到充填作用影响物性普遍较差。剖面上储层物性横向连续性较好，垂向变化范围较大，非均质性较强。

　　4. 不确定性分析

　　利用随机性建模和确定性建模相结合的手段对研究区目的层段火成岩储层进行了三维地质建模。在建模过程中，由于对原始测井地质分析和地震解释资料的处理，不同阶段建模手段的选取，以及人为指标参数的设置问题，模型在某些方面具有不确定性。

　　（1）原始资料处理过程中对数据点的平滑处理。由于地震解释人员的主观因素，原始资料很可能存在一定的误差，为了使所建模型更符合实际地质情况，往往要对地震解释数据进行异常点剔除和平滑处理。此过程主要集中在断裂解释和层面构造处理过程中。处理后建立的构造模型更符合地质空间展布规律，但是相应的在精细点的解释信息可能有所改变。

　　（2）在岩相建模过程中采用井震结合的手段，尽管综合地震资料约束建模相对仅利用测井数据建模具有较高的精确度，但是随机建模方法无法覆盖到控制点以外的区域，对此类区域进行的火山岩储层特征预测具有不确定性。换言之，随机建模产生的模型是一种概率性模型，通过人为对比选择效果较好的模型作为地质体岩相模型，之后再与钻井资料或生产资料相结合进行对比校正。但是由于研究区目的层段火成岩储层仍处于勘探阶段，所以模型缺乏有效的校正。

（3）属性建模，由于地震分辨率为25m，地震解释精度无法满足薄层火成岩储层要求。本书研究的火成岩储层在井点处最大厚度为20m，属于薄层储层，而且井网稀疏、区域范围较大，测井和地震解释分辨率精度较低。即使进行了井震结合建模，也只能一定程度上削弱各自的不确定性，无法消除误差，模型精度仍然有待提高。

（4）研究区目的层段火成岩储层处于勘探阶段，存在许多不确定性，资料不够充足。利用序贯指示法建立属性模型对于这种资料欠缺的大范围区域效果不好，属性分析过程中变差函数分析结果不稳定，模型结果精确性有限。

参 考 文 献

Allen M B，Vincent S J，1997. Fault reactivation in the Junggar region，northwest China：the role of basement structures during Mesozoic−Cenozoic compression［J］. Journal of The Geological Society，154（1）：151−155.

Al−Zaabi M，Taher A K，Witte J，et al，2014. A diagenetic trap in southwest onshore Abu Dhabi. In EAGE workshop on detective stories behind prospect generation−challenges and the way forward［C］. EAGE Publications BV.

Chen J S，M E，Glinsky，2013. Stochastic inversion of seismic PP and PS data for reservoir parameter estimation［C］. SEG Technical Program Expanded Abstracts，305−309.

Douglas J C，1986. Diagenetic traps in sandstones［J］. AAPG Bulletin，70：155−160.

Helene H，Landrø M，2006. Simultaneous inversion of PP and PS seismic data［J］. Geophysics，71（3）：R1−0.

Hu G Q，Liu Y，Wei X C，et al，2011. Joint PP and PS AVO inversion based on Bayes theorem［J］. Applied Geophysics，8：293−302.

Larsen J A，1999. AVO inversion by simultaneous PP and PS inversion. Calgary［R］. The University of Calgary.

Lin F，Wang Z W，Li J Y，et al，2011. Study on algorithms of low SNR inversion of T2 spectrum［J］. NMR Applied Geophysics，8（3）：233−238.

Marfult K J，Kirlin R L，2001. Narrow−band spectral analysis and thin−bed tuning［J］. Geophysics，66（4）：1274−1283.

Mavko G，Mukerji T，Dvorkin J，1998. Rock physics handbook［M］. Cambridge：Cambridge University Press，51−55.

Meshri I D，Comer J B，1990. A subtle diagenetic trap in the Cretaceous glauconite sandstone of Southwest Alberta［J］. Earth Science Reviews，29（1−4）：199−214.

Partyka G A，Gridley J A，Lopez J A，1999. Interpretational applications of spectral decomposition in reservoir characterization［J］. The Leading Edge，18：353−360.

Portniaguine O，Castagna J P，2004. Inverse spectral decomposition［C］. Expanded Abstracts of 74th Annual International SEG Meeting，1786−1789.

Portniaguine O，Castagna J P，2005. Spectral inversion：Lessions from modeling and Boonesville case study［C］. Expanded Abstracts of 75th Annual International SEG Meeting，1638−1641.

Rittenhouse G，1972. Stratigraphic−trap classification：geologic exploration methods，in Gould H R，eds.，Stratigraphic Oil and Gas Fields−Classification，Exploration Methods，and Case Histories［J］. AAPG

Memoir，16：14-28.

Shuey R T，1985. A simplification of the Zoeppritz equations［J］. Geophysics. Apr，50（4）：609-614.

Tao G L，Hu W X，Zhang Y J，et al，2006. NW-trending transverse faults and hydrocarbon accumulation in the northwestern margin of Junggar Basin［J］. Acta Petrolei Sinica，27（4）：23-28.

Wang L C，Yang Y，Hong T Y，et al，2008. Study of fault sealing in Chepaizi region in the west of Junggar basin［J］. Petroleum Geology and Experiment，30（1）：41-46.

Wang Y Z，Cao Y C，Ma B B，et al，2014. Mechanism of diagenetic trap formation in nearshore subaqueous fans on steep rift lacustrine basin slopes：A case study from the Shahejie Formation on the north slope of the Minfeng Subsag，Bohai Basin，China［J］. Petroleum Science，11（4）：481-494.

Wilson H H，1977. "Frozen-In" hydrocarbon accumulations or diagenetic traps-exploration targets［J］. AAPG Bulletin，61：483-491.

Zeng H L，Charise K，2000. Amplitude versus frequency-applicationto seismic stratigraphy and reservoir characterization［C］. Society of Exploration Geophysicists，International Exposition and Seventieth Annual Meeting. Calgary，6-11.

安海亭，李海银，王建忠，等，2009. 塔北地区构造和演化特征及其对油气成藏的控制［J］. 大地构造与成矿学，33（1）：142-147.

白彦彬，杨长春，井西利，2002. 地质规律约束下的波阻抗反演［J］. 石油物探，41（1）：61-64.

曹鉴华，邱智海，郭得海，等，2013. 叠后地震数据的谱反演处理技术及其应用浅析［J］. 地球物理学进展，28（1）：387-392.

柴新涛，李振春，韩文功，等，2012. 基于LSQR算法的谱反演方法研究［J］. 石油物探，51（1）：11-18.

陈波，王子天，康莉，等，2016. 准噶尔盆地玛北地区三叠系百口泉组储层成岩作用及孔隙演化［J］. 吉林大学学报（地球科学版），46（1）：23-35.

陈永波，程晓敢，张寒，等，2018. 玛湖凹陷斜坡区中浅层断裂特征及其控藏作用［J］. 石油勘探与开发，45（6）：67-76.

陈永波，潘建国，张寒，等，2015. 准噶尔盆地玛湖凹陷斜坡区断裂演化特征及对三叠系百口泉组成藏意义［J］. 天然气地球科学，26（增刊1）：11-24.

代冬冬，房启飞，万效国，等，2017. 哈拉哈塘地区奥陶系岩溶古河道识别及其成藏意义［J］. 岩性油气藏，29（5）：89-96.

代冬冬，孙勤华，王宏斌，等，2015. 哈拉哈塘地区奥陶系顺层岩溶带高产稳产主控因素［J］. 天然气地球科学.26（增刊1）：88-96；

方海飞，周赏，王永莉，等，2013. 几何类属性深度处理技术在断层解释中的应用［J］. 石油地球物理勘探，48（增刊1）：120-124.

高春海，王轩，杨文明，等，2014. 塔里木盆地哈拉哈塘油田潜山区岩溶储层发育特征［J］. 重庆科技学院学报（自然科学版），16（3）：263-269.

高计县，唐俊伟，张学丰，等，2012. 塔北哈拉哈塘地区奥陶系一间房组碳酸盐岩岩心裂缝类型及期次［J］. 石油学报，33（1）：64-73.

高志勇，石雨昕，周川闽，等，2019. 砾石分析在扇三角洲与湖岸线演化关系中的应用—以准噶尔盆地玛湖凹陷周缘百口泉组为例［J］. 沉积学报，37（3）：550-564.

龚洪林，王宏斌，张虎权，等，2009. 塔中地区缝洞型碳酸盐岩储层的地球物理预测方法［J］. 天然气工业，29（3）：38-40.

龚洪林，张虎权，王宏斌，等，2015. 基于正演模拟的奥陶系潜山岩溶储层地震响应特征研究［J］. 天然气地球科学.9（增刊1）：45-54.

龚洪林，张虎权，王宏斌，等，2008.塔中碳酸盐岩裂缝综合预测技术及应用［J］.天然气工业，28（6）：31-33.

何登发，周新源，张朝军，等，2007.塔里木地区奥陶纪原型盆地类型及其演化［J］.科学通报，52（增刊1）：126-135.

纪学武，彭忻，臧殿光，等，2011.多属性微断裂解释技术［J］.石油地球物理勘探，46（增刊1）：117-123.

姜华，汪泽成，王华，等，2011.地震沉积学在塔北哈拉哈塘地区古河道识别中的应用［J］.中南大学学报（自然科学版），42（12）：3804-3810.

匡立春，唐勇，雷德文，等，2014.准噶尔盆地玛湖凹陷斜坡区三叠系百口泉组扇控大面积岩性油藏勘探实践［J］.中国石油勘探，19（6）：14-23.

匡立春，吕焕通，齐雪峰，等，2005.准噶尔盆地岩性油气藏勘探成果和方向［J］.石油勘探与开发，32（6）：32-37.

雷振宇，卞德智，杜社宽，等，2005.准噶尔盆地西北缘扇体形成特征及油气分布规律［J］.石油学报，26（1）：8-12.

李国会，袁敬一，罗浩渝，等，2015.塔里木盆地哈拉哈塘地区碳酸盐岩缝洞型储层量化雕刻技术［J］.中国石油勘探，20（4）：24-29.

李洪玺，吴蕾，陈果，等，2013.成岩圈闭及其在油气勘探实践中的认识［J］.西南石油大学学报（自然科学版），35（5）：50-56.

李会军，丁勇，周新桂，等，2010.塔河油田奥陶系海西早期、加里东中期岩溶对比研究［J］.地质论评，56（3）：415-427.

李素华，王云专，卢齐军，等，2008.火成岩波动方程正演模拟研究［J］.石油物探，47（4）：361-366.

李秀鹏，查明，2007.准噶尔盆地乌—夏地区油气藏类型及油气分布特征［J］.石油天然气学报，29（3）：188-191.

李阳，范智慧，2011.塔河奥陶系碳酸盐岩油藏缝洞系统发育模式与分布规律［J］.石油学报，32（1）：101-106.

刘震，张厚福，张万选，1991.扩展时间平均方程在碎屑岩储层孔隙度预测中的应用［J］.石油学报，12（4）：21-26.

吕修祥，杨宁，周新源，等，2008.塔里木盆地断裂活动对奥陶系碳酸盐岩储层的影响［J］.中国科学（D辑：地球科学），38（增刊1）：48-54.

闵华军，贾祥金，田建军，等，2019.哈拉哈塘奥陶系缝洞型成岩圈闭及其成因［J］.西南石油大学学报（自然科学版），41（5）：33-44.

南君祥，杨奕华，2001.长庆气田白云岩储层的成岩作用与成岩圈闭［J］.中国石油勘探，6（4）：44-49.

倪新锋，张丽娟，沈安江，等，2010.塔里木盆地英买力—哈拉哈塘地区奥陶系岩溶储集层成岩作用及孔隙演化［J］.古地理学报，12（4）：467-479.

倪新锋，张丽娟，沈安江，等，2011.塔里木盆地英买力—哈拉哈塘地区奥陶系碳酸盐岩岩溶型储层特征及成因［J］.沉积学报，29（3）：465-474.

潘建国，王国栋，曲永强，等，2015.砂砾岩成岩圈闭形成与特征：以准噶尔盆地玛湖凹陷三叠系百口泉组为例［J］.天然气地球科学，26（增刊1）：41-49.

潘建国，陈永波，许多年，等，2008.夏72井区风城组火山喷发模式及其分布［J］.新疆石油地质，29（5）：551-552.

潘文庆，刘永福，Dickson J A D，等，2009.塔里木盆地下古生界碳酸盐岩热液岩溶的特征及地质模型［J］.沉积学报，27（5）：983-994.

钱海涛，余兴，魏云，等，2018. 玛西斜坡侏罗系八道湾组油气成藏特征及勘探方向 [J]. 油气地质与采收率，45（5）：32-38.

强子同，韩耀文，郭一华，1981. 碳酸盐岩成岩圈闭与四川的油气勘探 [J]. 西南石油学院学报，3（4）：25-37.

曲永强，王国栋，谭开俊，等，2015. 准噶尔盆地玛湖凹陷斜坡区三叠系百口泉组次生孔隙储层的控制因素及分布特征 [J]. 天然气地球科学，26（增刊1）：50-63.

尚久靖，李国蓉，吕艳萍，等，2011. 微古地貌描述及对岩溶储层发育预测的指示意义——以塔河2区为例 [J]. 四川地质学报，31（2）：223-227.

司学强，张金亮，谢俊，2008. 成岩圈对气藏的影响：以英吉苏凹陷英南2气藏为例 [J]. 天然气工业，28（6）：27-30.

宋国奇，刘鑫金，刘惠民，2012. 东营凹陷北部陡坡带砂砾岩体成岩圈闭成因及主控因素 [J]. 油气地质与采收率，19（6）：37-41.

宋永，周路，吴勇，等，2019. 准噶尔盆地玛东地区百口泉组多物源砂体分布预测 [J]. 新疆石油地质，40（6）：631-637.

孙东，潘建国，潘文庆，等，2010. 塔中地区碳酸盐岩溶洞储层体积定量化正演模拟 [J]. 石油与天然气地质，31（6）：871-878.

孙东，杨丽莎，王宏斌，等，2015. 哈拉哈塘地区走滑断裂体系对奥陶系海相碳酸盐岩储层的控制作用 [J] 天然气地球科学，26（增刊1）：80-87.

孙东，张虎权，王宏斌，等，2011. 直径40m溶洞距灰岩顶界面不同距离时的地震响应 [J]. 岩性油气藏，23（1）：94-97.

孙勤华，刘晓梅，张虎权，等，2015. 古河道侵蚀深度自动识别方法 [J]. 天然气地球科学，26（增刊1）：63-68.

谭开俊，王国栋，罗惠芬，等，2014. 准噶尔盆地玛湖斜坡区三叠系百口泉组储层特征及控制因素 [J]. 岩性油气藏，26（6）：83-88.

谭开俊，卫平生，潘建国，等，2010. 火山岩地震储层学 [J]. 岩性油气藏，22（4）：8-13.

唐勇，徐洋，李亚哲，等，2018. 玛湖凹陷大型浅水退覆式扇三角洲沉积模式及勘探意义 [J]. 新疆石油地质，39（1）：16-22.

唐勇，徐洋，瞿建华，等，2014. 玛湖凹陷百口泉组扇三角洲群特征及分布 [J]. 新疆石油地质，36（6）：628-635.

陶国亮，胡文瑄，张义杰，等，2006. 准噶尔盆地西北缘北西向横断裂与油气成藏 [J]. 石油学报，27（4）：23-28.

王宏斌，张虎权，孙东，等，2009. 风化壳岩溶储层地质—地震综合预测技术与应用 [J] 天然气地球科学，20（1）：134-136.

王宏斌，张虎权，孙东，等，2010. 碳酸盐岩地震储层学在塔中地区生物礁滩复合体油气勘探中的应用 [J] 岩性油气藏，22（2）：18-23.

王宏斌，张虎权，杨丽莎，等，2015. 塔里木盆地哈拉哈塘地区潜山岩溶带油气成藏关键因素 [J]. 天然气地球学，9（增刊1）：45-54.

王来斌，查明，陈建平，等，2004. 准噶尔盆地西北缘风城组含油气系统三叠纪末期油气输导体系 [J]. 石油大学学报（自然科学版），28（2）：16-19.

王离迟，杨勇，洪太元，等，2008. 准噶尔盆地西缘车排子地区断层封闭性研究 [J]. 石油实验地质，30（1）：41-46.

王全旗，陈思义，弓贵斌，等，2012. 内蒙古更新世阿巴嘎组火山岩岩石化学特征和时代讨论 [J]. 西部资源，9（4）：178-181.

王招明, 何爱东, 2009. 塔北隆起中西部油气富集因素与勘探领域 [J]. 新疆石油地质, 30 (2): 153–156.

王振卿, 王宏斌, 龚洪林, 2009. 地震相干技术的发展及在碳酸盐岩裂缝型储层预测中的应用 [J]. 天然气地球科学, 20 (6): 977–981.

王振卿, 王宏斌, 张虎权, 等, 2015. 多参数解释量板在碳酸盐岩缝洞型储层油气预测中的应用 [J]. 天然气地球科学. 26 (增刊1): 162–167.

王振卿, 王宏斌, 张虎权, 等, 2014. 分频波阻抗反演技术在塔中西部台内滩储层预测中的应用 [J]. 天然气地球科学, 25 (11): 1847–1854.

王振卿, 王宏斌, 张虎权, 等, 2011. 塔中地区岩溶风化壳裂缝型储层预测技术 [J]. 天然气地球科学, 22 (5): 890–893.

魏国齐, 贾承造, 姚慧君, 1995. 塔北地区海西晚期逆冲—走滑构造与含油气关系 [J]. 新疆石油地质, 16 (2): 96–102.

邬光辉, 陈志勇, 屈泰来, 等, 2012. 塔里木盆地走滑带碳酸盐岩断裂相特征及其与油气关系 [J]. 地质学报, 86 (2): 219–227.

吴孔友, 2009. 准噶尔盆地乌夏地区油气输导体系与成藏模式 [J]. 西南石油大学学报 (自然科学版), 31 (5): 25–30.

吴丽艳, 陈春强, 江春明, 等, 2005. 浅谈我国油气勘探中的古地貌恢复技术 [J]. 石油天然气学报 (江汉石油学院学报), 27 (4): 559–560.

吴胜和, 岳大力, 刘建民, 等, 2008. 地下古河道储层构型的层次建模研究 [J]. 中国科学 (D辑: 地球科学), 38 (S1): 111–121.

熊翥, 2008. 地层岩性油气藏勘探 [J]. 岩性油气藏, 20 (4): 1–8.

徐国强, 刘树根, 李国蓉, 2005. 塔中塔北古隆起形成演化及油气地质条件对比 [J]. 石油与天然气地质, 26 (1): 114–119.

徐胜峰, 刘春园, 季玉新, 等, 2011. 分频技术在塔河油田石炭系薄储层预测中的应用 [J]. 石油天然气学报, 33 (2): 65–69.

许多年, 潘建国, 陈永波, 等, 2010. 地震储层学在准噶尔盆地火山岩油气勘探中的应用: 以乌夏地区为例 [J]. 岩性油气藏, 22 (3): 5–8.

闫玲玲, 刘全稳, 张丽娟, 等, 2015. 叠后地质统计学反演在碳酸盐岩储层预测中的应用: 以哈拉哈塘油田新垦区块为例 [J]. 地学前缘, 22 (6): 177–184.

杨培杰, 印兴耀, 2008. 地震子波提取方法综述 [J]. 石油地球物理勘探, 43 (1): 123–127.

杨鹏飞, 张丽娟, 郑多明, 等, 2013. 塔里木盆地奥陶系碳酸盐岩大型缝洞集合体定量描述 [J]. 岩性油气藏, 25 (6): 89–94.

姚清洲, 孟祥霞, 张虎权, 等, 2013. 地震趋势异常识别技术及其在碳酸盐岩缝洞型储层预测中的应用 [J]. 石油学报, 34 (1): 101–105.

殷八斤, 1995. AVO技术的理论与实践 [M]. 北京: 石油工业出版社, 76–77.

于建国, 韩文功, 刘力辉, 2006. 分频反演方法及应用 [J]. 石油地球物理勘探, 41 (2): 193–194.

于兴河, 瞿建华, 谭程鹏, 等, 2014. 玛湖凹陷百口泉组扇三角洲砾岩岩相及成因模式 [J]. 新疆石油地质, 35 (6): 619–627.

蔚远江, 李德生, 胡素云, 等, 2007. 准噶尔盆地西北缘扇体形成演化与扇体油气藏勘探 [J]. 地球学报, 28 (1): 62–71.

张朝军, 贾承造, 李本亮, 等, 2010. 塔北隆起中西部地区古岩溶与油气聚集 [J]. 石油勘探与开发, 37 (3): 263–269.

张光亚, 赵文智, 王红军, 等, 2007. 塔里木盆地多旋回构造演化与复合含油气系统 [J]. 石油与天然气地质，28（5）：653-663.

张抗，2003. 塔河油田似层状储集体的发现及勘探方向［J］. 石油学报，24（5）：4-9.

张明振，印兴耀，谭明友，等，2007. 对测井约束地震波阻抗反演的理解与应用［J］，石油地球物理勘探，42（6）：699-702.

张水昌，张宝民，李本亮，等，2011. 中国海相盆地跨重大构造期油气成藏历史：以塔里木盆地为例［J］. 石油勘探与开发，38（1）：1-15.

张顺存，邹妞妞，史基安，等，2015. 准噶尔盆地玛北地区三叠系百口泉组沉积模式［J］. 石油与天然气地质，36（4）：640-650.

张学丰，李明，陈志勇，等，2012. 塔北哈拉哈塘奥陶系碳酸盐岩岩溶储层发育特征及主要岩溶期次［J］. 岩石学报，28（3）：815-826.

张永刚，2002. 地震波阻抗反演技术的现状和发展［J］，石油物探，41（4）：385-390.

赵白，1992. 准噶尔盆地的基底性质［J］. 新疆石油地质，13（2）：95-99.

赵俊猛，黄英，马宗晋，等，2008. 准噶尔盆地北部基底结构与属性问题探讨［J］. 地球物理学报，51（6）：1767-1775.

赵俊兴，陈洪德，时志强，2001. 古地貌恢复技术方法及其研究意义［J］. 成都理工学院学报，28（3）：260-265.

赵秋亮，李录明，罗省贤，2005. 基于分形方法的地震子波提取及应用［J］. 石油物探，44（1）：7-11.

赵文智，汪泽成，张水昌，等，2007. 中国叠合盆地深层海相油气成藏条件与富集区带［J］. 科学通报，52（增刊1）：9-18.

赵文智，张光亚，何海清，等，2002. 中国海相石油地质与叠合含油气盆地［M］. 北京：地质出版社，1-44，83-116，182-199.

赵追，赵全民，孙冲，等，2001. 陆相断陷湖盆的成岩圈闭：以泌阳凹陷下第三系核桃园组三段为例［J］. 石油与天然气地质，22（2）：154-157.

郑多明，李志华，赵宽志，等，2011. 塔里木油田奥陶系碳酸盐岩缝洞储层的定量地震描述［J］. 中国石油勘探，16（5）：57-62.

周延平，杨靖，蒲仁海，2007. 利用分频技术预测薄层［J］. 海洋地质动态，23（9）：30-34.

朱光有，杨海军，朱永峰，等，2011. 塔里木盆地哈拉哈塘地区碳酸盐岩油气地质特征与富集成藏研究［J］. 岩石学报，27（3）：827-844.

朱光有，张水昌，王欢欢，等，2009. 塔里木盆地北部深层风化壳储层的形成与分布［J］. 岩石学报，25（10）：2384-2398.

朱世发，朱筱敏，刘继山，等，2012. 富孔熔结凝灰岩成因及油气意义：以准噶尔盆地乌—夏地区风城组为例［J］. 石油勘探与开发，39（2）：162-171.

邹妞妞，张大权，钱海涛，等，2016. 准噶尔盆地玛北斜坡区扇三角洲砂砾岩储层主控因素［J］. 岩性油气藏，28（4）：24-33.

邹志文，李辉，徐洋，等，2015. 准噶尔盆地玛湖凹陷下三叠统百口泉组扇三角洲沉积特征［J］. 地质科技情报，34（2）：20-26.